普通高等教育
材料类专业规划教材

# 材料科学
# 研究方法

材料科学与工程系列
Materials science and
Engineering Series

## Methodology of Materials
### Science and Engineering

戴起勋　袁志钟　等编著

化学工业出版社
·北京·

## 内 容 简 介

本书以宏观的视角介绍了材料科学与工程学科的简要发展历史、学科内涵与研究要素之间的内在关系、材料科学研究与技术开发过程的思路和方法等。全书共 9 章，主要内容包括：材料科学发展史、材料的共性规律与共同效应、材料研究基本方法、材料结构设计与系统分析、 材料使用与环境评价方法、材料（计算）设计与方法、材料研究的模型化与模拟、材料失效分析方法、材料经济学。

本书可作为材料类专业本科基础课程的教材或材料类研究生教学参考书，也可供从事材料科学与工程相关工作的人员参考。

**图书在版编目（CIP）数据**

材料科学研究方法/戴起勋等编著. —北京：化学工业出版社，2021.1

ISBN 978-7-122-36596-5

Ⅰ.①材… Ⅱ.①戴… Ⅲ.①材料科学-研究方法 Ⅳ.①TB3

中国版本图书馆CIP数据核字（2020）第223250号

---

责任编辑：王 婧 杨 菁
加工编辑：李 玥
责任校对：李 爽
装帧设计：李子姮

---

出版发行：化学工业出版社
　　　　　（北京市东城区青年湖南街13号 邮政编码100011）
印　　装：大厂聚鑫印刷有限责任公司
880mm×1230mm　1/16　印张14$\frac{1}{2}$　字数403千字
2021年4月北京第1版第1次印刷

---

购书咨询：010－64518888
售后服务：010－64518899
网　　址：http://www.cip.com.cn
凡购买本书，如有缺损质量问题，本社销售中心负责调换。

---

定　　价：50.00元

在材料大类的学生刚刚进入专业课程学习的时候，应该有一门课来做专门的引导和介绍，告诉学生什么是材料科学与工程以及该学科的核心方法论是什么，这样将会让学生们在后续的专业课程学习中更加顺畅。正是基于这样的目的，我们编写了这本《材料科学研究方法》并开设了相应的课程。

在近些年的教学实践之中，我们遇到的最大困难在于学生总是"只见树木，不见森林"，难以对材料学科有一个高度概括、提纲挈领的认识。在反思中，我们有了一些新的想法，其中最主要的就是思考材料学科的核心方法论是什么？什么是材料学科的核心要素？什么是材料学科区别于其他学科的显著特征？如果能够回答这些问题，那么学生对材料学科的把握就会更加精准，认识就会更加深刻，面对纷繁复杂的材料才能够清晰地理出头绪，从而在广阔的材料学科天地里自由翱翔。

这些问题看起来似乎很难回答，但是 M. C. Flemings 早在 1989 年就已经给出了答案，他系统提出了材料科学与工程四面体的概念。于是在写作与教学的基础之上，再结合很多材料学科发展史上的重要文献，我们逐渐把材料科学四面体作为解答以上问题的重中之重，并决定在本书中，强调这一部分的内容。

这本书没有过多地体现材料科学研究的细节，而是更多地从方法的角度去阐述，因为当今材料研究是国际上最热的研究领域，创新成果不断涌现，如果要以实例为重点，不但内容容易过时，学生也难以拨云见日。"授人以鱼，不如授人以渔"，希望这本书能够起到这样的作用。

本书由国家一流专业、江苏省品牌专业——江苏大学金属材料工程教研组组织编写工作，第 1 章由王树奇教授撰写，第 5、7 章由赵玉涛教授撰写，第 8 章由罗启富教授、陈康敏副教授撰写，其余各章由戴起勋教授、袁志钟副教授撰写，全书由戴起勋教授构思和统稿，江苏大学程晓农教授、杨娟教授审稿。本书参考文献列于书后，在此谨向所有参考文献的作者诚致谢意。江苏大学邵红红教授对课程内容提出了一些宝贵意见，林东洋等在图文方面做了部分工作，江苏大学教务处对本书的组织编写与出版给予了帮助和支持，化学工业出版社对本书的出版付出了辛勤的劳动，在此一并表示衷心感谢。

时间仓促，笔者水平有限，不妥之处，请广大读者批评指正。

戴起勋，袁志钟
2020 年 3 月于江苏大学

# 目 录
CONTENTS

# 第4章 材料结构设计与系统分析 065

# 第5章 材料使用与环境评价方法 097

# 第6章 材料（计算）设计与方法 119

# 第7章 材料研究的模型化与模拟 151

# 第8章 材料失效分析方法 171

## 第9章 材料经济学 197

## 结束语：材料科学与工程的发展趋势 219

## 习题 220

## 拓展题 221

## 参考文献 222

# 第1章 材料科学发展史

**商周时期的青铜器**（镇江博物馆藏）

"国之大事，在祀与戎"，青铜器在人类历史上发挥了重要的作用

**导读**

人类社会的发展历史，可以按照材料的发展来进行划分，可见材料对人类社会的重要性。伴随着人类社会对材料研究的推进，材料科学与工程这一学科逐渐形成，并成为世界上研究最活跃的学科之一，其相关产业规模也不断扩大，相关从业人员不断增多，影响力逐步上升，成为人类社会的基石。

**1**

# 1.1　物质与材料

## 1.1.1　自然界中的元素和物质

人类生活在地球上，地球给予人类的是一个限定的自然环境。从古至今，人类所用的物质和材料均来自地球。从天然材料的使用到人造材料的制备，地球中所蕴含的元素和物质的存在形式与材料的发展密切相关，对材料的发展历史起着不可忽略的影响。

### （1）地球的结构及组成

地球由具有不同物质的三个同心圈层所构成：最外表薄薄的硬壳称为地壳，中间部分称为地幔，里面的核心称为地核。

地壳是人类直接接触最密切的自然环境，其结构、组成对人类材料发展历史起着重要的作用。

组成地壳的物质可分为两层，上面一层物质比较轻，以硅和铝的氧化物为主，称为硅铝层，地质上称为花岗岩质层，是构成大陆的基础，一般来说，大陆地壳硅铝厚度达 20km 以上，而大洋下的硅铝层不超过 1km；地壳下面一层为比较重的物质，以硅、铁、镁的氧化物为主，称为硅镁层，地质上称为玄武岩质层，厚度大约为 14km。

地幔平均厚度达 2881km，约占地球总体积的 82％，地幔也可划分为两层，一般以深达 984km 的地方作为分界面，分为上地幔和下地幔，上地幔的物质仍为硅镁层，下地幔的物质主要以金属硫化物与氧化物为主，聚集着铜、铅、镁、铋、铁、镍等元素。

地核是半径约为 3500km 的核心，相当于月亮那么大，距地面深远，温度高达 3000～5000℃，地核一直被认为是由熔融的铁、镍物质所构成。

### （2）地壳中各元素的储量

自然界里所有物质是由一百余种化学元素所构成的，地壳也不例外。人类使用的天然材料和人造材料所用的原料均取自于地壳，材料的发展受地壳中元素种类、储量和存在形式的影响。

地壳约 90％是由氧、硅、铝、铁、钙五种主要元素构成的（见表 1.1），如果再加上含量相对较多的钠、钾、镁、钛四种元素，这九种元素占地壳总质量的 99％以上，其余九十多种元素的质量加起来不到地壳总质量的 1％。

表 1.1　地壳内主要元素含量

| 名次 | 元素名称 | 地壳内含量/% | 占地壳总质量/% | |
| --- | --- | --- | --- | --- |
| 1 | 氧 | 49.13 | | |
| 2 | 硅 | 26.00 | | |
| 3 | 铝 | 7.45 | 90.03 | >99 |
| 4 | 铁 | 4.20 | | |
| 5 | 钙 | 3.25 | | |
| 6 | 钠 | 2.40 | | |
| 7 | 钾 | 2.35 | 9.5 | |
| 8 | 镁 | 2.35 | | |
| 9 | 钛 | 2.40 | | |

虽然大多数元素在地壳中含量所占比例不高，但由于地球体积庞大，其绝对数量仍然相当惊人，而

且一种元素能否被人类所应用并不只取决于地壳里的元素的平均含量，关键在于它获取的难易程度。这主要取决于元素的富集能力，其次还受提炼难易程度的影响。富集程度越大，越易形成矿产，才能为人类的使用提供物质基础，例如，铜、锌、铅在地壳中含量分别为 0.0006%、0.0009% 和 0.000001%，但这些元素有很强的富集能力，经富集在矿产中的含量可达到百分之几，甚至百分之几十，而提炼的难易程度受当时科技水平的影响。

**（3）地壳中元素的存在形式**

地壳是由岩石构成的，岩石是由矿物组成的。矿物指因地质作用形成的，由一定的化学成分所组成的自然物体，或呈单质或呈化合物形式，这些物质一般为具有确定的内部构造、外表形态和物理性质的结晶体。矿物除少数呈气态或液态（如自然汞）以外，绝大多数都以稳定的固态形式存在。目前已知的矿物约有 2000～3000 种，其中最常见的矿物大约有 100 余种。钢铁、有色金属、玻璃、陶瓷、高分子材料等的原料大多数来自矿物，矿物的存在形式对材料的使用和发展历史有明显的影响。

矿物可根据其组成元素或组成化合物分为以下几个大类。

① 元素矿物　指自然界以单质状态存在的矿物，这类物质化学性质不是非常活跃。这些矿物已有 90 余种，约占地壳总质量的 0.1%，分为自然金属，如铜、银、金和铂族元素；自然半金属，如铋、锑等；自然非金属，如碳（以石墨和金刚石形式存在）、硫等。

② 硫化物类矿物　包括一系列金属元素与硫的化合物，目前已知的硫化物矿约有 200 余种，占地壳总质量的 0.75%。其中主要为铁的硫化物和硫化氢（占 75%），其余元素（Zn、Pb、Cu、Hg、As、Sb、Bi、Co、Ni、Mo 等）的硫化物相对较少，但可聚集成矿床，许多金属原料来自硫化物矿。

③ 氧化物类矿物　包括金属及非金属的氧化物类和氢氧化物类矿物，约有 200 余种，占地壳总质量的 17% 左右，是 Fe、Cr、Mn、Al、Ti、Sn、Nb、Ta、U、Re 等的重要矿物。

④ 卤化物类矿物　包括 HF、HCl、HBr、HI 酸所形成的盐，阳离子主要是 K、Na、Ca、Mg 等金属。

⑤ 含氧盐类矿物　含氧盐是地壳上分布最广、量最多的一类矿物，占已知矿物的 2/3，包括各种含氧酸根，如 $SiO_4^{4-}$、$BO_3^{3-}$、$PO_3^{-}$、$SO_4^{2-}$、$CrO_4^{2-}$ 等与金属元素所形成的盐类矿物，根据阳离子基团的不同，可分为以下各类：硅酸盐、磷酸盐、钒酸盐、硫酸盐、钨酸盐、钼酸盐、铬酸盐、碳酸盐。其中，以硅酸盐最多，占首要地位，其次是硫酸盐和磷酸盐。

## 1.1.2　材料的作用与分类

### 1.1.2.1　物质、材料及材料化过程

物质是指在人类生活环境内所能获取的单元素的单质或多元素的化合物，物质是制备材料的原料。有的物质本身就是一种材料，如天然材料，但大多

数的物质不是材料,需通过一定的工艺过程才能转化为材料。可见,材料是物质,但不是所有物质都是材料。材料是指具有指定工作条件下使用要求的形态和物理状态的物质。例如:用铁矿石和焦炭可以炼成钢铁,铁矿石和焦炭是原料,而钢铁是材料,可用于制成各种机械、汽车、飞机等。由物质或原料转变成适用于一定场合的材料,其转变过程为材料过程或材料工艺过程,其本质是对物质体系的某种物性、强度、形状所进行的各种操作或加工。

玻璃的制备采用的原料物质为碳酸钠、硅砂、石灰,其工艺过程为:①碳酸钠分解为 $Na_2O$,$Na_2O$ 与 $SiO_2$ 反应生成硅酸钠,可见发生了一种物质向另一种物质的转变,物质的化学性质发生了变化,这种过程为化学过程;②除去熔融物中的气泡杂质,使透明性提高;③赋予一定的形状;④消除内应力以提高强度。可见,步骤②~④中,物质化学性质未变,只是形态和物理性质发生改变。这种过程称为材料化过程。可见,材料的制备有两个过程,一是材料合成,即通过原料物质的化学反应过程实现的;二是材料化过程,以保证它的物性、强度、形状。金属材料中的锻压、热处理、焊接及复合物材料各种成型加工过程都属于材料化过程。

材料可由一种物质或若干种物质构成,同一种物质,由于制备或加工方法不同,可成为不同用途、不同类型的材料。例如以 $Al_2O_3$ 为原料,将其制成单晶就成为宝石和激光材料;制成多晶体就成为集成电路用的放热基板材料、高温电炉用的炉管或切削工具;形成多孔多晶体,则可用作催化剂或载体特定材料。

### 1.1.2.2　材料的分类

#### (1) 根据物理化学属性分类

根据材料的化学组成可将材料分为金属材料、无机非金属材料、高分子材料和复合材料四大类(表1.2)。金属材料、无机非金属材料、高分子材料因原子间的相互作用不同,在各种性能上差异极大,构成现代工业三大材料体系。复合材料是由上述三类材料相互间复合而成,对不同材料取长补短,在性能方面比单一材料优越,具有广泛的应用前景。

表 1.2　材料按物理化学属性分类的性能对比

| 材料种类 | 化学组成 | 结合键 | 主要特征 |
| --- | --- | --- | --- |
| 金属材料 | 金属元素 | 金属键 | 高强度、优良的塑性和韧性、耐热、耐寒、可铸造、锻造、冲压和焊接、良好的导电性、导热性和铁磁性 |
| 无机非金属材料 | 氧、硅或其他金属的化合物、碳化物、氮化物 | 离子键共价键 | 高硬度、耐腐蚀、耐磨损、高强度和良好的抗氧化性、宽广的导电性、隔热性、透光性及良好的铁电性、铁磁性和压电性 |
| 高分子材料 | 碳、氢、氧、氮、氟 | 共价键分子键 | 密度较小、较好的力学性能、耐磨性、耐腐蚀性、电绝缘性 |
| 复合材料 | 两种或两种以上不同材料组合而成 | | 密度小、比强度和比模量大、优良的化学稳定性、减摩耐磨、自润滑、耐热、耐疲劳、耐蠕变、消声、电绝缘等性能 |

① 金属材料　金属材料是以过渡金属为基础的纯金属和含有金属、半金属或非金属的合金。金属材料可分为黑色金属和有色金属两大类,黑色金属包括铁、锰、铬及其合金,以钢铁应用最为广泛。钢铁是含碳的铁基合金,根据碳的质量分数不同分为熟铁、生铁和钢。小于0.04%为熟铁,具有较高的韧性和塑性;高于2%为生铁,又称铸铁,硬而脆,可通过铸造成型。在0.04%~2%之间的为钢,既具有一定韧性、塑性,又具有较高的强度和硬度。根据是否含合金元素,钢又分为碳素钢和合金钢。

有色金属包括重金属(如 Pb、Cu、Zn、Ni 等)、轻金属(如 Al、Mg、Ca 等)、贵金属(如 Au、Ag、Pt 等)、稀有金属(如 W、Mo、Cr、Rb 等)和稀土金属(如钕、钪、钇等)。应用最广的有色金属及其合金为 Al、Mg、Ca、Zn 等。

②无机非金属材料　无机非金属材料主要是以某些元素的氧化物、碳化物、氮化物、硼化物、硅化物、硫化物、卤化物以及硅酸盐、铝酸盐、磷酸盐、硼酸盐等原料经一定的工艺制备而成的材料，是除金属材料和有机高分子材料以外的材料的总称。无机材料种类繁多，用途各异，目前尚无统一完善的分类方法。一般将其分为传统的（普通的）和新型的（先进的）无机材料两大类。传统无机材料是指以 $SiO_2$ 及其硅酸盐化合物为主要成分制成的材料，因此亦称硅酸盐材料，主要有陶瓷、玻璃、水泥和耐火材料四种，此外，搪瓷、磨料、铸石、碳素材料、非金属矿也属于传统的无机材料。随着新技术的发展，陆续涌现出一系列应用于高性能领域的先进无机材料，即新型无机材料。新型无机材料是用各种无机非金属化合物经特殊的先进工艺制成的材料，主要包括新型陶瓷、特种玻璃、人工晶体、半导体材料、薄膜材料、无机纤维、多孔材料等。

③高分子材料　高分子聚合物是以碳与氢、氧中的一种或两种结合而成，也有些会有氮、硫、氯、氟、硅、硼等元素，其分子量大，主要分为天然高分子材料和合成高分子材料。天然高分子材料包括棉、麻、丝等天然纤维、石油、天然气等化学燃料以及天然橡胶等；合成高分子材料包括合成橡胶、合成纤维和塑料等，被称为三大有机合成材料，塑料包括热塑性塑料（如尼龙、聚丙烯和氯化聚醚等）和热固性塑料（如酚醛树脂、环氧树脂和氟塑料等）。

④复合材料　复合材料是由两种或两种以上不同类材料以特殊方式组织起来，使其克服单一材料的缺点，同时具备各种单元材料优点的新兴材料。按强化相的形态分为纤维增强复合材料、颗粒增强复合材料、晶须增强复合材料；按基体材料分类，分为金属基复合材料、陶瓷基复合材料、高分子基复合材料。

**（2）根据材料来源分类**

按照材料来源可分为天然材料和人造材料。

天然材料是指天然的未经加工的材料。人类历史上曾经使用过的天然材料，如石头（石料）、木材、骨头、兽皮、棉、麻、石油、天然气等，目前还在大量使用的天然材料只有石料、木材、橡胶等，而且用量正逐渐减少，许多天然材料正在日益被人造材料所代替。人造材料是指人类以天然物质为原料，通过物理、化学方法加工制得的材料，目前所使用的材料大多数为人造材料，如钢铁材料、有色合金材料、陶瓷材料、合成纤维、复合材料等。

**（3）根据材料用途分类**

根据材料用途可分为结构材料和功能材料。结构材料是指利用材料的强度、韧性、弹性等力学性能，用于不同的环境下承受载荷的各种结构件和零部件，分为机器结构材料和建筑结构材料。例如，多数的金属材料、水泥、工程塑料都属于此类材料。

功能材料是基于其某种优良的物理、化学特性，如电学、磁学、热学、声学、光学、化学和生物学功能及其相互转化功能，被用于非结构目的的高技术材料，如电功能材料、磁功能材料、热功能材料、声功能材料、光功能材料、能源功能材料、化学功能材料、医用功能材料等。按材料特定物理效应可分为：压电材料、热电材料、铁电材料、光电材料、声光材料、磁性材料、磁致伸缩材料等。

**（4）按材料的状态分类**

按材料的状态可分为气态、液态和固态三类。一般使用的多为固态材料，固态材料根据结晶状态可分为单晶材料、多晶材料、准晶材料和非晶材料，其材料内部的原子结构排列有序程度依次序降低。

此外，还把材料分为传统材料和新型材料（又称新材料或先进材料）。传统材料指在工业中已批量生产并得到广泛应用的材料；新材料指刚投产或正在发展且有优异性能和应用前景的一类材料。随着现代科学技术的发展，材料的分类方法也大大细化，以适应新形势的发展，如目前常把能源开发、转换、运输、存储所需材料称为能源材料，而把信息接收、处理、存储和传播所需的材料称为信息材料。

# 1.2  材料发展史

材料是人类生活和生产的物质基础，是人类认识自然和改造自然的工具。人类的发展历史证明，材料是人类社会发展的物质基础和先导，是人类进步的里程碑。材料已成为人类进化的重要标志之一，从考古学的角度，人类的文明史被划分为旧石器时代、新石器时代（陶器时代）、青铜器时代、铁器时代等。纵观人类利用材料的历史，可以发现，每一种重要新材料的利用，都会把人类支配和改造自然的能力提高到一个新的水平，给社会生产力和生活带来巨大的变化。

当前，材料、能源、信息是客观世界发展的三大要素，是构成现代文明的三大支柱。材料发展推动社会前进，社会的需要也是材料发展的巨大推动力。人类社会的进步，几乎无不与材料密切相关，相反，有些技术，由于没有合适的材料而进展缓慢。因此，新材料的研究、开发与应用反映了一个国家的科学技术与工业水平。

## 1.2.1  材料古代发展史

**（1）石器时代**

原始社会时期，人类最早利用的材料是天然材料，如岩石、木材、兽皮、骨骼等，在相当长的历史时期内，石器是主要的劳动生产工具。因此，人们把这个时期称为石器时代。石器时代又可分为旧石器时代和新石器时代。在新石器时代，材料开始得到广泛应用，出现了制陶技术并得到了发展。

① 旧石器时代　大约250万年前，人类的祖先为了生存、抵御猛兽袭击和猎取食物，逐渐学会了使用天然材料——木棒、石块等。为了使这种天然材料更加锋利，人类开始打制石器，即利用天然较硬的石块来打击经过选择的较软的石料，使之成为适用的工具，如石矢、石刀、石铲、石凿、石斧、石球等。用这种打击方法制造的石器称为旧石器，这是人类使用的第一种原始材料，但所加工的石器形状不规则，且加工十分粗糙。这一时期在历史上最长，大约经历了二百多万年的时间。

打制石器用的材料大多是石英石，少部分是燧石，燧石是一种点火材料，猛烈敲击能产生火星，并在空气中燃烧，热量较多，可引燃枯材、树叶、树枝、树皮等可燃物质。同时，旧石器末期随着钻孔技术的出现，人类发现了摩擦生火方法，从保存和使用天然火到学会造火，对人类生活以及材料的发展产生重大影响，是人类文明的一个重要里程碑。石器的制造和火的利用是原始社会的两项重大技术成就。

②　新石器时代　新石器时代开始于 1 万年前，其主要标志是大量磨光石器及陶器的出现，此外，还伴随石头、砖瓦等建筑材料以及玉器的出现。这一时期大约持续了 5000 年。

新石器时代，人类已懂得了对石料采用不同的加工方法加工，主要有锤击、碰钻、敲砸等直接打制法，还出现了标准化的工具，主要有砍砸器、刮削器和尖状器几十类。石器打制技术已达到相当完善的地步，形式更加多样，并出现琢磨和打光技术。制作磨光的石器，首先要选择合适的石料，打成石器的雏形，然后放在砸石上加水和砂磨光，磨光石器的优点在于具有准确合用的器物和锋利的刃口，在新石器时代最具代表性的工具是斧头。

原始的制陶技术起源于旧石器时代末期，到新石器时代得到广泛的发展。人类在利用火的过程中观察到泥土被火烘烤以后变干、变硬的现象。于是在编制或木制的容器外面涂上一层黏土，然后再拿到火中烧烤，制成最原始的陶器。制陶技术的进一步发展，开始不用坯架直接成型，先是全部用手做，分段垒筑，接着采用制陶轮盘，使陶器加工更加规矩匀称，且效率大大提高，加热方法也由露天烧烤过渡到采用陶窑，这不仅可以保持高温，并可以有效地控制燃烧气氛，赋予陶器各种不同的色泽。陶器是人类第一个人工合成材料。

此外，在新石器时代，人们开始利用野生葛、苎麻等作纺织原料，通过煮、脱胶来分离纤维；而且已经利用蚕丝制成布和丝织品。用石头做建筑材料，用土做砖瓦，并使用稻草作增强材料掺入黏土中，用太阳晒干制砖和火烧制砖。

**（2）青铜器时代**

在新石器时代，人类已经知道如何使用天然的金，但因其产量少，还不能成为大量使用的材料。人类在寻找石料的过程中认识了矿石，在烧制陶器的过程中又还原出金属铜，创造了冶炼铜技术和铸造技术，生产出各种青铜器物，从而进入了青铜器时代，这是人类大量利用金属的开始。

公元前 8000 年人类发现并利用天然铜——红铜，经研磨、锤打加工成铜兵器、铜工具和各种装饰品。公元前 5000 年人类学会了用铜矿石炼铜，铜是人类获得的第二种人造材料。随后发现在铜中加入部分锡，可使原来较软的铜制品变得更坚韧、更耐磨。青铜-铜锡合金是人类历史上发现的第一个合金。

熔化的铜冷却以后随着不同容器而得到不同的形状，从而产生了铸造技术，即以铸造方式成型各种青铜器。铸造青铜的铸型（即范）以陶制和泥制的为主，后来又发明了石范和夯筑范，夯筑范是将一定湿度的土一层层夯实，适合于铸造大件器物，并出现分铸法等高超铸造技术。

**（3）铁器时代**

人类最早使用铁器为公元前 2000 年左右，那时的铁器是用天然陨铁敲打而成，后来发明了炼铁技术，由于铁矿比铜矿丰富且普遍，炼铁和制造铁器很快得到了普及。公元前 1200 年左右，铁器逐渐取代了铜器，人类进入了铁器时代。

在炼青铜基础上炼出铁并不是一件容易的事，由于铁的熔点比铜高得多，在青铜时代的原始熔炉中，温度不够的情况下，从铁矿石中析出的小滴纯铁会凝固在炉渣之中，呈海绵状，这种海绵状铁是经过很长时间才被发现的。

最早的炼铁炉很小，让自然风吹入，后改为牛皮囊把空气压入去帮助燃烧，但炉子温度仍然很低，一次炼不出比较纯的铁来，再后来用手拉的大风箱，把炉膛扩大，使铁矿石炼成铁水，让它自动流出，用翻砂浇铸在模具里，铸成各种用具和兵器。

铁器时代冶铁是从块炼铁开始的，它含碳量低、质地软、技术较为简单，而后才发现生铁，生铁可以铸造，可以炼钢，也可制成可锻铸铁。把熟铁放入炭火中一再加热，反复锤打，使其硬度提高，即铁表面吸收碳原子变成钢——渗碳炼钢法，把熟铁变成一种有用的金属。又发现烧红的钢渗入冷水，可使钢坯变得更硬，这种方法现在叫淬火，这样的钢很硬很脆，经中等温度重新加热，可去掉一些脆性，增加韧性，这种工艺叫回火。从熟铁冶炼到渗碳炼钢，从淬火到回火，形成了一套新的工艺过程。

生铁出现后，还相应出现生铁经退火制成的韧性铸铁和以铁制钢技术，如生铁固体脱碳成钢、炒钢、炼制软铁、灌钢等技术。灌钢是用熔融态生铁水灌注到未经锻打的熟铁中，使铁渗碳而成钢，这种炼钢与现代化的平炉炼钢法完全相似。

## 1.2.2  材料近代发展史

炼铁技术和制造技术的发展开创了人类文明的新时代，实际上在近代以前的漫长历史时期，铁材料和冶炼技术的发展相当缓慢，只有第一次技术革命后，才带来了对钢铁材料的需求，人类才真正进入钢铁时代。同时有色金属相继问世，并进入工业生产中，无机非金属材料也有了一定的发展，并出现了高分子材料。

以蒸汽机的发明为起点，200 多年来，人类经历了四次技术革命，无疑材料为技术革命出现奠定了物质基础，反过来每次技术革命，对材料的要求不断提高，促进了新材料的发展。第一次技术革命发源于 18 世纪后期，以蒸汽机的发明及广泛应用为主要标志，推动了冶炼技术的发展，开始了大规模的钢铁生产新时代。第二次技术革命始于 19 世纪末，以电的发明和广泛应用为标志，使钢铁冶炼设备大大改善，电子、化学工业的发展促进了无机非金属材料的发展和高分子材料的出现。第三次技术革命始于 20 世纪中期，以原子能的应用为重要标志，实现了合成材料、半导体材料的大规模工业化。在 20 世纪 70 年代开始，第四次技术革命以计算机，特别是微电子技术、生物工程技术和空间技术为主要标志，促进了新型无机非金属材料、高分子材料、新型金属材料和复合材料的发展。

### (1) 金属材料

18 世纪 80 年代末，开始实现以焦炭代替木炭炼铁的一系列新技术革命。18 世纪后期蒸汽机的发明和 19 世纪电动机的发明使冶炼技术有了革命性的改变，使材料新品种、生产规模等方面开始发生了飞跃。现代冶炼技术发展始于 19 世纪中叶，1856 年和 1864 年先后发明了转炉和平炉炼钢，使世界钢产量从 1850 年的 6 万吨激增到 1900 年的 2800 万吨，开启了大规模钢铁生产的新时代。19 世纪末，电弧炉炼钢和 20 世纪中叶的氧气顶吹转炉炼钢及炉外精炼技术，使钢铁工业实现了现代化。从普通钢铁到低合金钢、高合金钢；由低强度钢发展到高强度钢，随后不同类型的特殊钢种也相继出现，如 1887 年的高锰钢、1910 年的 18-4-1 高速钢、1903 年的硅钢、1910 年的铬镍不锈钢等。

在非铁金属冶金及应用方面，19 世纪 80 年代发电机的发明，使电解法提纯铜的工业技术得以实践，开创了电冶金新领域。同时熔盐电解法将氧化铝加入熔融冰晶石，电解得到廉价的铝，使铝成为仅次于铁的第二大金属。20 世纪 40 年代，用镁作还原剂从四氯化钛制得纯钛，并随真空熔炼加工等技术逐渐成熟后，钛及钛合金的广泛应用得以实现，同时其他非铁金属也陆续实现了工业化，从而使金属材料在 20 世纪中期占据了材料的主导地位。

**（2）无机非金属材料**

20 世纪以来，为了满足一些新兴工业的需要，通过合成化工原料或特殊制备方法，制造出一系列先进陶瓷，其组成、工艺和性能均有很大提高，如氧化铝陶瓷、半导体陶瓷、压电陶瓷等，有人甚至认为"新陶瓷时代"即将到来。

玻璃的制造已有 5000 年历史，最早古埃及人用泥罐熔融以捏塑或压制方法制造饰物和简单器皿；公元前 1 世纪罗马人发明用铁管吹制玻璃制品；11 世纪，意大利威尼斯是玻璃制造中心，可生产窗玻璃、瓶罐等；16 世纪欧洲成为玻璃的制造中心，且用煤代替木材作燃料；18 世纪瑞士人发明了搅拌法生产光学玻璃，并开始用纯碱作为主要原料，此时日用玻璃和技术玻璃发展迅速；19 世纪中叶，发生炉煤气及蓄热窑池炉的出现使玻璃生产连续化，20 世纪以来，平板玻璃及各种特种玻璃不断问世，各种生产工艺不断更新，自动化程度大大提高。

从新石器时代一直到 18 世纪，人类一直以黏土、石膏、石灰、火山灰等作胶凝材料。18 世纪后期，才开始用间歇土窑烧制雏形水泥；19 世纪初在英国出现了真正的硅酸盐水泥，也称为波特兰水泥，且应用广泛，此时还发明了周转窑。20 世纪开始逐渐出现了各种硅酸盐水泥，如快硬水泥、低热水泥、油井水泥等，且生产自动化连续化程度大大提高，工艺技术及生产设备不断更新；20 世纪后期，陆续出现各种新型水泥，如硫铝酸盐水泥、氟铝酸盐水泥、铁铝酸盐水泥等。

耐火材料先于或至少与金属冶炼、陶瓷、玻璃等材料的制造同时发展起来，制造这些材料使用的窑炉需用耐火材料作结构材料，耐火材料是高温技术发展的先决条件。最早出现的是普通黏土质耐火材料，随着其他工业和高温技术的发展，对耐火材料性能要求越来越高，随之出现许多特殊的耐火材料。如 $ZrO_2$、$MgO$、$BeO$、氯化物、碳化物、硅化物、硼化物等。

**（3）高分子材料**

19 世纪以前人类一直在加工、利用天然高分子材料，但对其本质一无所知。19 世纪中期开始了对天然高分子的化学改性。天然橡胶是人类最早发现和利用的天然高分子材料，但这种乳胶性能不好，只能用来制作弹力球。1832 年，德国的 F. Lüdersdorf 用松节油和 3％的硫黄与乳胶液共煮，获得弹性又不发黏的产品，即硫化橡胶。1846 年，瑞士的 C. F. Schonbein 把棉花浸入浓硝酸和浓硫酸的混合物中，一定时间后水洗干燥获得浅黄色棉花，这种处理棉花在高温下会起火燃烧，受到摩擦或冲击时会发生爆炸，被称为火棉或硝化棉，实质上是纤维素上的很多羟基与硝酸反应生成的硝化纤维素。1870 年，一种称为赛璐珞的材料问世了，这是一种由硝酸纤维素加入樟脑所形成的材料，它受热变软，可做成多种形状，冷却后又变硬使形状固定，赛璐珞是历史上首次出现的塑料，它的出现标志着塑料时代的到来。继硝酸纤维素出现后，化学家又使醋酸酐与纤维素反应，生成醋酸纤维素，又称为赛璐玢。由醋酸纤维素纺成的纤维称作人造丝，与赛璐珞不同，赛璐玢不易燃烧，一直作为制造照相底片和电影胶片的主要材料。

不管赛璐珞还是赛璐玢，都是由天然高分子——纤维素经过改性生成的材料。其性能和应用受到了纤维素本身性质的限制。1907 年，美国的 L. Backland 为寻找一种虫胶的代用品，用苯酚和甲醛反应，控制配比的反应程度，制造了世界上第一个人工合成高分子材料——酚醛树脂。酚醛树脂的发明标志着高分子时代的开始。但这时，人们仍然认为这些物质是由很多小分子构成的"胶体"，直到 20 世纪 20 年代德国 Staudinger 提出高分子概念，并形成了系统的高分子理论，20 世纪 30 年代，高分子的长链概念获得了公认。这个时期，开发出各种塑料、合成纤维、合成橡胶，如 PVC、PVB、PVDC 等塑料，尼龙、维纶等纤维及氯丁橡胶、丁基橡胶、丁苯橡胶。20 世纪 50 年代以来，伴随着石油化工的发展，合成高分子工业发展迅猛，高分子材料的应用越来越广泛。20 世纪 50 年代，高分子工业的生产达到了高效化、自动化、大型化。至 80 年代初，全世界整个合成高分子材料（塑料、合成纤维、合成橡胶等）年产量已达一亿吨以上，在体积上已超过所有金属的总和。高分子材料是材料领域中历史最短、发展最快的一类材料，从日常生活到尖端高科技领域，高分子材料起到了越来越重要的作用。

**（4）复合材料**

几乎所有的生物体，如内脏、牙齿、皮肤以及木材、竹子都是以复合材料的方式构成的。随着科学技术的发展和工业进步，已无法采用单一的金属、陶瓷或高分子材料来满足应用性能的要求，复合材料应运而生。

人类使用复合材料可追溯到 7000 年以前，如用草拌泥做墙壁和砖坯，其性能优于干泥和草；4000 年前漆器就是一种典型的纤维复合材料；公元前古埃及人已知道将木材切成板后叠压成类似于现在的胶合板。19 世纪末，发明了纤维增强橡胶；20 世纪初的玻璃钢是玻璃纤维增强塑料、无机胶凝基复合材料（混凝土）。20 世纪中期，出现了金属基复合材料、碳-碳复合材料，20 世纪后期出现陶瓷基复合材料。可见，近代复合材料是以首先发展软基体，然后逐渐发展较硬基体和硬基体，即从树脂基到金属基和陶瓷基。目前已形成了上述三大基体复合材料并开始得到应用。

# 1.3    当代材料发展和展望

## 1.3.1    材料发展的历程和趋势

在旧石器时代，人类所能利用的材料只有纯天然的石头、土块、树枝、树皮等，利用这些纯天然的材料从事最原始生产活动，而且利用天然的树皮、兽皮、树叶等御寒维持生存，这一阶段属于使用纯天然材料的阶段。而从新石器时代、青铜器时代、铁器时代，亦即从距今 10000 年前到 20 世纪初，人类进入了人造材料合成阶段，从最初相继出现的三大人造材料，即陶、铜和铁，到近代各种高级金属、高技术陶瓷、合成高分子材料出现。

第一个阶段为材料初级合成阶段，这一阶段人类利用天然矿土烧制陶器、砖瓦和陶瓷，随后制出玻璃、水泥；从天然铜矿石、铁矿石中经简单的冶炼获铜、铁金属或合金。这一阶段是人类利用火所产生高温，对天然原材料进行烧制或冶炼。虽然陶器经过火燃烧过程中发生一系列物理化学反应，从泥土变成陶器；以及钢、铁冶炼中在高温下，发生一系列物理化学反应，从矿石变成了金属，但这时人类并未主动利用这种物理化学反应。因此，这一阶段还无法称为材料科学。从历史的角度看，20世纪以前材料的进步，不能不说是大量依靠人们的经验、技巧、积累和继承，应该说这一过程是非常缓慢的。原因在于人们还不能对材料在科学上有深刻的认识和理解，因而也缺乏科学的指导作用。这一点也不奇怪，因为材料科学不可能是孤立的，没有先进的自然科学理论和相关的先进技术，当然也谈不上材料科学。

继19世纪热力学、电磁学、化学原子论的理论成果和X射线、放射性、电子三大发现之后，20世纪的前30年物理学革命产生了相对论和量子力学，这对20世纪科学技术的发展起了不可估量的先导和基础作用。这期间的科学成果成功地揭示了微观物质世界的基本规律，加速和加深了人们对材料的光、声、电、磁、热等现象以及材料内部的种种键力、结构、缺陷的认识。20世纪前后随着物理学和化学等科学的发展，以及各种检测技术的出现，一方面从化学角度出发，开始研究材料化学组成，化学键、结构及合成方法。另一方面从物理的角度开始研究材料的组成、结构及性能的关系，并研究材料制备和使用材料的有关工艺等问题。由于物理和化学等科学理论在材料技术中的应用，形成了材料科学，这时人造材料的合成上升到一个新的阶段。最初体现在钢铁冶炼上出现了新的冶炼技术，有目的地利用物理化学反应来冶炼金属并合成了一系列高性能结构材料、高技术陶瓷材料和高分子材料。而采用天然原料经简单燃烧或冶炼而获得的材料，在应用和性能上都无法满足时代的要求。

采用天然原料或合成原料，有目的地利用一系列物理与化学原理与现象来制造新材料，材料的合成制造方法得到了极大的丰富，合成出一系列高性能结构材料和功能材料，例如，超耐热钢、不锈钢、超硬钢以及采用超纯技术获得的半导体材料、压电材料、铁电材料、热电材料、光电材料、声光材料等。

20世纪50年代，金属陶瓷的出现标志着复合材料时代的到来，随后又出现玻璃钢、铝塑薄膜、梯度功能材料等，而作为功能材料的复合也往往得到不同于组成材料的特殊功能和特性。

自然界大多数材料不仅是复合材料，而且表现具有自适应、自诊断和自修复功能，所有的植物或动物在受到绝对破坏的情况下，进行自诊断和自修复。可以具有类似于生物体反应机能，既有感知，又有驱动的功能。

目前许多功能材料都只是智能材料的雏形，处于智能材料初级阶段，仅可称为机敏材料，这类材料仅具有一定的感知与驱动的功能，如形状记忆合金、感温磁钢、光致变色玻璃、热致变色玻璃、智能混凝土等。尽管近年来智能材料研究取得重大进展，但离理想智能材料目标还相距甚远。

## 1.3.2　多种材料共存

金属材料是人类应用最古老的材料，从青铜器时代开始，到近代金属材料几乎处于一统天下的地位。金属材料不仅历史悠久，而且推陈出新、不断发展，在现代工业生产中占有极其重要的地位，在机械制造、交通运输、建筑、航天航空、国防与科学技术等各个领域仍需要大量的金属材料。

金属材料中使用最多的是钢铁，占世界金属总量的95%，年产量高达数亿吨，这主要取决于钢铁材料具有良好的性能，能满足大多数条件下的应用，故用量最大。有色金属包括铝、铜、钛、镁、锌、铅等，虽然产量及使用量尚不如钢铁材料，但由于其具备钢铁材料所不具备的特殊性能，如比强度高、耐低温、耐腐蚀等，已成为现代工业技术中不可缺少的材料，其产量仍在迅速增长。

在世界金属的矿储量中，铁矿资源比较丰富和集中，但就世界地壳中金属矿产储量来讲，非铁金属矿储量大于铁矿储量，如铁只有5.1%，而非铁金属中铝占8.8%、镁占2.1%、钛占0.6%；但由于非铁金属冶炼较困难，所需能源消耗大，因而生产成本高，是限制非铁金属总量增大的一个因素，如钛本身资源丰富，性能十分优越，但由于生产成本太高，难以推广应用。

金属材料一个突出的优点是具有高的性能价格比。在所有的材料中，除水泥和木材外，钢铁是最便宜的材料，且应用范围广，经济实用。此外，金属材料在制备、加工、使用及材料研究方面已经形成了一套完整的系统，拥有了一套成熟完整的生产技术和巨大的生产能力，并经受了长期使用过程中各种环境下的考验，具有稳定可靠的质量，具备其他任何材料不能替代的优越性。

直到20世纪50年代，以钢铁为代表的金属材料仍居统治地位。随着无机非金属材料（尤其是特种陶瓷）、高分子材料及先进复合材料的出现，特别是高分子材料的飞速发展，使金属材料的重要性、地位逐步下降，金属材料的统治地位受到了挑战。当前乃至下个世纪，将是多种材料并存的时代，已经不再由哪一种材料或哪一类材料占据主要地位，各类材料的重要性已经各具特色。

从资源情况来看，陶瓷原料（硅、氮、碳等）取之不尽、用之不竭，高分子材料有再生的优势；金属矿产资源虽有几百年的寿命，但如果考虑海洋及地壳更深处的资源，也可以说是无限的，这为多种材料并存提供了充足的物质条件。

# 1.4　材料科学与工程的形成

## 1.4.1　材料学科的细分到综合

以金属材料学科为例，最先是从矿冶学中分出冶金，然后冶金又分为化学冶金、物理冶金、力学冶金和粉末冶金。而化学冶金又细分为黑色冶金和有色冶金。金属材料又细分为黑色金属材料、有色金属材料和稀有金属材料。表1.3是美国麻省理工学院（MIT）材料系演变的情况。大学学科的设置必然反映了社会需要的趋势。在我国高等学校，金属材料又分设了金属材料工程及热处理、粉末冶金、高温合金、精密合金、金属腐蚀与防护、金属物理等专业。专业越分越细，培养的学生知识面也越来越窄。为

表 1.3　MIT 矿冶及材料系名称的演变

| 年份 | 系科名称 | 年份 | 系科名称 |
|---|---|---|---|
| 1865～1879 | 地质与采矿工程 | 1927～1937 | 采矿与冶金 |
| 1879～1884 | 采矿工程 | 1937～1966 | 冶金 |
| 1884～1888 | 采矿工程（地质、采矿、冶金） | 1966～1975 | 冶金与材料科学 |
| 1888～1890 | 采矿与冶金 | 1975～现在 | 材料科学与工程 |
| 1890～1927 | 采矿工程与冶金 | | |

了拓宽专业面，适应材料科学的发展，我国重新调整了专业目录，公布了各新定专业名称的内涵。将金属材料工程专业列入材料类，它包括金属材料、热处理及表面技术和粉末冶金三大专业方向。金属物理专业也改为材料物理专业，内容面向三大材料。

化学化工细分为无机化学、无机化工和有机化学、有机化工。在无机化工学中先是分出硅酸盐材料学，它包括陶瓷、玻璃、水泥和耐火材料四类。由于陶瓷学的发展，"陶瓷"的概念不仅包括新型陶瓷材料，就连单晶硅、人造金刚石等也属于陶瓷范畴。陶瓷和碳素材料一起统称为无机非金属材料，并在大学里设立了以该名称命名的专业。

有机化学及化工学的发展，分出高分子化学、高分子物理和高分子物理化学。我国在高分子材料方面曾经设立了高分子化学、高分子材料、高分子化工、化学纤维、橡胶制品、塑料成型加工工艺和复合材料等专业。在新专业目录中，这些原来的专业名称又都合并为高分子材料与工程专业。

这样，名目繁多的材料类专业归并后划分为金属材料、无机非金属材料和高分子材料三大类。金属材料、无机非金属材料和高分子材料等各类材料具有共同的或相似的学科基础、学科内涵、研究方法和研究设备及仪器；同时科学技术的发展在客观上需要对各类材料进行全面了解和研究。在此背景下，材料科学与工程逐步形成并且迅速发展成为一门独立的一级大学科。材料科学与工程学科以数学、力学及物理、化学等自然科学为基础，以工程学科为服务和支撑对象，是一个理工结合、多学科交叉的新兴学科，其研究领域涉及自然科学、应用科学和工程学。而在材料科学与工程大学科上，则又分为材料物理与化学、材料学和材料加工工程三个二级学科，并且赋予了综合的内涵。

材料物理与化学学科：以理论物理、凝聚态物理和固体化学等为理论基础，应用现代物理与化学研究方法和计算技术，研究材料科学中的物理与化学问题，从电子、原子、分子等层次上着重研究材料的微观组织结构的转变规律，以及它们与材料的各种物理、化学性能之间的关系，并运用这些规律来改进材料性能，研究开发先进材料与器件，发展材料科学的基础理论，探索从基本理论出发进行材料设计。着重现代物理与化学的新概念和新方法在材料研究中的应用。

材料学学科：材料学研究材料的组成、结构、工艺、性质和使用性能之间的相互关系，致力于材料的性能优化、工艺优化及材料的开发与合理应用。材料学是实用性比较强的应用基础学科，其研究既要探讨材料的普遍规律，又要有重要的工程价值。研究的范围包括金属材料、无机非金属材料、高分子材料和复合材料。材料学及其发展不仅与揭示材料本质和演化规律的材料物理与化学学科相关，而且和提供材料工程技术的材料加工过程学科有密切的关系。

材料加工工程学科：材料加工工程学科是研究控制材料的外部形状和内部组织结构，以及将材料加工成人类社会所需求的各种零部件及成品的应用技术的学科。其研究范围包括金属材料、无机非金属材料、高分子材料和复合材料等，主要研究这些材料的外部形状和内部组织结构形成规律，材料加工的先进技术和相关工程问题，材料的再循环技术，加工工程的自动化、智能化及集成化，材料加工工程的质量检测与控制，材料加工工程模拟仿真，材料加工的模具和关键设备的设计与改进。随着社会的发展和科技的进步，材料加工工程学科的内涵已经超出了原来的范畴，与材料物理与化学、材料学、机械、自动控制等学科有着密切的联系，是多学科交叉的新学科。

### 1.4.2　材料学科的交叉和渗透

三大材料学科之间相互交叉、渗透、移植和借鉴，这些正是由细分化走向综合，由经验科学发展成为全材料科学的内在联系及基础。具体表现为以下几点。

**（1）三大材料的交叉，衍生出多种复合材料**

以金属为基体加入陶瓷等无机物成为具有优异性能的金属基复合材料；以陶瓷为基体加入金属或中间相（TiC 等）形成金属陶瓷或称为陶瓷基复合材料；以高分子聚合物为基体加入无机物纤维成为树脂基复合材料；另外，以工程塑料为基体加入金属或磁性材料便形成了导电塑料或磁性塑料等功能复合材料。复合材料五花八门，不再一一列举。所以，现在一般都倾向于把材料分为金属材料、无机非金属材料、高分子材料和复合材料四大类。

**（2）基础学科向各材料学科的交叉和渗透**

物理、化学、力学、热力学、动力学等与金属材料的结合形成物理冶金，固体物理与金属学结合形成金属物理学，断裂力学的问世一开始就与金属的断裂相关联，但又派生出断裂物理和断裂化学。

同样，物理、化学、物理化学向无机和有机材料的渗透，形成了无机材料化学和高分子材料物理学。进而形成了面向三大材料的固体物理学及以固体化学、晶体学、热力学和动力学为基础的全材料科学。

生物学、医学和高分子材料学相互渗透，又产生一门新兴的学科分支——高分子仿生学。它一方面用各种性能的高分子做成各种生理器官的代用品，如人造血管、食管、骨骼、人工心脏，另一方面把生理功能的物质，如药物、酵素等和高分子结合起来，使它们的功能变得更好更持久。这样，高分子材料和生命科学也就有了密切的联系。

**（3）各材料学科之间的相互渗透、移植与借鉴**

当金属冶金上的结构、亚结构等概念可直接应用于陶瓷时，在科学观念上和在工业生产上都开始了向非金属的渗透，随后又出现了非晶态金属，它具有特别优异的性能。基于这一发现，将这种概念向半导体材料移植，单晶硅转化为非晶态硅。最近的研究发现，陶瓷非晶化后，也会有优异的高温性能。

位错理论本来是为解释金属结构材料远低于理论强度而提出的，并发展建立了比较完整的理论，但对发展半导体材料也起到了指导作用。位错理论同样也可解释陶瓷的形变、高温强度与蠕变和断裂行为。

为了解释材料理论强度和实际测量值在数量级上存在差异的原因，早在 1920 年 Griffith 就提出了裂纹强度理论，并首先成功地应用在玻璃等脆性材料上。20 世纪 60 年代针对导弹发射、超高强度钢的脆性断裂等无法解释的难题，在 Griffith 理论的基础上建立了断裂力学。目前，断裂力学理论和方法已渗透到三大材料的力学行为研究中。断裂力学与复合材料结合又产生了复合材料力学分支。

钢铁马氏体相变规律首先扩大应用到非铁合金的马氏体相变及形状记忆合金机理，后来发现许多无机化合物如 $BaTiO_3$、$ZrO_2$ 等也同样存在马氏体相变。为了解决陶瓷材料的脆性问题，又借鉴了钢铁材料中应力诱发马氏体相变、相变诱导塑性的一些原理,应用 $ZrO_2$ 的马氏体相变对陶瓷增韧。研究表明,半导体材料、超导化合物、有机物、生物等都具有马氏体相变的系统和现象,这样就有可能将马氏体相变与生命现象联系起来。

精细陶瓷的强韧化技术还借鉴了金属材料中的固溶强化、细晶强化、弥散强化等原理。

### (4) 在制造技术上也是互相渗透、移植和借鉴

粉末冶金借鉴了传统的陶瓷制造技术,所以一直被称为金属陶瓷术。硬质合金的粉末冶金首先发展了金属陶瓷材料,然后是 $Al_2O_3$、$Si_3N_4$ 复合型陶瓷刀具借用了金属陶瓷概念。近年来,粉末冶金和精细陶瓷都采用了超微细粉末、热压烧结、冷热等静压成型等技术,以至粉末冶金技术和现代陶瓷制造技术已经没有什么明显的区别了。

高分子材料的成型方式借鉴了金属热加工原理。例如:塑料的压延成型是和金属板材轧制类似的成型工艺;塑料的注射成型是根据金属压铸成型原理发展起来的。近年来发展起来的陶瓷粉末注射成型技术是从塑料工业引进到粉末冶金中的新的成型技术。吹塑工艺原理被移植到金属及合金的超塑性成型方法中。

金属通过表面化学热处理或喷丸等技术在其表面形成残余压应力,可提高材料性能,特别是疲劳强度,被称为"应力强化"。该原理已被应用到玻璃、塑料上,在陶瓷上被用来研究表面残余压应力对陶瓷强度的影响。

传统结构钢的淬火采用 $\gamma$ 单相区加热处理,后来采用双相区处理可使钢韧化。新的研究表明,对于 $ZrO_2$-$Y_2O_3$ 双相材料可使 $ZrO_2$ 陶瓷进一步改善韧性。

材料设计及材料计算设计是最近材料科学的新发展方向,目前在三大材料中都有许多的研究,并且都取得了很大的进展。

### (5) 新技术在各类材料中都得到广泛应用

现代新技术包括微细粉末技术、离子束、激光、计算机等新技术。例如:等离子技术在冶金工业、金属材料焊接、表面化学热处理、气相沉积、高分子和无机非金属材料等许多领域都得到了广泛的应用。激光技术已在金属材料的表面改性、焊接以及高分子的接枝、降解等方面得到了应用。等离子体技术的应用范围如图 1.1 所示。

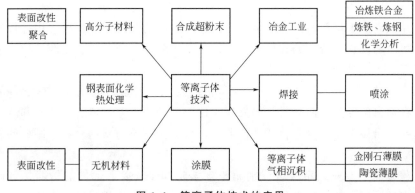

**图 1.1　等离子体技术的应用**

各类材料的互相交叉、渗透、移植、借鉴，已融合而成为具有共同的理论基础、相近的测试技术和基础技术的一门新的综合科学，即材料科学与工程。

### 1.4.3　材料科学与工程学科的形成与内涵

#### (1)　材料科学与工程的形成

20世纪40年代以前，基础科学和工程之间的联系并不十分紧密，固体物理与各种材料工程各有自己的独立体系。随着试验设备、仪器和实验技术的不断发展，基础科学和各工程学科之间的联系日益密切，有的甚至融为一体。图1.2表示在材料领域中固体物理和材料工程间的宏观关系。在20年代两者是分离的，40年代已有交叉，60年代初开始出现了材料科学，到了70年代，材料科学和材料工程大部分重叠，于是就形成了"材料科学与工程"这样一个大学科。所以，材料工程师主要依靠经验而工作的时代已过去，不熟悉大材料概念，已不能成为一个真正现代意义上的材料工程师了。而材料科学家也越来越多地从材料应用出发进行研究。

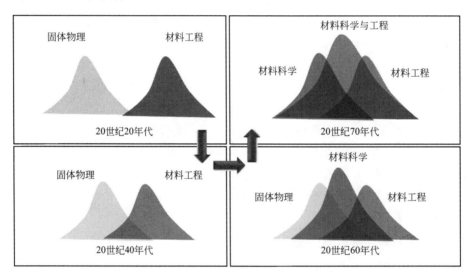

**图1.2　固体物理与材料工程的结合过程**

"材料科学"、"材料工程"和"材料科学与工程"三者之间是有一定区别的。材料科学主要从事材料本质的发现、分析和了解方面的研究，它的目的在于提供材料结构的统一描述或模型，以及解释材料结构与性能之间的关系。材料科学可定义为一门涉及化学、物理学、矿物学、地质学、冶金学和合成材料领域的科学。

材料工程着重进行把基础知识应用于材料的研制、生产、改性和应用的开发上，解决应用过程中在技术、经济、社会上产生的一些问题。它比较多的和机械工程、土木工程、电子工程、能源工程、宇航工程、生物医学工程、环境工程、化工等行业联系。

材料科学与工程是理、工交叉学科。物理、化学等基础学科的发展，冶金、机械等工程学科的发展，共同孕育了材料科学与工程学科的诞生。而新材料的发现又成为新理论、新学科、新技术和新产业的先导。微电子、光电子、超导、自旋电子学等学科和新产业的出现，无一不与新型材料和结构的发现有关。

传统观念认为，科学与工程方面的专业或系应该分别属于理学院和工学院，他们的培养是有区别的。但是社会的需要和学科的发展，促使工学院办偏理的专业，而理学院也有应用科学的专业，传统的观念已被打破。"材料工程"学科是为了培养工程师，加强基础训练是为了提高工程师的分析能力；而"材料科学"学科是为了培养科学家，有一些实际知识，只是为了使科学家不要远离实际。现在虽然都以"材料科学与工程"命名，但各校或偏重科学或偏重工程，少数有条件的学校，可以通过学生的选课等方式使学生得到材料科学和材料工程的训练。学校不仅传授知识，更重要的是培养学生分析问题和解决问题的能力。材料科学与材料工程之间，有它细分的一面，也有相结合的一面。一方面，我们要看到科学与工程的区别；另一方面，也要强调结合的重要性和寻求恰当的结合方式。对于具体问题要具体分析，既不可严格细分，也不可强行结合。在细分的基础上，通过交叉汇合，是达到有机结合的一种较好的方式。

　　自从1975年美国麻省理工学院成立了材料科学与工程系后，世界上许多著名高校也相继设立了相应的院系。我国从20世纪90年代开始，成立了一大批材料学院及相关专业，到2019年左右，全国开设材料科学与工程专业的高校超过200家，开设金属材料工程的高校达到70多家。同时，学术界老的学会逐步改向、合并和组建，相继出现了材料学会之类的名称。1973年美国首先成立了材料研究学会后，大规模的学术交流在世界范围内不断产生。欧洲材料研究学会（E-MRS）于1983年成立，1988年日本成立了材料研究学会（MRS-J），印度、澳大利亚等国也纷纷成立了材料学会。1990年成立了"材料研究学会国际联盟"。我国在1991年成立了材料研究学会。英国从1992年起，将金属学会更名为材料学会。随后，许多期刊也陆续扩大研究范围并修改名称。1949年出版、具有国际影响的《金属物理进展》（Progress in Metal Physics），于1959年出版到第8卷时，将金属扩展至材料，物理扩展至科学。从1961年的第9卷开始，更名为《材料科学的进展》（Progress in Material Science）。同样的情况也发生在1953年创刊的"Acta Metallurgica"以及1967年创刊的"Scripta Metallurgica"两个刊物上，这两个刊物于1989年引入Materialia一词，从1990年开始，这两个刊物分别更名为"Acta Metallurgica et Materialia"及"Scripta Metallurgica et Materialia"，后来直接更名为"Acta Materialia"和"Scripta Materialia"。

### （2）材料科学与工程四要素与四面体

　　在20世纪70～80年代，材料科学与工程学科的内涵建设如火如荼。1989年，Flemings强调了材料加工在材料科学与工程中的地位和材料效能的重要性，并提出了材料的加工、结构、性能和效能的四元体系（图1.3）。材料的

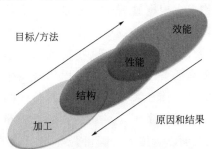

图 1.3　现代材料科学与工程的四元关系

成分、工艺、组织结构、性能是密切相关的。但是该四元体系并不能清楚地显示四个要素之间的关系。

后来 Flemings 建立了材料科学与工程四面体（简称 MSE 四面体），有人认为可以把这个四面体作为材料科学与工程学科的象征［图 1.4 (a)］。该四面体的提出是材料科学与工程学科的里程碑事件，标志着该学科有了非常明确的内涵及方法论。这方面的内容将在第 3 章做详细地讲解。

随着材料设计学的兴起和环境因素的重大影响，就形成了材料科学与工程五要素的模型，即成分、合成/制备、组织结构、性质和效能，如图 1.4(b) 所示。环境因素对材料性能的影响很大，如受力状态、气氛、介质与温度等，环境因素的引入对工程材料来说十分重要。重要的是材料理论、材料设计、工艺设计有了一个适当的位置，它处在六面体的中心。因为这五个要素中的每一个要素，或几个相关要素都有其理论，根据理论建立模型，通过模型可以进行材料设计或工艺设计，以达到提高性能及使用效能、节约资源、减少污染及降低成本的最佳状态。

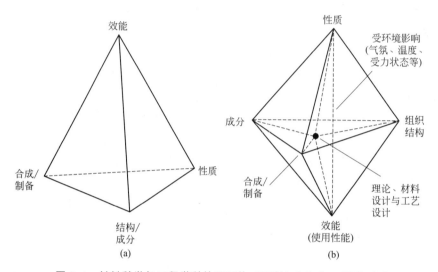

图 1.4　材料科学与工程学科的四面体（原版）(a) 与五要素 (b)

在 Flemings 提出 MSE 四面体之后，有许多学者对其进行了适当地修改，但是万变不离其宗，其总体形式得到了保存。在本书中，更倾向于用图 1.5 的四面体进行表述。与 Flemings 的版本相比，该版本将成分和结构进行了拆分，而将性质和效能进行了合并，这样更加有利于本书的讲解。

依据图 1.5 的 MSE 四面体，其包含的四要素则为成分、制备/加工、结构和性能，下面分别介绍。

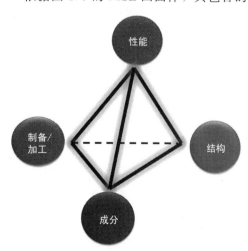

图 1.5　本书中的 MSE 四面体版本

① 成分　成分可以简单定义成组成材料的化学元素的组合及构成。我们常见到的是材料的总体成分，或者可以称为宏观成分，比如单质的材料（纯金属、单晶硅等），仅含有一种元素；而纯的化合物（$Al_2O_3$、$C_{12}H_{22}O_{11}$ 等），我们可以根据其分子式知道其元素构成及比例；对于比较模糊的材料体系例如合金，我们只能从其牌号中得知其大致的合金含量。以上这些提到的都是宏观成分。但是我们还更需要关注微观成分。比如金属中的珠光体，由层片交叠的铁素体和渗碳体组成，其总体的含碳量可能为某一数值，但是在微观上，铁素体的含碳量＜0.0218%（质量分数），而渗碳体的含碳量为 6.68%（质量分数），相差了几百倍！所以，在微观上，材料的成分是不均匀的，而这一

特征很大程度上决定了材料的性能。因此，我们要区分宏观成分和微观成分，并且要更加关注微观成分。

② 制备/加工 首先说制备，包括物理制备方法，如磁控溅射、蒸镀等，也包括化学制备方法，如水热法、化学气相沉积、冶金等。

其次说到加工，包括冷加工工艺，如车、铣、刨、磨、冲压、抛光等，包括热加工工艺，如铸、锻、焊、热处理等，还包括一些先进制备工艺，如微纳米加工、3D打印、软刻蚀、光刻、喷射成型、自蔓延、微弧氧化等工艺。

③ 结构 结构分为宏观结构和微观结构，宏观结构就是比如薄膜、器件、零部件的尺寸、形状，常常是肉眼可见的尺寸范围，而微观结构则是我们材料研究需要重点关注的，其尺寸范围常常在微米级以下，比如说，玻璃呈现出短程有序、长程无序的微观结构，钢铁中常见的结构包括体心立方、面心立方等，石墨烯的结构为单层的碳原子且相互之间以三个共价键以等角度形式互连，以上都是一些微观结构的例子。

④ 性能 将"性能"一词拆分成性质和效能。性质，可以理解为材料本身的一些特点，比如热导率、热膨胀系数、拉伸强度、断裂伸长率、磁导率、密度、电导率、弹性极限等；而效能，可以理解为材料在外力、环境介质等的综合作用下所表现出来的能力，比如耐蚀性、疲劳强度、耐磨性、冲击韧度、耐候性、蠕变极限、环境协调性能、抗老化性能等。由于材料经常在实际工况条件下进行使用，所以，我们应该更加关注效能。

总之，材料包含成分、制备/加工、结构和性能这四个要素。关于四要素内涵的讲解，详见本书配套数字资源。

**（3）材料科学与工程四面体**

我们再回到图1.5，可以看到，材料科学与工程四要素是以四面体的形式组合成为材料科学与工程四面体。其特点是每一个要素都与其他三个要素相连。所以，在MSE四面体中，四要素的关系是相互联系、相互影响的。其次，四要素里面的主线是成分、制备/加工和结构共同决定性能，而性能是直接与材料的应用相对接。在本书配套数字资源里，可以看到四要素之间是如何相互影响和相互联系的。

**（4）材料科学与工程四面体的意义**

材料科学与工程四面体的问世，应该是材料科学与工程学科的里程碑事件，有以下三个重大意义。

① 材料科学与工程学科的核心内涵。MSE四面体标志着MSE学科完整内涵的确立，明确标明了材料科学与工程研究的全部内容以及研究内容之间的相互关系。由此，我们可以给材料科学与工程进行一个极简的定义：材料科学与工程是研究材料的成分、结构、制备/加工和性能及其相互关系的学科。或者我们直接可以用这个四面体来代表材料科学与工程。

② 说明材料科学与工程学科是一个系统工程。从事材料学科的研究工作、

MSE四要素

MSE四面体

MSE四面体的意义

从事材料相关的产业工作，就必须综合考虑四要素的工作，并认真考虑四要素之间的关系，不可偏废、不能漏缺，说明了材料科学与工程学科是一个系统工程。

③ 材料科学与工程的核心方法论。从事材料相关的研发和产业化工作，也许有许多非常具体的方法或者开发工具，但是其核心方法就是依循 MSE 四面体来开展，也就是说，材料科学与工程四面体就是材料科学与工程的核心方法论。详细讲解见 3.3 节。

## 1.4.4　材料科学与工程学科的地位和特点

能源、信息和材料是当代文明的三大支柱，而材料又是另外两者的基础。当今世界进入 21 世纪知识经济时代，现代高技术的出现更有赖于新材料的发展。加速发展高技术新材料及其产业化、商品化是国际高技术激烈竞争夺取制高点的重要目标。传统产业的技术进步和产业经过调整离不开新材料技术的推动。在材料应用方面，虽然金属材料仍然占主导地位，但是高分子材料和无机非金属材料的工业应用比例将日益增长，并逐步部分取代金属材料。因此，各工业领域所采用的材料结构和比例也将发生很大的变化。新型材料的研究开发将促进新兴材料产业的形成和推动新型机械、电子等产品的设计、制造和传统产品的更新换代。

新材料的不断涌现是当今新技术革命的物质基础，即现代高技术的发展紧密依赖于新材料技术的发展。所以有人把现在称为"微芯片时代""材料设计时代""人造材料时代""材料时代"。这足以说明材料在当今技术革命中的地位。新材料的问世和材料科学的发展都会给社会的发展和进步带来巨大的动力和影响。纵观人类社会利用材料的历史，材料技术的每一次重大创新和突破都会引发生产技术革命，每一种新材料的发现和应用都会给社会和生活带来巨大的变化。钢铁工业的发展为第一次世界工业革命奠定了物质基础；电子技术、半导体材料的发明和应用是第二次世界工业革命的先导和核心；激光材料、光导纤维的出现使人类社会进入了"信息时代"；高温、高强度结构材料促进了冶金、宇航等事业的发展；塑料、复合材料又使人们的生活和工业制品大为改进。

当前高技术新材料的发展趋势是：单一材料向多种材料扬长避短的复合化；结构材料和功能材料的整体化；材料多功能的集成化；功能材料和器件的一体化；材料制备加工的智能化、敏捷化；材料的制备和功能仿生化；材料产品的多元化、个性化；材料科技的微型化、纳米化；材料设计的优选化、创新化；材料研究开发的环境意识化、生态化；材料科学技术的多学科渗透综合化、大科学化。因此，材料科学与工程学科呈现的发展趋势可以用在多样化基础上的"一体化"趋势来加以概括。目前，材料科学与工程学科的特点主要有：各类材料的严格区分逐渐减小，材料的发展和应用是系统工程，材料科学与材料工程的全面融合，多学科和跨学科的交叉渗透，新方法、新发现和新理论不断产生，发展绿色材料科学技术等。

美国国家科学院对"材料科学与工程"的定义是：材料科学与工程（MSE）是关于材料成分、结构、工艺和它们性能与应用之间有关知识开发和应用的科学。它是从科学到工程的一个专业连续领域，其间，各专业贯穿整个体系。

**（1）各类材料逐步趋向统一**

长期以来，人们按照传统把材料区分为金属材料、无机非金属材料和高分子材料等几大类，每类材料都有各自特定的成分、独特的性能和不同的应用范围，而明显地加以区别。随着人们对材料本质认识的深化，发展新材料已逐步摆脱固有的认知，而要依赖于材料的设计。各类材料逐步统一。

各类材料的严格区分逐渐在减小或消失。如非晶态的金属玻璃,金属也像塑料那样有超塑性,绝缘体的氧化物出现了高温超导体,高分子材料中有了高分子金属,硬脆的陶瓷也发现了增韧陶瓷,更多的是人造的复合材料,甚至是在原子尺度上的层状结构材料,如此等。无论是金属材料,还是无机非金属材料或是有机高分子材料,它们的原子排列都会出现晶态、非晶态和微晶态(纳米级)几种基本状态。

各类材料相互取代、补充,相互竞争。世界上材料品种很多,对同一性能使用要求的,往往有多种材料可以选用,竞争十分激烈。有些材料通过改造可以焕发青春,在某一领域里"死守"某一种材料则往往是不明智的。各种表面涂层、表面处理得到了很快的发展和广泛的应用,成为一个新兴的领域。各种复合材料的问世都是材料相互补充的例子。梯度功能材料目前正在核聚变反应容器、复合电子器件、医学生物材料上,并且可展望在建筑材料、造纸、纤维上得到应用,甚至出现在各种日用品上。

各类材料的一些原理相通,分析测试手段相同。应用某一材料的理论使另一类材料获得突破性进展的事例已屡见不鲜。如金属中位错理论应用于半导体开创了新局面。缺陷控制已成为提高和保证半导体材质不可缺少的手段。再如现代的材料脆性断裂理论起源于 1920 年提出的格雷菲斯脆性体断裂理论,分析了玻璃丝的实际断裂强度与理论强度之间的巨大差别在于微裂纹前端存在的应力集中。20 世纪 50 年代通过修正在金属材料上取得了突破性进展,后来又进一步应用在陶瓷材料上开发了新一代的增韧陶瓷材料。

**(2) 材料的发展和应用是系统工程**

这一点,在上节中有过一些讲解。除此之外,这个系统工程除了反映 MSE 四要素的兼顾之外,还在于说明,当今材料的发展和应用,开发链条长、涉及的学科和产业多,对从业者也提出了极高的要求,需要具备理、工兼备的学识,同时还要能够了解材料应用的具体产业、行业的信息,在研究和工作中,一定要有系统分析的能力和思路。

**(3) 科学与工程的全面融合**

材料科学与工程的英文名称是 Materials Science and Engineering。材料科学与工程把各类材料作为统一的研究对象,为了强调其各类材料的统一和科学与工程的不可分割的统一性,所以在英文中"材料"一词用的是复数,而"材料科学与工程"这个名词是单数而不是复数,意在强调。以前科学研究和工程应用往往脱节或联系不密切。

如图 1.6 所示,在 MSE 四面体中,如果研究制备/加工工艺,则要涉及制备加工技术等,包括铸造、焊接、热处理、机加工等材料的制备/加工工艺技术,这些方面很多涉及工程;如果要研究材料的成分和结构,则要涉及数学、固体物理、应用化学等基础科学,这些都属于科学的范畴;材料的性能直接对应材料的应用,而应用又直接与产业、产品(技术)相联系,涉及汽车零部件、家电、微电子、核工业、轨道交通等行业,这些也大多属于工程的范畴。所以,综合来看,材料科学与工程学科是科学与工程全面融合的学科。

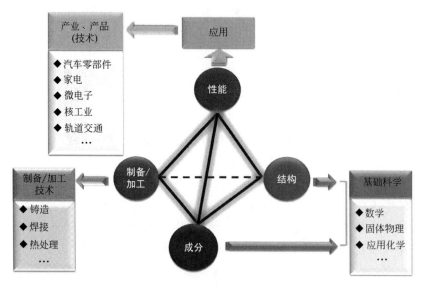

图 1.6    MSE 四面体体现了 MSE 的科学与工程的全面融合

**（4）多学科和跨学科**

材料科学与工程研究的是包罗万象的各种材料，涉及科学和工程的各个侧面，从而决定了它必然是多学科和跨学科的。如图 1.6 所示，材料科学与工程涉及数学、固体物理、应用化学等许多基础科学，还涉及焊接、铸造、热处理等工程专业，还涉及汽车、微电子、交通等学科和专业，充分表明了材料科学与工程的多学科和跨学科的特点。

当今的材料时代对于材料工作者、科学家和工程师提出了越来越高的要求，要求他们具备广阔的知识、深入的理论修养和丰富的实际经验。新材料的发展对人类文明的巨大推动作用已经并且正在吸引越来越多的各相关学科的工作者加入这个队伍，为材料科学与工程的发展贡献力量。

科学方法的跨学科应用在现代科学发展过程中将越来越多。宏观事物具有统一性，所以不同学科之间存在着一定的共性和相似性。科学作为一个有机的整体，在各学科、各方向中存在着相互渗透和相互支撑的密切关系。现代科学的细致分工，使一个学科的研究方法得以发展得非常细，其他学科直接或间接地加以借鉴运用，实际上是一种思维方法的复制。"他山之石，可以攻玉"。借鉴和应用其他学科的科学方法和研究新进展，可使我们省去在本学科体系内从头发展类似的方法，从而可达到事半功倍的效果。科学发展史表明，各学科之间的相互作用相互渗透，可以得到巨大的成果。近年来，材料学的发展得益于物理、化学、力学和信息科学等学科的理论、方法与研究手段向材料学的渗透，借助于这些学科的成果使材料科学逐渐向精密科学过渡，并进入到现代自然科学的前沿。纳米科学就是在物理、化学、数学等基础学科发展的基础上出现的，而纳米技术是基础科学（介观物理、化学、分子生物学）和先进工程技术（计算机、微电子和扫描隧道显微镜）相结合的产物。1981 年瑞士 IBM 苏黎世实验室的 Gerd Binnig 和 Heinrich Rohrer 发明了具有原子显像能力的扫描隧道显微镜（STM），显示出原子尺度范围内空间中表面的三维图像，准确可靠地给出了表面原子结构的信息。短短几年时间，STM 的研究和应用已经渗透到许多学科和技术。到 20 世纪 80 年代末，STM 不仅是一个观察手段，而且成为可以调整原子的工具。因此，可以认为，没有 STM 技术的发展，纳米材料的研究进展不会如此之迅速。

组织交叉学科研究是材料科学有所突破的必由之路。科学方法的跨学科运用，将各自然科学、社会科学和技术科学逐步联系起来，使每一门学科都和整个科学的大系统密切相连，以至于任何一个结构层次上的重大科学突破，都可能迅速通过研究方法的跨学科运用等多种方式扩散开来，直到物化为改造世界的技术与产品，深刻地影响着整个科学世界和现实世界的前景。物理、化学、数学、生物、分子生物学、医学、计算数学、化工、电子、机械、环境、能源等各类知识的融合、运用，成为当今材料科学与工程进展新突破的重要特征，材料科学与工程是一门充满生机、正在发展中的理工兼容的学科。

### （5）新思维、新方法、新发现和新理论不断产生

新材料的发展不仅是科技进步、经济发展、军事先进的物质基础，同时也改变着人们的思维方式和实践方式，推动着社会的进步。许多新材料开发的思路、研究与应用的过程本身就孕育着崭新而深刻的认识论与方法论，不断地产生新理论和新发现。

大工业时代，占主导地位的思维模式是"非此即彼"，但是高科技时代出现了许多"既此又彼"的事实。以前，大与小、多与少之间的界限就像黑与白、曲与直一样明显，不能混淆。科技的发展在具体事物上将它们结合在一起了。过去不可能的、不重要的，在纳米状态下却变成很有可能是可行的，并且是极其重要的因素。日本东京大学的化学家发现了一种神奇的粒子，它可以像电脑那样具有暂时记忆和永久记忆功能。当这种粒子受到紫外线或激光的照射时就会改变结构，这样就可以利用它来存储二进制数码，并且存储量是非常大的。有人预言，有一天电子计算机会进入到"分子计算机"时代。这就意味着"小就是大""少就是多"。这在科技界是一种合理的"悖论"，是高科技文明的产物，是社会进步的必然结果。它符合客观事物本身发展的内在逻辑。

纳米材料和纳米技术的产生，必然伴随着许多新发现、新理论的不断涌现。许多在传统材料结构中存在的概念、理论、性能等，在纳米材料和纳米技术中是不能成立的或有了很大的变化。如热力学理论、细晶强化的 Hall-Petch 公式、材料结构参量的表征、位错理论、塑性理论、量子理论等。

仿生材料和仿生学的兴起是人类向大自然学习、探索的结果。无论从形态学的观点还是从力学的观点来看，生物材料都是十分复杂的。从生物"物竞天择，适者生存"的进化论来说，世界上生物材料的形态、结构、功能都是经过亿万年的演化而优化的。仿生材料的研究虽然困难很多，但前景是非常诱人的。在仿生材料的研究中，也产生了许多的新方法、新理论、新思维。多功能化和功能、结构一体化研究是当今材料发展的重要特征，这在仿生材料研究开发中更为突出和重要。生物体能在常温、常压下通过分子组装、模块成型等途径，一边承载一边组装而实现在温和条件下的制备。国内外已有一些初步成功的尝试。生物材料的遗传基因和新陈代谢过程中蕴藏着大量的值得人们仿效的规律，人们在进行材料的计算机模拟和智能化制备时可由此得到启发。现在的材料基本上都是生产后进行使用，在使用过程中，最多有一些维修。还很少有人设计出能在使用中进行智能化改性和再生的材料。

### （6）绿色材料科学技术

新材料的发展，无论是金属材料、无机非金属材料还是有机高分子材料等研究开发，都与资源、能源及环境密切相关。为确保人类社会经济的可持

续发展，必须发展绿色材料科学技术。过去长期以来人类以各种方法利用自然物质资源制造各种材料来满足自己生存的需求，而且侧重发展材料具有优异的性能和舒适性及注重研究各种环境条件对使用性能的影响，不重视材料的发展对资源和环境的影响，其结果导致资源浪费、环境污染及生态破坏，从而造成制约经济和社会发展的重要因素。人类必须改变传统的"高消耗、高投入、高污染"的不可持续生产和消费方式。现代材料的发展不仅要求材料有优异的性能，而且要求材料的制造、使用和废弃的整个生命周期都应与生态环境相协调。为此 20 世纪 90 年代初提出了环境意识材料、生态材料、绿色材料、环境友好材料、发展绿色材料科学技术等，并且特别重视发展绿色化学-化工。目前国内外对具有生态环境协调性的材料名称虽然尚未统一，但发展现代先进材料应该使其同时具有生态环境协调性特征。研究和开发新材料及其产业化时必须从微观和宏观结合的要求出发，把材料的化学成分与物理结构、性质、使用性能、制备及加工，以及环境与资源等因素进行系统的优化设计，必须走可持续发展的道路，如图 1.7 所示。

综上所述，材料科学有三个重要特点：一是多学科交叉，它是物理学、化学、冶金学、金属学、无机非金属材料、高分子化学及计算科学相互融合与交叉的结果，如生物医用材料要涉及医学、生物学及现代分子生物学等学科；二是一种与实际使用结合非常密切的科学，发展材料科学的目的在于开发新材料，提高材料性能和质量，合理使用材料，同时降低材料成本和减少环境污染等；三是材料科学是一个发展中的科学，不像物理、化学等学科已经有了一个相对成熟的体系，材料科学将随着各相关学科的发展而得到充实和完善。

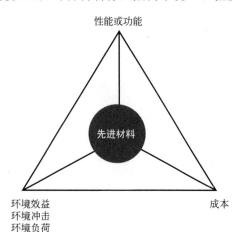

图 1.7　先进材料研究与开发的
可持续发展道路

# 第**2**章 材料的共性规律与共同效应

○○ —————— ◦○ ○ ○○ —————— ┤ ○ ○ ○○ ○

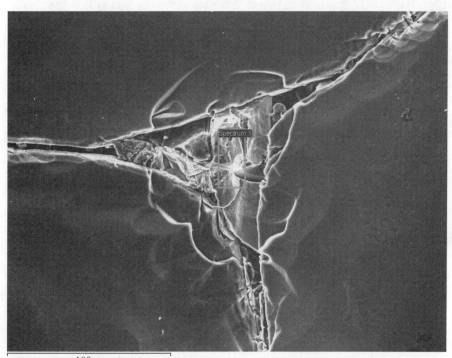

100μm

| 元素 | 质量分数/% | 原子分数/% |
|---|---|---|
| Al、K | 15.97 | 21.74 |
| Si、K | 32.13 | 42.02 |
| Ca、K | 8.13 | 7.45 |
| Fe、K | 43.77 | 28.79 |
| 合计 | 100 | 100 |

**多晶硅片的扫描电镜图和成分表**

在多晶硅片的扫描电镜图中，可以看到，在晶界处聚集了大量的夹杂物与
析出物，其成分结果显示，大部分为含 Al、Ca 和 Fe 等金属元素的杂质。
这些晶界杂质的存在，严重降低了多晶硅太阳能电池的效率

导读

　　材料科学与工程学科包含许多研究方向和研究领域，涉及的材料也五花
八门。但是，不管是材料的变化还是应用领域的不同，所有材料都具有共性
规律和共同效应，这些构成了材料科学与工程学科的共性知识内容，同时也
是开展任何材料领域研究的理论基础。因此，在本章中将要详细讲解材料的
共性规律以及共同效应。

**2**

## 2.1 材料的共性规律

### 2.1.1 晶体结构规律

三大材料结构、结合键、组成相按分类见表2.1，价键四面体（图2.1）表示出各类材料之间的本质区别和内在联系。从表2.1中可以看出，三大材料都具有晶体结构，但是陶瓷和高分子材料的组织结构要比金属复杂得多。然而它们都有晶体学的规律。例如，近代 X 射线分析证明，高聚物的结晶区也和金属一样存在晶区和晶胞，组成结晶结构单元为伸直链晶体和折叠链晶片，晶片又可堆砌成"微晶体"以及球晶。

不同结合键的材料具有不同的性能。从表2.2中可看出，与金属键相比，以离子键和共价键结合的陶瓷熔点高、硬度高、耐高温，但固体状态一般不导电。由共价键结合成大分子链的高分子聚合物的熔点低，硬度低，耐热性很差，不导电；而具有长共轭双键的高分子则可能导电，成为高分子金属。

**表 2.1　三大材料结构、结合键、组成相分类**

| 材料类别 | 结构特征 | 结合键 | 组成相 |
| --- | --- | --- | --- |
| 金属 | 组成晶体的金属离子在三维空间周期性规则排列 | 金属键 | 固溶体，第二相 |
| 陶瓷 | 多晶体等（常伴有气孔等缺陷） | 离子键、共价键、混合键 | 晶相、玻璃相、气相 |
| 高分子 | 大分子链,由众多($10^3 \sim 10^6$ 数量级)简单结构单元重复连接而成。大分子链具有柔性和可弯曲性 | 分子键、共价键、共轭键 | 晶态和非晶态 |

**表 2.2　不同键合种类和性质比较**

| 结合键种类 | 熔点 | 硬度 | 导电性 | 键的性质 |
| --- | --- | --- | --- | --- |
| 离子键 | 高 | 比较高 | 固体不导电,熔化或溶解后导电 | 无饱和性无方向性 |
| 共价键 | 高 | 高 | 不导电 | 有饱和性无方向性 |
| 金属键 | 有些高,有些低 | 有些高,有些低 | 良 | 无饱和性无方向性 |
| 分子键 | 低 | 低 | 不导电 | 有饱和性有方向性 |

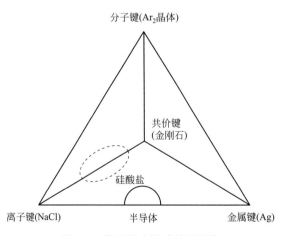

**图 2.1　表示键合形式的四面体**

与金属一样，高分子高聚合物结晶也是形核和晶核长大的过程。冷却速度快，生核多，得到比较小的球晶。通过快冷抑制结晶进行，就像将熔化的石英快冷而得到的非晶态玻璃一样。同样，也像金属结晶时，杂质可以作为非自发晶核产生异相成核作用，可加速高聚合物的结晶，以改善高聚合物的性能。

陶瓷和高聚合物均含有非晶态（玻璃）的组成相，它们的结构都是"远程无序，近程有序"。同时都具有玻璃态相变的共性规律及玻璃化温度。一般金属总是呈结晶态。但是近来研究表明，成分约为 $M_{80}X_{20}$（M 代表 Fe、Co、Ni；X 代表 P、C、B、Si、Al）的合金熔液，在极快冷却（$10^6 \sim 10^7$℃/s）条件下冷却凝固则呈非晶态结构，或称为金属玻璃。非晶态是热力学不稳定的，结晶态是热力学稳定态。因此，陶瓷、玻璃、金属玻璃的非晶态相被加热到一定温度以上又会转变为晶态。非晶态合金具有良好的磁性、耐腐蚀性、强韧性和导电性能，它是现代材料研究中很活跃的领域。

## 2.1.2 材料缺陷与断裂强度

陶瓷的实际晶体中也存在着各种缺陷，举例如下。点缺陷：空位、间隙原子、电子空穴等；线缺陷：位错；面缺陷：晶界、亚晶界等。陶瓷晶体中的原子或离子由于热运动脱离原来结点而跑到晶体的其他位置上，或挤入晶格的空隙中形成间隙原子，常称为"热缺陷"。这种热缺陷直接影响到离子导电性。陶瓷烧结、扩散等物理化学过程都与热缺陷的运动有关。

陶瓷晶体中的位错比金属系统中更为复杂，位错对陶瓷的形变、强度、晶体的生长、晶体电学和光学性能都有影响。陶瓷多晶体的晶界与金属的晶界虽然有许多相似之处，但也存在很大的差别。例如，陶瓷晶界具有正、负静电位；陶瓷晶界往往发生溶质或杂质的析出。这种析出包括在晶界和晶界附近溶质的偏析和相分离。陶瓷的溶质偏析并没有形成新的晶相，仅在晶界有溶质浓度的增减；其析出物沿晶界面可形成薄膜状、颗粒状、树枝状或其他特殊形状。

陶瓷的晶界现象对陶瓷材料在烧结时晶粒长大，对相变的晶核生成以及材料的断裂强度、韧度、变形、高温蠕变等力学性能，对陶瓷的导电性、介电损耗等电性能及耐腐蚀等化学性能都有很大影响。积极地利用多晶体的晶界现象是开发新型陶瓷材料的重要方向之一。例如：利用晶界位能的位垒，可以制造正温度系数的热敏电阻陶瓷；利用晶界层绝缘性，可以制造 ZnO 压敏电阻和半导体陶瓷；利用 Cd-Sn 型半导体陶瓷中过剩的铜离子的晶界扩散，在晶界面形成 P 型半导体层，用于制造太阳能电池的光电元件。这是陶瓷晶界效应的特殊之处。

理想晶体的断裂强度为：

$$\sigma_c = (E\gamma/a_0)^{1/2}$$

式中，$\sigma_c$ 是理论断裂强度；$E$ 是弹性模量；$\gamma$ 是材料比表面能；$a_0$ 是原子间距离。

实际材料的断裂强度 $\sigma_{cs}$ 见表 2.3。可见：

金属材料 $\qquad \sigma_{cs} \approx \dfrac{1}{10}\sigma_c$

陶瓷材料 $\qquad \sigma_{cs} \approx \dfrac{1}{40\sim150}\sigma_c$

高分子聚合物 $\qquad \sigma_{cs} \approx \left(\dfrac{1}{1000}\sim\dfrac{1}{100}\right)\sigma_c$

表 2.3　断裂强度理论值和实际测量值

| 材料 | 理论值 $\sigma_c$/MPa | 测量值 $\sigma_{cs}$/MPa | $\sigma_c/\sigma_{cs}$ |
|---|---|---|---|
| 奥氏体钢 | 20480 | 3200 | 6.4 |
| 高碳钢琴丝 | 14000 | 2500 | 5.6 |
| $Al_2O_3$ | 50000 | 441 | 113.4 |
| 玻璃 | 6930 | 105 | 66.0 |
| BeO | 35700 | 238 | 150.0 |
| SiC(热压) | 49000 | 950 | 51.5 |
| $Si_3N_4$(热压) | 38500 | 1000 | 38.5 |
| $Si_3N_4$(反应烧结) | 38500 | 295 | 130.5 |
| 铁晶须 | 30000 | 13000 | 2.3 |
| $Al_2O_3$ 晶须 | 50000 | 15400 | 3.3 |

　　为了解释理论强度值和测量值数量级上存在差异的原因，Griffith 提出了裂纹强度理论。金属与陶瓷材料的实际断裂强度大大低于理论断裂强度的主要原因是：在实际晶体中存在着许多裂纹和位错等缺陷，材料的表面和内部的伤痕、气孔、杂质等都可看成是裂纹缺陷。

　　根据高分子主价键单个键的强度（$2\times10^{-9}\sim5\times10^{-9}$ N/键）计算，高分子聚合物的理论强度极限值为 $2.47\times10^5$ MPa，但目前高分子聚合物的强度极限只有理论强度的 $\dfrac{1}{1000}\sim\dfrac{1}{100}$。这是因为高聚物分子链结构的排列不完全规整，使各分子链受力非常不均匀；高聚物的表面和内部有杂质、空穴等缺陷存在。现在的工艺水平，一般高聚物材料中自然生成的裂纹和缺陷，其长度大约为 $10^{-4}\sim10^{-3}$ cm，宽度为其分子尺度。

　　由上可见，三大材料的强度潜力还很大。无缺陷的铁晶须的实际强度已接近理论强度值；$Al_2O_3$ 晶须的强度比烧结 $Al_2O_3$ 多晶体高出 30 倍以上。日本已生长出聚甲醛晶须，厚 $1\sim3\mu m$，长 0.1mm，其弹性模量约为一般高分子的 30 倍。

### 2.1.3　材料的相变原理

　　相图是了解材料中各种相存在和相互转变的重要工具。在陶瓷中也有二元、三元相图，甚至四元、五元相图。和金属一样，利用相图，可帮助确定陶瓷组成的配方设计、组织设计，开发新材料，还可确定制备过程中的工艺参数等。

　　金属和合金存在同素异构转变、脱溶分解、马氏体相变、有序-无序转变、调幅分解等固体相变。同样在其他材料中也有这些转变。陶瓷中存在同素异构转变，例如：

$$Al_2O_3:\gamma\text{-}Al_2O_3(立方)\longrightarrow \beta\text{-}Al_2O_3(六方)\longrightarrow \alpha\text{-}Al_2O_3(三方)$$

$$ZrO_2:c\text{-}ZrO_2(立方)\longrightarrow t\text{-}ZrO_2(四方)\longrightarrow m\text{-}ZrO_2(单斜)$$

$$Si_3N_4:\alpha\text{-}Si_3N_4(六方)\longrightarrow \beta\text{-}Si_3N_4(六方,但晶格常数不同)$$

　　某些二元陶瓷也可能出现脱溶分解。研究表明，在 $Na_2O\text{-}SiO_2$ 玻璃和 $B_2O_3\text{-}PbO$ 玻璃的调幅分解中扩散系数很高，在 $SnO_2$-$TiO_2$ 系中也存在调幅分解。有人认为 $BaTiO_3$ 及 $PbTiO_3$ 中的异晶相变是有序-无序转变。

金属材料中的马氏体相变已为人们所熟悉，现在已发现很多无机非金属材料也有马氏体相变。如 $BaTiO_3$，马氏体相变的惯习面为接近 $\{110\}_p$ 的非整数面；$ZrO_2$ 由四方 → 单斜的相变属于马氏体型的，其惯习面接近于 $(100)_m$，呈片状，它的相变塑性可使含 $ZrO_2$ 的陶瓷材料韧性提高。在卤素铵盐及钾盐中的 NaCl-CsCl 相变也属于马氏体相变型。此外，$KNO_3$ 和 $CaCO_3$ 中的结构转变都属于马氏体相变。

对于有机固体相变的研究发现：许多由简单分子组成的有机固体，如环己烷具有复杂的同素异构转变；聚乙烯中应力诱发的正交-单斜相变属于马氏体相变；非对称不很高的有机固体将产生有序-无序转变。

## 2.1.4　材料的形变与断裂规律

三大材料在外力的作用下都会发生弹、塑性变形和断裂过程，而且它们应用相同的力学性能测试技术，具有相似的规律，但也有不同之处。材料的变形，按照其特征基本上可分为三类：弹性的、塑性的和黏性的。各种工程材料的变形种类及其特征见表 2.4。一般金属晶体是弹-塑性体，而高分子材料则视温度不同，可以呈现从弹性直至黏性的各种状态。玻璃、热塑性塑料具有黏性变形的特点，与形变的时间相关，但在变形中无强化和无屈服极限。Fe-C 合金、磁性合金、橡胶和高分子材料都具有黏弹性。陶瓷的熔点 $T_m$ 比金属高，具有比较高的抗蠕变力；高分子材料的熔点低，即使在室温加载的情况下也会产生蠕变。近来的研究表明，金属的蠕变机理对解释陶瓷材料的高温蠕变仍然适用。

表 2.4　材料基本变形的特征

| 变形种类 | 与时间的关系 | 可逆性 | 变形中的强化 | 有无屈服限 | 示例 |
|---|---|---|---|---|---|
| 弹性 | − | + | − | − | 一切材料 |
| 塑性 | − | − | + | + | 金属：$0 < T < T_m$（熔点） |
| 黏性 | + | − | − | − | 玻璃，热塑性塑料：$T > T_g$ |
| 黏弹性 | + | + | − | − | 橡胶，高分子材料<br>Fe-C 合金、磁性合金 |
| 蠕变 | + | − | + | + | 金属：$T > 0.3T_m$<br>热塑性塑料：$T > 0.5T_m$<br>陶瓷：$T > 0.5T_m$ |

金属容易产生滑移而发生塑性变形。原因是金属键没有方向性，并且滑移系多。例如，面心立方有 12 个滑移系，体心立方有 48 个滑移系。与金属不同，陶瓷材料的脆性大，在常温下基本不出现或很少出现塑性变形。陶瓷材料的滑移系却非常少，因为陶瓷为离子键或共价键，离子键要求正负离子电价平衡，所以正负离子相间排列，当滑移时同号离子相遇，排斥力很大。

共价键有明显的方向性，晶体结构复杂，只有个别滑移系统能满足滑移的几何条件与静电作用条件。宏观塑性变形是微观大量位错运动的结果。由位错理论可计算位错具有的能量：

$$E = aGb^2$$

式中　　$E$——位错能量；

　　　　$G$——切变弹性模量；

　　　　$b$——滑移方向上的原子间距；

　　　　$a$——几何因子。

由上式可知，由于陶瓷的弹性模量和晶体的点阵常数均大于金属，陶瓷晶体中要形成新的位错所需要的能量比金属中要高得多，所以陶瓷材料中不容易形成位错。同样的道理，陶瓷晶体中晶格对位错运动的阻力也比金属中大得多。所以，即使在陶瓷晶体中产生了位错，它的运动也很困难。陶瓷被加热到高温时，晶体中的位错运动变得容易，从而表现出明显的塑性变形。

三大材料中陶瓷的弹性模量最高，高分子聚合物的弹性模量最低。金属材料的弹性模量是一个很稳定的参量，合金化、热处理等方法难以改变它。但是陶瓷材料的工艺过程却对陶瓷的弹性模量有很大的影响，高分子聚合物的弹性模量对结构更为敏感。形变速率、试验温度和时间强烈地影响高分子聚合物的拉伸应力-应变曲线。所以应用某种高聚物材料的性能时，必须了解载荷类型、试验温度及应变速率和时间。试验条件的微小变化将导致性能数据非常大的变化。陶瓷材料尽管在本质上应当有很高的断裂强度，但实际断裂强度却往往比金属低。陶瓷材料的抗压强度比抗拉强度大得多，其差别程度大大超过金属。因此，最好在软的应力条件下使用陶瓷材料。

陶瓷材料的断裂韧性 $K_{\mathrm{IC}}$ 比金属小 $1 \sim 2$ 个数量级。如：低碳钢的 $K_{\mathrm{IC}} > 210 \mathrm{MPa \cdot m^{1/2}}$；钛合金的 $K_{\mathrm{IC}}$ 为 $47 \mathrm{MPa \cdot m^{1/2}}$；陶瓷材料的 $K_{\mathrm{IC}}$ 在 $3 \sim 15 \mathrm{MPa \cdot m^{1/2}}$。这是陶瓷作为结构材料未能得到广泛应用的致命弱点。金属材料随着温度的下降会出现韧性转变为脆性断裂的现象。高聚物材料也存在同样的韧脆转变规律。高聚物的韧脆转变温度 $T_{\mathrm{g}}$ 是高聚物的玻璃化温度，类似于金属材料中的 $T_{\mathrm{c}}$。大量的试验结果表明，三大材料的疲劳强度极限 $\sigma_{\mathrm{W}}(\sigma_{\mathrm{a}})$ 与它们的静强度 $\sigma_{\mathrm{b}}$ 都存在一定比例关系（表2.5）。

表 2.5　三大材料的疲劳强度极限与静强度的关系

| 材料 | 类别 | $\sigma_{\mathrm{W}}(\sigma_{\mathrm{a}})$ 与 $\sigma_{\mathrm{b}}$ 的关系式 |
| --- | --- | --- |
| 金属 | 单质或合金 | $\sigma_{\mathrm{W}} \approx 0.5 \sigma_{\mathrm{b}}$ |
| 聚合物 | 增强聚合物 | $\sigma_{\mathrm{a}} \approx (0.25 \sim 0.35) \sigma_{\mathrm{b}}$ |
| | 聚四氟乙烯、聚苯醚 | $\sigma_{\mathrm{a}} \approx (0.45 \sim 0.50) \sigma_{\mathrm{b}}$ |
| 陶瓷 | $Al_2O_3$ | $\sigma_{\mathrm{a}} \approx 0.63 \sigma_{\mathrm{b}}$ |
| | $Si_3N_4$ | $\sigma_{\mathrm{a}} \approx 0.71 \sigma_{\mathrm{b}}$ |
| | SiC | $\sigma_{\mathrm{a}} \approx 0.87 \sigma_{\mathrm{b}}$ |
| | PSZ(部分稳定 $ZrO_2$) | $\sigma_{\mathrm{a}} \approx 0.33 \sigma_{\mathrm{b}}$ |

高聚物的裂纹扩展速率也遵循断裂力学中裂纹扩展速率 $\mathrm{d}a/\mathrm{d}N$ 与应力强度因子 $\Delta K$ 的关系式规律，即 Pairis 等人提出的半经验公式：$\mathrm{d}a/\mathrm{d}N = C\Delta K^m$，式中 $C$、$m$ 是与材料有关的参数。和金属相比，高聚物的 $C$、$m$ 有很大差别。因为高聚物的结构不同，参量 $C$、$m$ 值可以在很大范围内变化，而金属合金的 $C$、$m$ 对冶金的一些变量是不太敏感的。另外，高聚物的疲劳断口形貌特征与金属也有很多相似之处。

金属材料在工程中一直是重要的材料，这是因为金属具有如下的突出优点：①金属材料的弹性模量和强度可以和陶瓷媲美，比高分子材料高得多；金属材料的塑性和韧性则可以与高分子材料媲美，是陶瓷材料望尘莫及的。综合起来，金属既具有高强度又具有优良的塑性和韧性，这是其他材料所不及的，如图 2.2 所示；②金属材料可以在高温下使用，虽然使用温度比不上陶瓷，但由于陶瓷的可靠性差些，在重要部件上的应用还是有很大局限。高分子材料只能在 300℃以下使用。金属还可以在很低的温度下使用，又具有足够的韧性，而陶瓷不管在高温还是在低温都是脆的；③金属材料有很好的工艺性能；④金属材料具有良好的导电性、导热性和铁磁性，在电力等工业中有不可替代的作用。

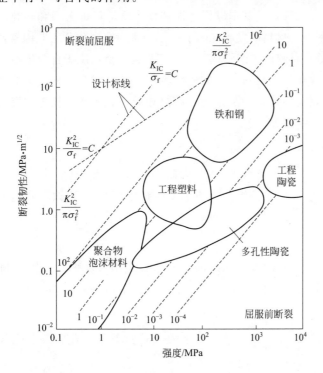

**图 2.2　各种工程材料强度与韧性的关系**

在一般多晶体中，产生超塑性行为需要满足三个条件：①细晶粒尺寸；②变形温度高（$>0.5T_m$）；③应变速率敏感系数 $m$ 大于 0.3。但是在纳米材料中与普通多晶体有很大的不同。Mishra 利用严重塑性变形得到的纳米晶体 Pb-Sn 合金在室温下实验就观察到超塑性现象，其伸长可达到 300%。此时，应变速率敏感系数 $m$ 为 0.45。Valiev 对纳米晶体 Zn-22%Al 合金也观察到超塑性现象。在 393K 时，该合金的伸长量为 450%，而在 473K 时竟达到 1540%。有人在室温下得到的纳米铜的伸长量达到 5000%，并且没有发生应变硬化。纳米材料的蠕变研究，也显示了其与普通多晶体的不同之处。根据多晶体中晶界扩散蠕变的经典规律，纳米材料由于晶粒直径相当小，因而其蠕变速率应该相当大。但是对 Cu、Pb 及 Al-Zn 合金纳米材料进行测量的实验结果并非如此，发现其应变蠕变速率低于应用传统蠕变关系计算出来的值 2～4 个数量级 [在（0.24～0.64）$T_m$ 范围内]。在纳米材料的形变与断裂方面，研究还刚开始，形变、断裂的特性和传统材料的理论与规律都是不同的，许多问题还没有弄清楚，甚至有些方面还没有涉及。

2

### 2.1.5　材料的强韧化原理

在金属材料中，主要的强化机制有：固溶强化、位错强化、细晶强化、第二相强化（沉淀和弥散强化）等。各类钢经不同工艺所得到的宏观性能是几种微观强化机制不同组合的综合表现，可表示为：

$$\sigma_s = \sigma_0 + \sum \Delta K_i \sigma_i$$

式中，$\sigma_0$ 是纯铁的强度；$\Delta K_i \sigma_i$ 是某强化机制对强度的贡献。工艺决定了组织，而性能对应着组织。各种微观强化机制不同组合的综合表现，其基本思想是强韧化矛盾的辩证关系和转化。这贯穿于整个材料设计、工艺和组织结构研究过程中，材料的发展充满了辩证关系。合金化和工艺因素匹配的优化设计是钢强韧化的基本思路，研究的关键是材料的组织结构，而组织结构主要取决于合金化和工艺因素。

金属材料中的这些原理也同样体现在其他材料中。陶瓷材料同样应用了金属材料中的强化和韧化原理，并结合陶瓷本身的特点，发展了固溶强化、细晶强化、第二相强化和相变增韧等陶瓷材料的强韧化原理，下面详细说明。

**（1）固溶强化**

陶瓷主晶体相中溶入一些其他原子或离子也可以形成固溶体，如在 $ZrO_2$ 中固溶 $CaO$、$MgO$、$Y_2O_3$ 等，使 $ZrO_2$ 变成无异常膨胀、收缩的等晶型、四方晶型的稳定 $ZrO_2$，以改善陶瓷材料的工艺性能和使用性能。

**（2）细晶强化**

刚玉陶瓷的晶粒平均尺寸由 $50.3\mu m$ 减小到 $2.1\mu m$ 时，抗弯强度由 $204.8MPa$ 提高到 $567.8MPa$。研究表明，刚玉（$Al_2O_3$）的晶粒大小与其弯曲强度之间也符合 Hall-Petch 关系式。

**（3）第二相强化**

在陶瓷基体 $Al_2O_3$ 中加入 $TiC$ 颗粒，在 $Si_3N_4$ 基体中加入 $TiC$ 或其他碳化物等都能起到增韧的作用，断裂韧性 $K_{IC}$ 可提高 $20\%$ 左右。

**（4）相变增韧**

在金属材料中利用奥氏体在应力作用下转变为马氏体而提高塑性和韧性，即所谓的应力诱导相变、相变诱导塑性，从而发展了著名的高强度大塑性的 Trip 钢。陶瓷材料也有这种相变增韧的现象。利用 $ZrO_2$ 的多晶型转变，即亚稳定四方相 $ZrO_2 \rightarrow$ 低温的单斜 $ZrO_2$ 马氏体相变特性来增韧。陶瓷基体可以是 $ZrO_2$，也可以是其他陶瓷材料如 $Al_2O_3$、$Si_3N_4$ 等。目前有四种相变增韧机理。

① 应力诱导相变增韧　在有 $ZrO_2$ 的陶瓷（如 $Al_2O_3$）中，$ZrO_2$ 以亚稳定四方相在基体中处于被抑制状态，陶瓷部件受力时在裂纹尖端的一定范围应力场内，被抑制的亚稳定四方相 t-$ZrO_2$ 会转变为稳定的单斜 m-$ZrO_2$ 相。这种由于外力作用引起的内应力诱发 $ZrO_2$ 马氏体相变，将消耗断裂功，使裂纹尖端的扩展延缓或受阻。如图 2.3 所示。

② 微裂纹增韧　由于 $ZrO_2$ 马氏体相变引起体积膨胀，从而使基体中形成无数微裂纹（图 2.4）。当主裂纹在外力作用下扩展时，遇到无数 m-$ZrO_2$ 粒子周围基体中的微裂纹，造成裂纹分叉，使裂纹扩展路径更加曲折，断裂表面积增大，最终消耗更多的断裂功。

③ 相变诱导应力强化　应用表面处理技术使表层的亚稳定四方相 $ZrO_2$ 在应力诱导作用下发生相变，表层相变伴随体积膨胀而使表层处于压应力状态，这与金属表面形变强化原理相似，以达到提高材料强度的目的。例如，四方相含量为 $91\%$ 的 $ZrO_2$，其表面经过适当的磨削后，表层的残余压应力由烧

结态的 53MPa 增加到 418MPa，相应的抗弯强度从 844MPa 提高到 923MPa。

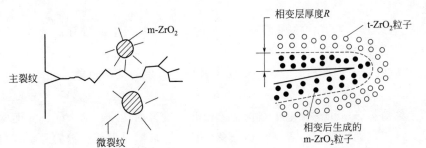

图 2.3　应力诱导 ZrO₂ 相变　　　　图 2.4　微裂纹增韧

④ 晶界玻璃相析出强韧化　晶界的玻璃相是陶瓷材料的薄弱环节，但可以通过热处理使晶界玻璃相部分转变为晶相。例如，以 $Y_2O_3$、$Al_2O_3$ 为助烧结剂的 $Si_3N_4$ 陶瓷，在一定温度下热处理，可以使晶界上一部分玻璃相转变为 YAG，即钇铝石榴晶相及黄长石等，这些晶界上析晶都能提高强度及 $K_{IC}$ 值。

而高聚物材料的强化机制和金属及陶瓷材料有本质的不同。结晶度和交联密度都很高的高聚物材料，其弹性模量可提高到 3089MPa，熔点达到 350℃。结晶度比较高的刚性分子链高聚物，强度也可大大提高。如果把刚性分子链交联成体型（网状）的高聚物，其硬度和抗软化性能将大为改善。聚合物的增塑及韧化方法则是加入增塑剂。例如，在脆性聚合物中加入直径分布为 0.1～10μm 的细微橡胶相使之增塑，这和金属韧化的原理之一相同，即在硬基体上加入弥散分布的软性第二相。

## 2.2　材料的共同效应

金属、陶瓷和高分子材料在力场、温度场、光、电、磁、各种射线辐照等环境介质的单一或联合作用下，都会发生各种效应。下面介绍三大材料的共同效应。

### 2.2.1　材料的界面效应

在工程应用中，除了某些特殊要求外，大部分材料都是以多晶和复相组织状态被人类利用的，所以材料中就必然存在各种界面。材料的界面有晶界、相界、亚晶界、孪晶界等。材料的力学性能、物理性能及化学、电化学性能都与材料的各种界面有着非常密切的关系。材料的形变、断裂与失效过程，起源于各种界面的占了大部分，材料加工过程中的各种变化也基本上都与界面有关。界面的研究在材料科学中有着重要的地位。不同材料的界面有以下几种效应：

① 分割效应　分割效应是指一个连续体被分割成许多小区域，其尺寸大小、中断程度、分散情况等对基体力学性能及力学行为的影响；

② 不连续效应　界面上引起的结构、物理、化学等性质的不连续和界面摩擦出现的现象，如电阻、介电特性、耐热性、尺寸稳定性等；

③ 散射和吸收效应　界面处对声波、光波、热弹性波、冲击波等各种波产生的散射和吸收，影响材料的透光性、隔热性、隔音性、耐冲击性等；

④ 感应效应　界面产生的感应效应，特别是应变、内部应力及由此产生的某些现象，如高的弹性、低的热膨胀性、耐热性等。

界面问题涉及界面两侧原子的对势、电子态和电子结构、界面原子键合的性质、结合能、界面两侧晶体结构和界面晶体结构的关系、界面切变模量、界面位错形核与反应、环境对界面过程的影响等多方面的问题。界面结构和状态的研究经历了由宏观到微观的过程，已经有近百年的历史。现在对于微观—介观—宏观的不同尺度范围的定量表达，在理论和计算方法上都进行了许多研究。界面的热力学、界面偏析、界面扩散、界面化学反应等都是材料科学中的重要问题。特别是纳米材料的界面及其新的效应、复合材料的界面更是现代材料科学研究中的热点。

复合材料中的界面是极为重要的微结构，其结构与性能直接影响复合材料的性能。复合材料中的增强体不论是纤维、颗粒还是晶须，与基体在成型过程中将会发生程度不同的相互作用和界面反应，形成各种结构的界面。所以，研究界面的形成过程、界面性质、应力传递行为对宏观性能的影响规律，从而有效地进行控制，是获得高性能复合材料的关键。

对于高分子聚合物为基的复合材料，尽管涉及的化学反应比较复杂，但是对界面性能的要求还是比较明确的，即高的黏结强度和对环境破坏的良好抵抗力。

复合材料中的界面效应与增强体及基体（聚合物、金属等）两相材料之间的润湿、吸附、相容等热力学问题有关，与界面形成过程中所产生的界面附加应力有关，还与复合制备过程中界面反应程度有很大的关系。复合材料界面的优化设计得到了大家的关注。

## 2.2.2　材料的表面效应

晶体表面也是材料界面的一种，只是材料的固体表面和周围介质（气体、液体）的界面。由于有其特殊性，单独进行讨论。材料表面的原子、分子或离子具有未饱和键，并且由于结构的不对称而造成晶格畸变，所以材料表面都具有很高的反应活性和表面能，而且具有强烈降低其表面能，力求处于更稳定能量状态的倾向。钢件表面如吸附了低熔点合金（如 Sn-Pb 合金）、表面活性油类介质后，会降低钢的表面能，在应力的同时作用下造成脆性断裂。这种现象称为表面吸附效应。陶瓷在真空中和在空气中的强度是不同的，特别是疲劳断裂应力相差很大。例如 $ZrO_2$，在应力负荷速度为 0.032MPa/s 时，其动疲劳断裂应力在真空中约为 1110MPa，而在空气中则降为约 850MPa。其原因是空气中存在的水分造成晶界上的玻璃相发生应力腐蚀，裂纹慢速扩展导致陶瓷材料的最后断裂。

离子注入最初是用于半导体材料掺杂改性而发展起来的。离子束轰击可使硅的表层成为非晶，以提高半导体器件的功能。金属表面离子注入 $Ni^+$、$Cr^+$ 等离子进行表面合金化，可显著提高金属的耐磨损或耐腐蚀的能力。用 $Cr^+$、$Ni^+$、$Zr^+$、$Nb^+$ 等离子对陶瓷表面进行离子注入，形成固溶或第二相强化，或是增多了缺陷造成辐照强化，此外离子注入还可以在表面积累残余压应力。最近的研究指出，将 $Cr^+$、$Ni^+$、$Zr^+$ 注入 $Al_2O_3$、SiC 后，观察到了非晶态，离子注入有利于表面非晶态的形成。在 $Al_2O_3$ 表面注入离子形成非晶态后，断裂韧性有更加显著的提高，可达 110%。

离子束轰击还应用于增强高分子薄膜和金属的界面结合强度上。等离子体处理可以增加填料如

$CaCO_3$、云母、木粉等的表面活性，从而改善共混高分子材料的界面结合强度。

## 2.2.3　材料的复合效应

复合材料具有的复合效应主要有线性效应和非线性效应。线性效应有平均效应、平行效应、相补效应、相抵效应等；非线性效应有相乘效应、诱导效应、共振效应、系统效应等。一般结构复合材料具有线性效应，但很多功能复合材料则可利用非线性效应创造出来，最明显的是相乘效应。关于相乘效应可列举出很多形式，表 2.6 仅列出了其中一部分。

**表 2.6　相乘效应的部分形式**

| A 相性质/（Y/X） | B 相性质/（Z/Y） | 相乘结果形式 Y/X·Z/Y=Z/X |
| --- | --- | --- |
| 压电性 | 磁阻性 | 压阻效应 |
| 压电性 | 电场场致发光 | 压光性 |
| 磁致伸缩 | 压电性 | 磁电效应 |
| 磁致伸缩 | 压阻性 | 磁阻效应 |
| 光电性 | 电致伸缩 | 光致伸缩 |
| 辐射发光（闪烁现象） | 光导性 | 辐射诱导导电 |
| 热胀变形 | 形变导致变阻（压敏电阻） | 热阻效应 |
| 压磁性 | 电磁转变 | 压致电极性变化 |

## 2.2.4　材料的形状记忆效应

具有一定形状的固体材料，在某一低温状态下经过塑性变形后，通过加热到这种材料固有的某一临界温度以上时，材料又恢复到初始形状的现象，称为形状记忆效应。具有形状记忆效应的材料称为形状记忆材料。形状记忆效应有三种类型：单程形状记忆效应、双程形状记忆效应和全程形状记忆效应。图 2.5 示意地表示了三种形状记忆效应的对照。加热时恢复高温相形状，冷却时恢复低温相形状，即通过温度升降自发可逆地反复恢复高低温相形状的现象称为双程形状记忆效应或可逆形状记忆效应。当加热时恢复高温相形状，冷却时变为形状相同而取向相反的高温相形状的现象称为全程形状记忆效应，它是一种特殊的双程形状记忆效应，只有在富镍的 Ti-Ni 合金中出现。

1951 年美国的 Read 等在 Au-Cd 合金中首先发现了形状记忆效应。1964 年发现 Ni-Ti 合金具有优良的形状记忆性能，并研制成功了实用的形状记忆合金。这时才引起了人们的极大关注。形状记忆合金是利用金属的可逆马氏体相变原理而发展起来的一类新材料。现在的研究表明：具有形状记忆效应的合金体系很多，除了 Ni-Ti 合金外，还有 Au-Cd、Ni-Al 系列，Cu 与 Zn、Pb、Ni、Sn 等其他材料也有此效应。近年来，在高分子材料、陶瓷材料、超导材料中都发现了形状记忆效应，而且在性能上各具有特点，更加促进了形状记忆材料的发展和应用。

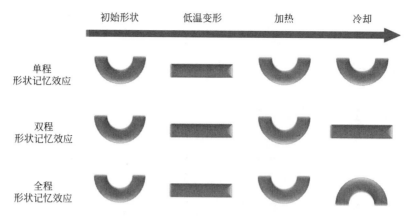

初始形状　　低温变形　　加热　　冷却

单程
形状记忆效应

双程
形状记忆效应

全程
形状记忆效应

图 2.5　三种类型形状记忆效应的示意图

目前广泛研究的形状记忆陶瓷是以 $ZrO_2$ 为主要成分的形状记忆元件，引起塑性变形的温度为 $0\sim300℃$。其形状记忆受陶瓷中 $ZrO_2$ 的含量以及 $Y_2O_3$、$CaO$ 和 $MgO$ 等添加剂的影响。这类形状记忆陶瓷材料可能成为能量储存执行元件和特种功能材料。

形状记忆高分子聚合物以其优良的综合性能、较低的成本、容易加工和潜在巨大的实用价值而得到迅速的发展。高分子聚合物的各种性能也是其内部结构的本质反映，高分子聚合物形状记忆功能是由其特殊的内部结构所决定的。目前开发的形状记忆高分子聚合物一般是由保持固定成品形状的固定相和在某种温度下能可逆地发生软化—硬化的可逆相组成。固定相的作用是初始形状的记忆和恢复，第二次变形和固定则是由可逆相来完成的。如聚降冰片烯树脂，具有类似于形状记忆合金的功能，并且已开始用于汽车挡板和密封材料。

## 2.2.5　材料的动态效应

各类材料的失效大多是由量变到质变的动态过程。加强对失效动态过程的分析研究，才能更加深刻地揭示材料的失效机理及其控制因素。

材料摩擦、磨损是一个十分复杂的物理-化学和热力机械过程。对动负荷作用下金属摩擦副的磨损过程研究表明，机械能转化为材料内部的能量损耗表现在以下几个方面：一方面转化为热量的释放，产生热弹性减震和磁弹性（对于铁磁性材料）效应，电子和声子互相作用的位错黏性阻滞；另外，能量消耗于金属微小体积塑性变形，产生位错密度的增殖，局部区域的硬化、弱化。此外还引起金属电子能量状态的变化，最后引起摩擦副金属表面 Cr、Mn、Ni、Cu 等元素的迁移。

陶瓷刀具与被切削材料之间，在高温高压作用下会发生化学反应和扩散磨损。例如 $Al_2O_3$ 陶瓷刀具与 Ca 脱氧钢的 Ca 发生化学反应，在刀面上产生一层不稳定的、低熔点的 $CaO\text{-}Al_2O_3$ 玻璃状附着层，Ca 向刀具的内部扩散，使刀具表面软化，钢中同时存在 $SiO_2$ 时，$SiO_2$ 将促进 CaO 与 $Al_2O_3$ 陶瓷的化学反应，显著降低陶瓷刀具的耐磨性。陶瓷刀具加工钛合金时，由于扩散磨损严重也很不利。对 Mg、Zr 等合金，陶瓷刀具切削时所产生的高温也是不利的因素。

高聚物的老化是在环境因素（包括热、光、高能辐照、机械应力等）、化学因素（氧、水、酸、碱等）、生物因素及各种不同组成和结构的高聚物作用下，产生极为复杂的物理化学变化而老化。老化现象表现为材料变硬、变脆、龟裂；有的则变软、变黏、脱色、透明度下降等。

三大材料具有共性规律和个性，其中金属材料与陶瓷材料具有更加紧密的共性规律。当今三大材之间已逐步在融合。现在已出现了强度如金属并有一定导电性的塑料。金属和陶瓷将会具有塑料那样的易成型性，事实上金属的超塑性使它也可以吹制成型。这三类材料已开始呈现相同的强度极限，目前已生产出具有接近理论强度的这三类材料的晶须。三大材料学科之间的相互渗透、相互交叉、相互代替将更加紧密。

### 2.2.6　材料的环境效应

由于在材料的加工、制备、使用及废弃过程中对生态环境造成很大的破坏，使全球环境污染问题变得日益严峻。因此，对材料的生产和使用而言，资源消耗和环境污染都是不可小觑的问题，材料的生产、使用与资源及环境有着密切的关系。

从资源和环境的角度分析，在材料的采矿、提取、制备、生产加工、使用和废弃的过程中，它既推动着社会经济发展和人类文明进步，又消耗着大量的资源和能源，并排放出大量的废气、废水和废渣，污染着人类生存的环境。

每一种材料在开发、生产、使用和废弃过程中都有资源消耗和环境污染的问题，都有不同的环境效应。所以我们在材料研究开发和生产等过程中都必须要考虑材料的环境效应，尽可能使资源消耗少，环境污染小。

另外，人们在研究开发生态材料，正在形成生态材料学。如纳米材料科学的环境效应提供了一种新思路。纳米颗粒的多金属混合粉末烧结体可以代替贵金属作为汽车尾气净化的催化剂。纳米储氢技术的研究和发展，将会缓解能源需求的危机，并且能提供一种代替碳氢化合物燃料的清洁能源，为"绿色技术"提供技术基础。有科学家指出，纳米技术将对生产力发展产生深远的影响，并有可能从根本上解决目前人类所面临的一系列问题，如环境、粮食、能源等重大问题。

### 2.2.7　材料的纳米效应

纳米材料是超细微材料，是指由微小颗粒（绝大多数为晶体，其特征尺度至少在一个方向上为纳米量级）组成的固体。其典型的晶粒尺度为 $1\sim100nm$。随着物质的超细微化，纳米材料表面电子结构和晶体结构发生变化，产生了宏观物体所不具备的四大效应：小尺寸效应、量子效应、表面效应和界面效应。这就是材料的纳米效应。这些效应使得纳米材料具有一系列优异的力学、磁性、光学和化学等宏观特性。

小尺寸效应是当超微颗粒尺寸不断减小，在一定条件下，会引起材料宏观物理、化学性质上的新变化。例如，被小尺寸限制的金属原子簇熔点的温度被大大降低到同种固体材料的熔点之下。平均粒径为 40nm 的纳米铜粒子的熔点由 1053℃降低到 750℃，降低了 300℃左右。这是因为纳米尺寸的效应使系统中引起了比较高的有效压强的作用。银的常规熔点为 690℃，而超细银的熔点变为 100℃。当纳米金尺寸从 100nm 降低到 25nm 时，熔点由 1300℃降到 900℃，如图 2.6 所示。当黄金被细分到小于光波波长的尺寸时，会失去原有的光泽而呈现黑色。实际上所有的金属超微粒子均为黑色，尺寸越小，色泽越黑。银白色的铂（白金）变为铂黑，镍变为镍黑等。

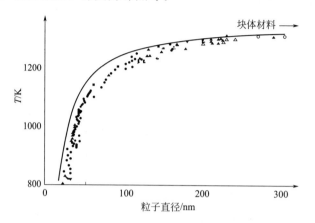

图 2.6    纳米金粒子的熔点与粒子尺寸的关系

量子效应是指当粒子尺寸下降到某一值时，金属费米能级附近的电子能级由准连续变为离散的现象，由此导致的纳米微粒的电磁、光学、热学和超导等微观特性和宏观性质表现出与宏观块体材料显著不同的特点。如导电的金属在制成超微粒子时就可以变成半导体或绝缘体，磁矩的大小和颗粒中电子是奇数还是偶数有关，比热容也会发生反常变化，光谱线会产生向短波长方向的移动，其活性与原子数目有奇妙的联系。这就是纳米材料的量子效应，原来的宏观规律已不再成立。

纳米材料的表面效应是指纳米粒子的表面原子与总原子数之比随着纳米粒子尺寸的减小而大幅度地增加，粒子表面能及表面张力也随着增加，从而引起纳米粒子性质的变化。纳米粒子的表面活性和表面吸附性很高，所以金属超微粒子可望成为新一代高效储氢材料和催化剂等。

界面效应是纳米材料中大部分处于缺陷环境的原子所带来的效应。如一个平均粒子尺寸为 5nm 的固体材料，大约有 50％的原子处于晶粒界面的最近邻二层原子面上，而且原子的位置偏离正常晶格位置。材料的结构决定材料的性质。纳米材料这种晶界情况使纳米材料的物理、力学等性质发生了许多变化。

# 第3章　材料研究基本方法

**3D 打印的飞机发动机模型的剖面结构示意图**

从制备/加工的角度出发，新型增材制造技术有助于带来诸多优点，
比如可制造异常复杂形状的零部件、可以将多种材料按需组合等

导读

科学的本质是创造，方法则是科学创造的生命。科学方法是科学研究者为实现研究目的所遵循的理论、途径程序和采取的手段、技巧、思维方式的总和。科学研究有不同的类型，不同的科学研究有不同的本质和特点，需要的知识和方法可能也会有所区别。自然科学的一般研究方法是适合于自然科学的许多学科或许多领域的方法，在自然科学研究中有着很高的普适性。科学方法具有一定的稳定性，又具有变异性，在不断地创新和发展。科学方法都具有一定的功能，但任何一种方法的作用都是有限的。方法无用和方法无能的两个极端都是片面的。自然科学一般的研究方法很多，不同的角度又有不同的分类方法，名称也很多，而且不同的分类方法和名称之间又相互有重叠交叉。本章结合材料科学与工程学科的特点，简单介绍科学研究的类型、选题、主要的科学研究通用方法以及材料科学与工程的总体方法。

# 3.1　科学技术研究的类型与选题

## 3.1.1　科学技术研究的基本类型

　　研究工作大体可以分为科学研究和技术研究。科学如数学、物理、化学、天文、地理、生物等；技术如电工、热能、电子、机械、力学、材料等。前者无具体应用对象，后者有应用对象。

　　美国科学基金会（NSF）及联合国教科文组织（UNFSCO）将科学研究分为三类：基础研究（basic research）、应用研究（applied research）和开发研究（development research）。

### （1）基础研究

　　基础研究又分为纯基础研究和应用基础研究两类。纯基础研究是没有商业目的而进行的为了使科学知识进展的原始性研究，研究目的是寻找客观事物的发展规律、新原理、新规则，其成果公开报道。应用基础研究是指有广泛应用背景，但以获取新知识、新原理、新方法为目的的应用理论研究，这种研究以基础科学理论为基础，针对技术中存在的普遍性问题进行理论探索，它是介于基础研究和应用研究之间的桥梁，研究成果公开报道、交流。

### （2）应用研究

　　应用研究是运用基础研究成果，探索、开辟应用的新途径。直接解决生产和改造客观世界中的实际科学技术问题。应用研究的成果是新技术、新材料、新工艺、新流程、新装置等成败的关键，所以具有很强的保密性，是一项综合性很强的研究工作。但到实际生产还有一段距离。其成果具有商品性、保密性，可申请专利。

### （3）开发研究

　　应用基础研究和应用研究的成果，从事某一新产品或工程的设计、试验和试制所涉及的一系列技术工作。如工业中间试验、定型设计、小批量生产等都属于开发研究。

　　基础研究、应用研究和开发研究三者之间相互关联、相互渗透。前一类研究结果是后一类研究的依据和指导，后一类研究又不断为前一类研究提出新课题和提供总结提高的实践基础。三者之间的内涵和特点比较如表 3.1 所示。随着现代科学技术的迅速发展，科学和技术已日益融合在一起，界限已很模糊。目前的趋势是科学的技术化，技术的科学化。

**表 3.1　科学研究类型特点比较**

| 内容 | 基础研究 | 应用研究 | 开发研究 |
|---|---|---|---|
| 研究目的 | 扩大科学知识，建立理论体系 | 以技术为目标，探讨知识应用的可能性 | 把研究成果应用到工程、生产上 |
| 研究性质 | 探索新事物，发现新规律 | 发明新产品、新工艺、新材料、新设计 | 完成新产品、新工艺、新材料的实用化研制 |
| 研究特点 | 追求事物的内在联系，预言规律产生的作用 | 追求最佳条件系统，实现人工产品、技术 | 产品设计、试制和工艺改进等 |
| 典型实例 | 电磁感应原理、核聚变原理 | 发电机研究发明，核能应用研究 | 建立发电厂，研制核潜艇 |
| 人员要求 | 科学家。具有深厚的理论基础、创新能力 | 科学家，工程师。具有创新能力，分析问题、解决问题的能力 | 工程师，技术人员。有相当的专业知识，丰富的实践经验 |
| 成果名称 | 学术论文、学术著作等 | 学术论文，著作，专利，研究工作报告等 | 设计图纸、试验数据、申请专利、产品样品等 |
| 成果意义 | 对科学有深远的影响，能开拓新技术、新生产领域 | 对专业技术影响大，为基础研究提出新的课题方向 | 影响特定的生产领域，对经济和社会有直接的作用 |
| 成功率 | 无冒险性，成功率小 | 冒险性很大，成功率较大 | 冒险性较小，成功率最大 |

## 3.1.2　科学研究选题与创新

选题是科技创新的起点，这具有十分重要的战略地位。爱因斯坦有一句名言：提出一个问题往往比解决一个问题更重要。提出一个有创见的课题，就是找到一个科技领域发展的生长点。这不但反映了科技人员的水平，而且也标志着科技的进步。提出正确的问题等于解决问题的一大半。因此，诺贝尔奖不但奖励给做出重大贡献的人，而且往往奖励给提出有创见性课题，并且被科学实践证实了的人，这是有道理的。

### 3.1.2.1　科研选题的基本原则

**（1）需要性原则**

首先要满足社会需要和科学自身发展的需要。有实际生产的需要、社会生活的需要和科学本身发展的需要。

**（2）科学性原则**

研究课题必须有科学理论依据。科学性就是保证科研方向的正确，成功的希望比较大。但是科学无禁区。科学和非科学的界限，对于具体的问题，有时也难以明确区别和判断，认识有时也不统一。

**（3）创造性原则**

创造性原则要求课题具有先进性、新颖性，确实是前人没有提出来或是别人没有解决以及没有完全解决的问题。创新性的课题所取得的成果，在理论研究中表现为新发现、新观点、新见解、新理论等；在应用开发研究中表现为新技术、新工艺、新产品、新材料等。

**（4）可能性原则**

研究课题要具备一定的主观和客观条件，这样的课题才有成功的可能和希望。所以要对研究课题的主观和客观条件尽可能地加以周密的估计。主观条件是指科研人员为完成课题所必须具备的科学知识和研究能力，特别是一些学科交叉及综合性课题，科研小组的组成结构也是很重要的。客观条件是指研究活动所必须具备的设备、仪器、工具等各种物质手段以及必要的资金、人力、资料等。

**（5）经济性原则**

对应用开发类课题，还要考虑经济性原则。最好是投资少，见效快。所开发的成果经济效益要显著。

以上几项原则是相互联系又相互区别的。

### 3.1.2.2　科研选题的来源与计划

根据自己的学科知识和感兴趣的问题，在了解掌握一定的文献资料、学科前沿情况的基础上，确定自己的研究方向。方向确定后，就可选择自己要进行的课题。

**（1）科研课题的基本来源**

① 社会、生产和现实生活中提出来的问题　科学研究是为人类服务的，大量的科学研究内容是从现实生活中产生的。例如，目前世界上热门的超导技术和超导材料的研究是基于长距离输电能耗问题所提出的。研制抗癌药物更是人们现实生活中正迫切需要解决的问题。

**【例 3.1】**　2001 年美国和英国的三位科学家因为发现了细胞分裂过程中的关键调节器而获得诺贝尔生理或医学奖。其主要贡献是发现了细胞的分裂、生长、衰老的固有规律，其中细胞周期的关键调节器是控制细胞周期的上帝之手，这对治疗癌症是一大突破。

② 交叉学科领域和学科的边缘区　科学中的交叉是指科学研究中为实现对对象世界及其变化进行探测，在两种或两种以上不同学科间进行概念移植、理论渗透、方法借鉴等活动，最终形成独立的、跨越单一学科的科学理论体系。

通过对诺贝尔奖的分析，发现诺贝尔奖成果中，普遍存在着学科交叉的现象，如表 3.2 所示。20世纪在物理、化学、医学、生物学等领域的大多数科学发现都榜上有名，如 X 射线的发现、量子力学、原子结构、基本粒子、核裂变、基因理论、激光、超导理论等，这些成果中，通过学科交叉获得的奖项占有很大的比例。科学交叉具体表现为三种形式：一是科学理论的移植和综合，有时会促成一个新学科的诞生；二是科学方法的借用与转移，有时学科的跨度越大，其交叉的成果原创性就越强；三是研究对象的转移和综合，这往往会使传统的研究对象超出原先的领域与范围，成为多门学科研究的对象。

**表 3.2　诺贝尔自然科学奖分析**

| 年份 | 诺贝尔自然科学奖 | | |
| --- | --- | --- | --- |
| | 获奖项数 | 交叉学科数 | 占比/% |
| 1901～1925 | 69 | 25 | 36.23 |
| 1926～1950 | 74 | 26 | 35.14 |
| 1951～1975 | 96 | 41 | 42.71 |
| 1976～2000 | 95 | 45 | 47.37 |
| 1901～2000 合计 | 334 | 137 | 41.02 |

**【例 3.2】**　20 世纪初，俄国科学家齐奥尔科夫斯基提出了著名的齐奥尔科夫斯基公式，为火箭设计奠定了理论基础，这是源头创新。但从齐氏公式到火箭发射的路程还很长。后来，德国宇航研究院的科学家们进行了火箭的技术基础研究，解决了燃料性能、发热部件的冷却问题、燃料预热技术、发动机结构重量、发动机的持续可靠性、导弹结构与控制等技术问题。1933 年，开始设计火箭并进行研制和试验，在空气动力学方面取得了重要进展，在制导与控制、发动机设计、弹道设计等方面积累了大量经验。1942 年成功地发射了第一枚 V-2 飞弹。这些技术基础与技术应用研究都属于航空航天界的源头创新。

**【例 3.3】**　美国分子生物学家 Sidney Altman 受薛定谔《生命是什么》的影响，发现了细胞中 DNA的生物催化作用，推导出地球上最早最古老的生物高分子不仅携带遗传信息功能，而且具有催化功能的核糖核酸的革命性结论，对传统生命起源理论做出了重大贡献。由此而获得了 1989 年的诺贝尔化学奖。

③ 原科学技术中存在的问题　任何一门科学都是逐步发展和不断完善的，所以每一个时期的科学理论和技术都会存在一些问题，都有不完善的地方。即使是被认为没有什么问题的传统理论，实际上也还有很多可研究之处。历史上许多科学家都是从科学中不成问题的地方找到了问题，从而做出了贡献。

**【例 3.4】**　2001 年诺贝尔物理学奖获得者则证实了爱因斯坦 70 多年前提出的一个假设理论，即玻色-爱因斯坦凝聚理论。简单地说，该理论认为将某些元素原子在非常低的温度下冷却会凝聚。

**【例 3.5】**　以前总认为马氏体组织是硬而脆的。西安交通大学研究组经过研究发现，低碳马氏体既具有高强度又有比较好的塑韧性，并且该理论得到了广泛的实际应用。一般都认为，高碳钢不能在第一回火脆性区回火处理。但有人研究表明：对于承受多次冲击弯曲的高碳钢模具，在第一回火脆性区回火处理，硬度从 $60\sim62\text{HRC}$ 降低到 $54\sim56\text{HRC}$ 时，模具抗多次冲击断裂的寿命反而明显提高。只有在扭转一次冲击条件下，高碳钢才出现第一类回火脆性。

④ 有价值的新现象、新问题　有许多经验、事实已客观存在，但尚未探明其机理、原因。对这些经验、事实进行理论解释，对现象进行机理的探索、内在本质的研究，也是很重要的方面，这有助于科学的发展和技术的进步。在学术上有争议的地方也要值得注意。

⑤ 理论的实际应用　已建立的新理论，不但在本门学科中推广使用，有时也可在其他学科中得到应用。运用其他学科的理论、技术和方法来研究本学科存在的问题，这种方法称为移植创新法。关键是寻找到理论与应用的结合点。当年华罗庚的优选法、数论等理论在许多生产中得到了推广应用。在材料科学中，例子也很多。

【例3.6】　力学→材料力学→材料强度学→断裂力学；计算机技术→计算机技术在材料科学中的应用；可靠性技术→材料及零件失效的可靠性分析。在材料科学中，不同材料之间也有很多理论与技术的移植应用，如：钢的马氏体相变→非铁合金的马氏体相变和形状记忆效应→陶瓷马氏体相变和增韧→蛋白质的马氏体相变与生命现象。

【例3.7】　当世界上刚开始探索冶炼制备铝的时候，由于铝的冶炼工艺特别复杂，成本很高，所以其价格比金子还贵。1886年，美国一所大学的两位学生在课堂上听教授说起铝的性能、用途和工艺的事情，谁能发明、解决铝的冶炼工艺的难题，谁就为人类社会作了大贡献，将成为大富翁。这两位学生刚毕业，就在家里的柴房里开始了研究工作，几经艰苦的试验，终于成功了。学生把最早炼成的两块铝送给了老师。

⑥ 自然界的启示（仿生学）　详见3.2.7节。

⑦ 科学技术应用的负效应问题　人们常说，科学技术是一把双刃剑。科学技术发展对人类作贡献的同时，也可能会产生某些副作用，对人类不利，即科学技术应用的负效应问题。一种表现形式是在应用科学技术带来有利方面的同时，又不可避免地带来了不利的影响。另一种表现形式是同样的技术为不同的目的而应用，其效果会不同甚至相反。最典型的是原子能技术，既可以用来建造核电站，也可以用来制造核武器。

【例3.8】　如环境污染目前是人类面临的最大问题，可以说是人类最大的杀手。目前世界上有数千万辆汽车，每年向大气中排放大量废气。近年来，围绕车辆尾气问题进行各种方法的研究，产生了许多新材料、新技术。现已经研究开发了低杂质汽油、高效燃烧内燃机。现在，具有竞争力的清洁能源动力汽车代替传统的燃油汽车也指日可待。

地球上的资源是有限的，好多资源都快要被采尽了。因此，所有的废物都可视为再生原料，并将成为人类主要的资源。从事废物、垃圾的研究和环境保护的研究工作是世界上新兴的科研方向及产业之一。

**（2）文献资料的收集与消化**

科技信息资料关系到研究工作的速度和研究有无成果的问题，是选题的基础和完成课题的重要保证。文献资料主要有：期刊、书籍、专利文献、科技报告、学位论文、学术会议文献等。在科研前，往往根据自己的课题方向，利用中文的知网、超星等，以及外文的 Web of Science 或者 Science Direct 等数据库进行检索，查找所需要的文献资料，然后再阅读。

**【例 3.9】** 惰性气体氩的发现。英国的瑞利研究各种气体，发现从空气中得到的氮气和从氨水中得到的氮气密度不同。后来在科技文献资料的帮助下，发现了空气中的氩气。

搜集资料时建议：①首先看一些综述文章，利于快速掌握课题情况；②关注多次被引用的论文，利于尽快了解研究领域的重大突破；③了解最新发表的文章，利于掌握最新动态。

**（3）研究计划的制定**

研究方案是实现研究项目的最基本的技术方案。对于研究工作是否能顺利进行、成果大小、甚至成败都具有决定性的作用。研究方案从原则上来讲有两大类：试探性的和发展性的。

试探性的研究方案，即前人未做过的技术方案。它可能是学科前沿的问题，也可能是跨学科或边缘学科方面的技术领域。虽然有一定的理论依据，但因进行的是前人未做过的研究工作，所以是探索性的，那就具有冒险性。有时可得到意想不到的发现，当然也可能会毫无结果。

发展性的研究方案是建立在前人基础上或引入相邻学科新成就的技术方案。一般是比较稳健的。研究目的是在现有的成果上进一步发展，或解决某些遗留问题或扩大其应用范围。实际研究中，一般都采取稳健的方案。但在稳健的方案中，也做探索性的研究。

## 3.2　科学研究共性方法

### 3.2.1　归纳与演绎法

推理是根据一个或一些判断得到另一个判断的思维形式。可以从不同的角度对推理进行分类，根据前提与结论之间的联系特征，分为演绎法和归纳法两大类。演绎法是前提与结论之间有必然性联系的推理，演绎是从一般到特殊，其大前提多是一般性原理或公理；而归纳是从特殊到一般，归纳法是前提与结论之间有或然性联系的推理。

**（1）归纳法**

① 归纳法的主要类型与特点　根据归纳法的前提是否完全，归纳法又分为完全归纳法和不完全归纳法。完全归纳法是根据这类事物中的每一个事物都具有某种属性推理出这类事物都有此属性的一般结论的推理方法。如 $S_1$、$S_2$、$\cdots$、$S_n$ 是 S 类事物的全部对象，它们都有属性 P，则完全归纳法可由下式表示：

$$S_1 \longrightarrow P$$
$$S_2 \longrightarrow P$$
$$\cdots\cdots$$
$$S_n \longrightarrow P$$
$$\overline{\qquad\qquad\qquad}$$
$$S \longrightarrow P$$

完全归纳法的结论一般是可靠的。但是只有当某类对象所包括的个体数目不多时才能用得上。在实际科学研究中，大多涉及数量非常多的个体，所以完全归纳法的应用范围是很有限的。

不完全归纳法最典型的一种方法是简单枚举法。它通过简单枚举某类事物中的一部分对象都具有某种属性，而又没有观察到相反的事例，由此推及全体，概括出该类事物的所有对象都具有此种属性。这种方法可表示为：

$$S_1 \text{——} P$$
$$S_2 \text{——} P$$
$$\cdots\cdots$$
$$\text{———————}$$
$$S \text{——} P$$

简单枚举法的优点是应用起来比较方便。它可以根据少数已知的知识推理出一般的结论，所以在科学研究中被广泛地采用，并且常常由此获得了重要的研究成果。如能量守恒和转化定律，就是从一部分已经被研究的对象出发，采用简单枚举法概括出来的一般原理。实际上，许多学科中的原理、定律和公式等大部分是运用简单枚举法得到的。其缺点是归纳得不完全，难免会有以偏概全的错误，因而不能保证其结论完全正确，带有比较大的或然性。随着科学技术的不断发展，一旦发现了反例后，原来的一般结论也就被否定了。

【例 3.10】 1894 年发现了第一个惰性气体元素氩以来，根据一些化学实验的结果，用简单枚举法概括出"凡是惰性气体都不与其他元素发生化学反应"的一般结论。但是，在 1962 年英国的巴特莱特用惰性元素氙与氟化铂反应，产生出第一个惰性元素化合物，后来陆续制备出了许多惰性元素化合物，原来的结论也就自然被否定了。

【例 3.11】 在合金相理论中，人们广泛地应用简单枚举法来总结合金相的形成规律。Hume-Rothery 总结了以铜族金属为基的固溶度规律、电子化合物规律，Laves 所总结的 Laves 相（$AB_2$）中原子半径比值的规律等。

为了弥补简单枚举法的不足，又发展了科学归纳法。科学归纳法也是不完全归纳法的一种，但它引进了因果关系作为逻辑推理的重要依据，所以通常又称为求因法。主要有五种形式：

a. 求同法 如果在所研究的对象 a（需要探索原因）出现的两个以上场合中，除了先行条件 A 外没有一个别的是共同情况，由此判断 A 和 a 两个或两类事物及现象之间有因果关系，即 A 是 a 的原因。所以求同法是从不同的场合中寻求相同的因素。

b. 求异法 被考察的某种现象在其出现和不出现的场合下，其他条件都相同，唯独有一条件不同，则这个条件就是某种现象产生的原因，或从两种场合的差异中找出事物的因果关系。

【例 3.12】 含碳（$W_C > 0.1\%$）的铬镍奥氏体不锈钢在 650℃敏化处理 2h，发现有晶界腐蚀；而无碳（$W_C < 0.01\%$）的铬镍奥氏体不锈钢经过相同的热处理，则无晶界腐蚀，于是推论碳是引起晶界腐蚀的原因。

c. 同异并用法 在分析研究试验结果及科研资料的过程中，把求同法和求异法两种推理形式结合起来寻求研究对象的因果关系。

d. 剩余法　在一组复杂的自然事物或现象中，被已有的因果关系的现象排除，后来研究其他现象产生的原因。实质上是求异法的一个变种。

**【例 3.13】** 居里夫人观察到沥青铀矿的放射线要比矿中已知铀量的放射线强许多倍，因此，纯铀不能说明这种复合的现象。居里夫人经过分析推测：除了铀以外，剩余的放射线强度肯定是由于其他物质元素引起的。然后经过艰苦的试验和提炼，终于又发现了新元素镭。

e. 共变法　由于某一现象的变化，随之就产生了另一种现象的变化，从而推断和揭示两现象之间的因果关系。

② 归纳法的作用与局限性　归纳是从个别到一般的推理方法，而客观事物的个性中都包含着共性，通过个性可以认识共性，个别与一般存在着普遍的联系是归纳法的客观依据。科学研究也是一个逐步认识的发展过程，也需要经历从个别到一般的发展过程，即从积累大量数据和资料到概括出一般原理的过程。"科学就是整理事实，以便从中得出普遍的规律或结论"（达尔文）。

归纳法具有很大的创造性，主要用于科学发现。它是从已知推理未知的方法，因为是以已知的科学事实作为前提的，所以能概括、解释新的科学事实，形成新的科学原理，或提出新的科学假设和理论。

归纳法对于从范围比较窄的一般原理上升到更为普遍的科学原理方面也具有一定的作用。培根认为科学知识就像是一系列命题的金字塔，从命题金字塔的底层逐步归纳上升到顶部，其顶部就是最一般的原理。

归纳法是有局限性的。首先，归纳法是一种或然性的推理方法；其次，科学认识的发展是一个复杂的过程，需要多种方法的配合，而归纳法只是在其中一个方面发挥作用。

**（2）演绎法**

① 演绎法的主要形式和特点　演绎法是从已知的一般原理、定理、法则、公理或科学概念出发，推论出某些事物或现象具有某种属性或规律的新结论的一种科学研究方法。演绎法是从一般原理推理出个别结论的方法。其主要形式是三段论，即由大前提、小前提和结论组成。大前提是已知的一般原理，小前提是已知的个别事实与大前提中的全体事实的关系，结论是由大、小前提中通过逻辑推理关系获得的关于个别事实的认识。在数学、物理等学科中，广泛使用的公理化方法也属于演绎推理法。

对于演绎推理来说，前提的真实性和形式的正确性是相对地独立的，为了必然地得到真实的结论，一个演绎推理必须是前提真实而且形式正确。

② 演绎法的作用与局限性　演绎法在科学研究中的作用在于用严密的逻辑推理方式，为科学知识提供逻辑证明的工具。为科学知识的合理性提供逻辑证明是演绎法的主要作用。科学的定理、定律和命题等是否合理，一般都要用普遍的科学原理、原则和公理等来证明。公理化体系就是以演绎推理为工具构筑起来的理论体系。演绎法对于人们进行各项工作有重要的指导作用，如工程设计的计划、方案等在实施之前，都要通过逻辑证明和数学计算证明对其合理性做出校核和鉴定，对实际效果做出预测。

演绎法也是解释和预见科学事实、提出科学假说的重要方法。发现了新的科学事实后，运用演绎法对其进行合理的解释，常常为科学预言和假说的提出指明正确的途径。门捷列夫由于以化学元素周期律为大前提进行演绎推理，结果纠正了十多种元素的原子量误差。

演绎推理在检验假说中也有很重要的作用。特别是有许多假说难以直接在实验中得到检验，经常需要应用演绎法从假说中做出推论，预言还没有被发现的事物和现象，再用实验来检验这些预言。爱因斯坦的广义相对论就是经过这样的过程才得到了逐步发展的。广义相对论的理论数学推导太复杂，爱因斯坦从中演绎推理出一些预言，如光线经过巨大星体时将在引力场作用下发生偏析。三年后英国的两支考察队在进行日全食观察时，证实了星光偏析值与广义相对论的计算结果基本相符。通过观察实验检验了这些预言，也就使演绎推理得到的假说得到了实际的验证。

演绎法也有其局限性。演绎推理的结论原则上都包含在其前提之中，所以不可能超出前提的范围，不可能对科学知识做出新的概括。其次，演绎推理的结论的可靠性受到前提的制约，所以演绎推理的结论也不是绝对可靠的。

③ 归纳与演绎之间的关系　归纳与演绎之间是一个辩证的关系，是一个对立统一的关系。两者相互联系，相互依赖，相互补充和相互渗透。归纳是演绎的基础，演绎中包含归纳，演绎离不开归纳。没有归纳就没有演绎。演绎又为归纳提供一般原理的指导，所以归纳也离不开演绎，归纳中也包含了演绎。归纳和演绎在一定条件下会互相转化。由归纳得出的一般结论，可作为演绎推理的大前提；另外，由演绎的一般原理为指导，对大量科学实验结果或数据进行归纳，得出一般性结论。两者可以相互转化。

【例 3.14】　门捷列夫总结了已有的成果，加上自己从实验中获得的数据，进行归纳，于 1869 年确定了化学元素的性质与原子量之间关系的一般科学看法。再以此为指导，分析研究了当时已经知道的 65 种化学元素的性质和原子量之间的关系，经过认真归纳，概括出了化学元素的周期律。然后，门捷列夫又以这普遍规律为指导，进行演绎推理，从而预言了当时尚未发现的新元素 Al、B、Si 等。后来科学家在科学研究中又发现了镓（Ga）、钪（Sc）、锗（Ge），再次与门捷列夫概括的元素周期律相吻合。

归纳与演绎科学研究方法领域有三位著名的科学家代表。近代归纳法的创始人是英国的弗兰西斯·培根（Francis Bacon），他充分重视科学的重要性，"知识就是力量"就是他的名言。他提倡重视实验的观察、科学的方法论，偏重于归纳法。他的贡献是在科学方法上做了一个革命性的进展。但是他轻视演绎推理和数学方法。

笛卡尔是法国哲学家、数学家、物理学家，是唯理论的代表。他反对信仰高于一切的宗教观点，提出了知识代替信仰，用理性代替非理性，用逻辑证据代替权威崇拜的观点。并且提出了以数学为基础的唯理论的演绎法。

伽利略主张用观察、实验和数学方法相结合的方法来研究自然世界，这在方法论的发展历史上具有十分重大的意义。最典型的例子是发现了落体定律和物体运动的惯性原理。这是他将力学实验和数学方法相结合的成果。人们称他为近代实验科学之父、近代科学方法的奠基人。这种方法不仅促进了力学的发展，也促进了数学的发展。他的方法为牛顿所继承，创立了经典力学。被其他数学家所接受，开创了微积分。

许多情况下是将归纳和演绎法联合使用，来推论在新的研究领域的可行性，如在材料科学中的超塑性研究（图 3.1）和形状记忆材料的开发（图 3.2）。

## 3.2.2　分析与综合法

### （1）分析的作用与特点

分析就是把研究对象分解成几个组成部分，然后分别加以研究，从而认

3

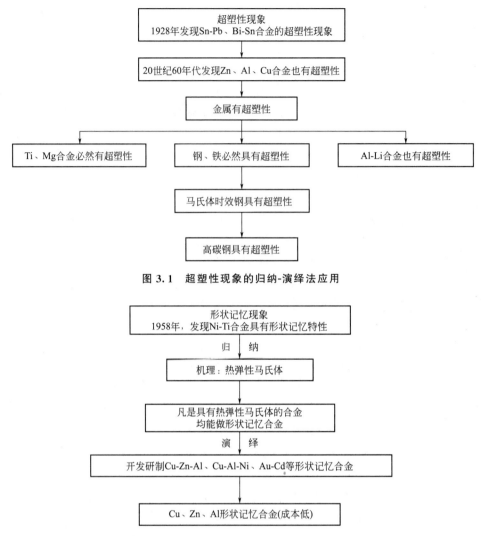

图 3.1　超塑性现象的归纳-演绎法应用

图 3.2　形状记忆材料开发的归纳-演绎法应用

识事物的基础或本质的一种科学研究方法，基本上有三个环节：①把整体加以"解剖"，从整体中按照一定特性分离出各个部分；②深入分析各个部分的特殊本质，这是分析方法的重要环节；③进一步分析各个部分的相互联系、相互作用的情况，了解它们各自在整体中的地位、作用，了解各个部分之间的相互作用的规律。

由于分析方法具有以上特点，所以它在科学认识发展中具有重要的意义。它使科学认识从一个层次发展到更加深入的层次，它是使现象的认识进入到本质认识的重要条件。分析方法几乎贯穿于科学研究的全过程，并且渗透到所有的研究方法中。

分析方法也有其局限性。对事物进行必要的分割、各部分的孤立研究，虽然能使人们的认识引向深入，但是也可能将人们的眼光限制在片面、狭窄的领域里。所以要认识事物，不仅要认识事物的部分，更要认识事物的整体，这就要运用综合的方法。

**（2）综合的作用与特点**

综合方法与分析方法相比，两者的认识过程方向是完全相反的。所谓综合方法，就是把研究对象的各个部分联系起来加以研究，从而在整体上把握事物的本质和规律的一种科学研究方法。

综合方法在思维方式上的特点是，它把事物的各个部分联结为整体时，力求通过全面掌握事物各个部分、各方面的特点以及它们之间的内在联系，然后加以概括和上升，从事物各部分及其属性、关系的真实联结和本来面目，复现事物的整体，综合为多样性的统一体。

**【例 3.15】**　DNA 分子结构双螺旋模型。1953 年沃森和克里克提出的 DNA 分子结构双螺旋模型，就是对 DNA 分子各个部分认识的一次综合。他们一方面综合了当时生物学家所揭示的 DNA 作为生物的主要遗传物质的信息传递功能，另一方面又综合了生物化学家分析 DNA 各种成分的大量资料，特别是综合了 DNA 晶体 X 射线衍射图样和实验数据，把 DNA 的整体结构完整地再现出来。通过这一综合，使人们从 DNA 的各个部分认识达到从整体上把握了它的结构和功能，由此人们从分子水平上阐明了生物遗传和变异的机制就在于 DNA 分子的自我复制和改制。

综合方法的基点是在分析事物细节的基础上，揭示出事物的本质和规律。科学假说、科学定律、公式的提出，乃至科学理论体系的建立，都需要综合人们对事物各方面的认识，综合许多人的研究成果。综合是通向科学发现的重要途径。如牛顿的万有引力定律和力学三大定律并不是他一个人研究的成果，而主要是他对前人许多研究成果加以分析创造性综合的结果。牛顿的成果既是科学综合的结果，也是伟大的科学发现，是由综合而发现的突出典型。

综合也是技术发明创造的重要途径。美国宇宙飞船总设计师曾经说过，今天的世界，没有什么新东西不是通过综合而制成的。有人分析，日本是靠三分欧洲技术和七分美国技术的综合，才形成了富于创造性的日本技术。事实上，现代科学发展呈现了整体化的趋势，学科高度分化又高度综合，所以只有运用综合方法才能更好地开拓新领域，建立新学科。现在许多的综合性学科、边缘学科、交叉学科、新学科的出现，都是与综合方法的运用密切相关的。

综合法总是与分析法并用的。没有分析也就没有综合。没有分析的综合，其结论就只能是空洞的、无科学根据的，难以有真正的科学发现和发明创造。分析的结果，也就是综合的出发点。科学认识的发展总是沿着"分析—综合—新的分析—新的综合—……"的轨迹不断前进的。

### 3.2.3　类比与移植法

#### (1) 类比法的作用与局限性

类比法是指通过两个或两类事物或现象进行比较，根据相似点或相同点推论出它们的其他属性或规律也可能有相似点或相同点的结论。这是以比较为基础，既包含从特殊到特殊，又包含从一般到一般的逻辑思维方法。类比法的基本通式为：

A 类对象具有 a、b、c、d 属性或事物或规律；

B 类对象具有 $a^1$、$b^1$、$c^1$ 属性或事物或规律。

其中，$a^1$、$b^1$、$c^1$ 分别与 a、b、c 相同或相似。

所以可得出结论：B 类对象有可能具有 $d^1$ 属性或事物或规律，并且 $d^1$ 与 d 相同或相似。

类比法根据不同特点有几种类型：数学相似类比法、因果类比法、综合类比法、对称类比法和剩余类比法等。

数学相似类比法是根据对象的属性之间具有某种确定的函数变化关系来进行推理的。它可以定量地描述属性之间的关系，可靠性程度比较高。

因果类比法是根据两个对象的各自属性之间都可能具有同一种因果关系而进行推理的。该方法的结论有比较好的可靠性，但这种特殊对象的因果关系不一定适合另一个特殊对象，所以它仍然是一种或然性的推理。

综合类比法是根据对象属性的多种关系的综合相似而进行的推理。综合类比法由于是根据属性的多种关系来研究的，所以其结论基本上是可靠的。但实际上也不可能把所有的关系都综合进去，因此有时也会带有或然性。

对称类比法是根据对象的属性之间具有对称性而进行的推理。其结论往往比因果类比的可靠性程度要高，当然它也是属于或然性的推理。

【例 3.16】　光具有微粒性和波动性，有方程式：$E=h\nu$，$\lambda=h/P$。其中，$E$ 是能量；$h$ 是普朗克常数；$\nu$ 是频率；$P$ 是动量；$\lambda$ 是波长。实物粒子具有微粒性和波动性。通过数学相似类比法得出结论：实物粒子也可能具有方程式：$E=h\nu$，$\lambda=h/P$。

【例 3.17】　泡沫金属材料的发明。面包的多孔疏松是在烤制过程中，自身释放的气体形成了小气泡所致。根据这一因果关系，使用因果类比法，在金属中增加了一些添加剂、改变金属的某些成分和制造工艺，就发明了泡沫金属材料。

【例 3.18】　水利大工程的模型模拟试验是综合类比法。在建设一项水利工程之前，一般都要进行模拟试验，以便在模型中取得实验数据，并将其结果外推到工程原型中去。在模型和原型之间，除了几何尺寸成比例之外，还必须保持相似标准数的一致。相似标准数主要是流体各属性之间的关系，如反映惯性力与密度、流速、尺寸之间关系的牛顿数，反映重力与流速、尺寸之间关系的弗劳德数，反映压强与密度、流速之间关系的欧拉数，等等。

类比法在科技创新中的作用主要有：①类比为模拟试验提供逻辑基础，模拟试验是类比预料的具体运用；②类比法不受专业、学科界限的束缚，类比可提出科学预言和假说；③在技术上应用类比法常常可做出重大发明；④促进不同领域科技创新方法的移植和渗透。

类比法也有其局限性，由类比法所推出的结论具有或然性。所以应用类比法进行科学研究得到的结果，有时是正确的，有时也会是错误的。为克服其局限性，在使用类比法时应该注意以下几点：①需要多方面了解和掌握研究对象的知识。黑格尔说，类推可能很肤浅，也可能很深刻……如地球是一个星球，有人居住；月亮也是一个星球，所以月亮上也可能有人居住。这里忽略了地球生存人的基本条件——空气、水。②以唯物辩证哲学为指导来研究问题。指导人们从事物的联系、运动、变化、发展方面去看问题，全面地看问题，力求充分掌握事物的相似性，同时注意研究其差异性。这样，类比的结论可靠性就高一些。③要有分析，与归纳、演绎法相结合。就逻辑推理的可靠性来说，归纳高于类比，演绎又高于归纳。

**（2）移植法的特点与作用**

诺贝尔说过，各学科彼此之间是有内在联系的，为了解决某个科学领域的问题，应该借助于其他有关的科学知识。

所谓移植方法是指将某学科的原理、方法或技术等应用于研究和解决同一学科内的分支科学或其他学科和技术领域的理论、技术或方法问题，又称为转域创造法。它是通过横向、纵向联想和类比等方法进行的。所以移植法和类比法、联想法等有密切的联系或相似。移植方法的特点是：

① 移植方法具有显著的创新性。移植不是机械照搬，这中间需要运用类比法、科学概念、综合方法、系统方法及科学想象力等多种创造性方法。

② 移植方法具有综合性。只有对该学科的研究成果和其他学科的情况有比较深的领悟，才能科学地运用移植法。

移植方法也可以分成几种类型：①技术移植创新法，技术移植可以发明新技术、新产品；②原理移植创新法，适用于科学原理相同的情况；③方法移植创新法，将某学科内的某种方法应用到另一学科中去；④综合移植创新法，多学科的多种研究成果综合地移植到另一学科。该方法有比较大的难度，中间要经过理论思维、综合分析和重新组合等过程。其他还有结构移植创新法、纵（横）向移植法等类型。

【例 3.19】　螺旋桨技术的推广。螺旋桨技术最初是为使划船更省力而发明的推进桨轮，18 世纪在潜艇"海龟"号上安装了两台螺旋桨。经过一个多世纪，人们把这项技术移植到飞机上，成为航空推进器，促成了螺旋桨飞机的发明。后来又移植到高速快艇上，再将其改型后移植到吹风领域，发明了电风扇。这是技术移植创新法。

【例 3.20】　外科医学用的消毒剂。法国微生物家巴斯德在实验中发现酒变酸和肉汤变质是由于细菌所造成的。英国著名外科医生利斯特看到他的实验报告后联想到：细菌使肉汤变质，那么手术后病人的伤口化脓溃烂也可能是因细菌引起的。于是利斯特就把巴斯德发现的这一理论移植应用到医学领域，结果发明了外科手术用的消毒剂。这是原理移植法。

【例 3.21】　气针的发明与移植推广。医用皮下注射器是利用活塞加压的方法，使液体通过中空的针头把药物推入体内。该方法移植到给足球、篮球等球类的打气，结果研究出了与气筒配合使用的气针，解决了球类的充气问题。而气针和气筒的结构与注射器和针头的结构是类似的。这是方法移植创新法。

【例 3.22】　拉链的发明与推广也是方法移植创新法。拉链是由美国人设计出来的，1905 年申请了专利。拉链独特的开、合功能，使其被应用于多个领域。现在拉链已经广泛用于衣、裤、箱、鞋、帽、包、袋等日常生活的各方面。但是还有新的应用正被开发，医生期望把拉链用在某些特殊病人的肚皮上，可随时打开拉链检查腹腔。这就是皮肤拉链缝合技术。

当某个重大发明产生后，常常呈中心辐射状向其他领域扩散，产生一系列连锁反应，从而产生很大的经济效益和社会效益。这通常被称为伞形辐射法，伞形辐射法就是移植创新法。在材料科学与工程学科中，这样的例子很多，稀土在材料领域中的辐射移植、激光技术在材料科学中的辐射移植及超声波技术的应用见图 3.3～图 3.5。

在材料科学中，移植方法的应用也是非常普遍的。如金属中的相变、韧化、磁畴等原理都在陶瓷材料中得到了移植应用；系统科学方法论应用在材

3

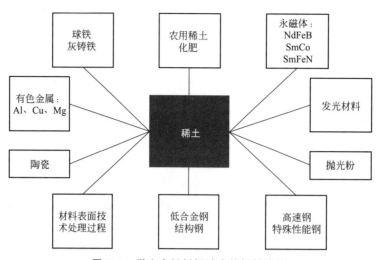

图 3.3    稀土在材料领域中的辐射移植

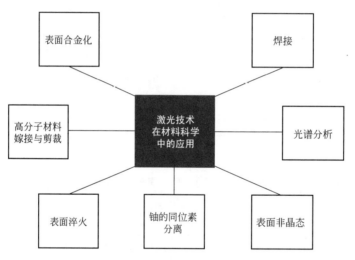

图 3.4    激光技术在材料科学中的应用

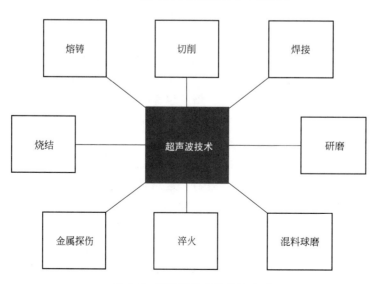

图 3.5    超声波技术的移植应用

料科学中就形成了材料的系统论；金属材料压力加工技术在高分子材料中得到了应用，如塑料注射成型、压延成型等；金属材料的应力强化理论→钢化玻璃的应力强化理论→陶瓷的应力强化理论；金属材料性能研究方法，如断裂力学理论在陶瓷材料、高分子材料和复合材料中都得到了很好的移植应用。

### 3.2.4　数学与模型法

#### （1）数学方法及其应用

数学方法是揭示研究对象的本质特征和变化规律的一种方法，是解决科学技术问题常用的，也是最重要的方法。具体说来，数学方法是运用数学所提供的概念、理论和方法对研究对象进行数量、结构等方面的定量的分析、描述和推导及计算，以便从量的概念上来对研究的问题做出分析、判断，认识事物变化的本质规律。马克思说：一种科学只有在成功地运用数学时，才能达到了真正完善的地步。爱因斯坦说：科学家必须在庞杂的经验事实中抓住某些可用精确公式表示的普遍特征，由此探索自然界的普遍真理。由于数学对客观世界规律性认识的贡献和作用，被人们称誉为"科学的皇后"。

原则上，一切科学技术都可以用数学来解决有关问题。整个力学和物理是最早数学化的学科。随着量子力学的理论与方法引入化学领域，数学方法在化学中的作用越来越明显，古老的经验学科——化学也正在逐步转变为理论严密的系统的精确科学。现代的生物学中，也已经大量运用数学方法来研究生理现象、神经活动、生态系统及遗传规律等重要的问题，并且产生了数学生物学和生物数学这样的交叉学科。材料科学也是如此，现在兴起了材料计算学及计算设计材料的热潮，材料科学也正在逐步由经验学科向精确学科发展。

目前在科学技术中所应用到的数学越来越广泛，而且许多极其抽象的数学理论也都得到了重要的应用。如1860年初创时作为纯数学理论一部分的矩阵理论，65年后作为描述原子系统中矩阵力学的基本数学工具得到了应用。开始创立的张量理论在35年后被爱因斯坦应用于相对论，成为相对论的基本数学工具。这样的例子很多。

数学方法在科学技术研究中的作用主要有：①数学方法为科学研究提供简洁精确的形式化语言，来描述问题、表达科学内容；②数学方法为科学研究提供数量分析和计算的手段与技巧，从而达到精确把握事物的本质特点和变化规律的目的；③数学方法为科学研究提供可靠的逻辑推理和证明的工具，以便能做出科学预见，把握感性经验以外的客观世界。在材料科学中，研究微观粒子运动规律的量子力学，就是在获得了非欧几何、希尔伯特空间等数学工具后才发展起来的，现代兴起的材料计算学中的第一性原理计算就是建立在量子力学和量子化学等基础上进行的。

【**例 3.23**】　关于谷神星可能存在的科学预言。这是用数学方法做出的。19世纪初，意大利天文学家皮亚齐用望远镜发现了一颗小行星，命名为谷神星。可这小行星一接近太阳，就消失了。于是引起了人们的怀疑和指责。消息传到德国数学家高斯那里，他很感兴趣。他用自己的行星轨道计算法和最小二乘法进行推理计算。在高斯把他的计算结果公布后，天文学家用望远镜在所指的方向观察，果然发现了该行星。后人为唤起人们重视数学方法在科学研究中的重要作用，就称谷神星是用"铅笔尖"发现的一颗新行星。之后用同样的计算方法又发现了几颗行星。

**（2）模型法**

模型化（modeling）是用适当的文字、图表和数学方程来表述系统的结构和行为的一种科学方法。系统模型化是系统分析过程中的一个重要环节。其中数学模型方法就是通过建立和研究客观对象的数学模型来描述和揭示事物本质特征和变化规律的一种方法。它是解决科学技术问题最常用和最重要的研究方法。作为数学模型，一般须具备以下条件：

① 既要反映现实原型的本质特征和关系，又要加以合理的简化；

② 要能够对所研究的问题进行理论分析，逻辑推导，并要能得出确定的解；

③ 求得的解要能回到具体研究对象中去，解决实际问题。

与其他事物分类一样，根据不同的目的、内容，从不同的角度其分类也不同。按建立模型的方法有理论型、经验型；按变量性质分类有确定性和随机性；按函数关系分，有线性和非线性；以及其他方法的分类。这里简单介绍理论模型和经验模型。

理论模型是从分析事物变化过程的机理出发，利用科学的基本理论建立的数学模型关系式。其特点是：关系式比较复杂，但是有明确的物理意义；利用基础理论研究成果，不必有真实过程的实验；从理论上对指导技术和生产有比较大的意义；理论分析和推导的难度比较大；推导过程必须作简化，与实际过程有比较大的差异，影响最后结果的准确性。

经验模型是以实验数据和结果为基础建立的模型。其特点是：对实验数据进行数理统计分析，得到各参变量之间的关系；其关系式有时是撇开了过程的本质，所以其性质是唯象的或半唯象的，常用黑箱法或灰箱法来建立关系式；不必进行大量的理论分析，得到的模型也比较简便；所建立的模型只在实测数据或结果的范围内，一般不能外推或外推幅度不大。

图 3.6 是材料形变断裂的研究思路：材料发生形变断裂时，在前人工作的基础上，从环境、材料因素考虑进行试验研究，观察分析材料的形变、断裂过程，然后根据所得到的试验结果和数据进行综合分

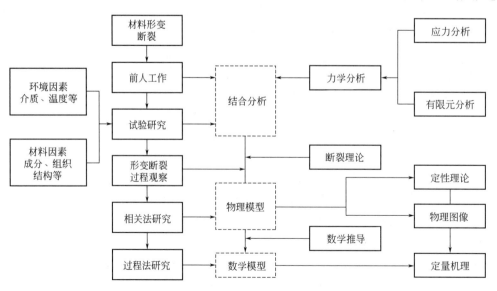

**图 3.6　材料形变断裂的研究思路**

析，采用相关法和过程法联合研究，得出形变、断裂过程的物理模型和数学模型，从而在理论上分析和解决材料的形变、断裂问题。

模拟亦称为仿真（simulation），是模型化的继续。有了模型后，还必须采用一定的模拟方法，对这初步的模型进行测试、计算或试验。通过模拟，可以获得问题的解答或改进模型。模拟基本上可以分为三类：①几何模拟，用放大或缩小的方法制备与系统原型相同的模型；②数字模拟，对于建立的数学模型，可以用计算机等方法进行计算模拟；③物理模拟，采用类比或相似等方法进行模拟试验。

### 3.2.5　系统与优化法

#### （1）系统方法的基本原则

系统是由若干相互联系、相互作用的要素组成的，具有特定功能的有机整体。系统方法就是从系统整体的观点出发，从系统与要素之间，要素与要素之间，以及系统与环境之间的相互联系、相互作用中考察对象，以达到优化处理问题的科学方法。系统与优化的特性和原则主要是：

① 整体性　整体是由部分组成的，是有机的结合，其本质是整体与部分的统一，整体的功能不等于它的各个组成部分功能的总和。系统具有各个组成部分所没有的新功能，但是系统的功能又是由内部要素相互联系、相互作用的方式所决定的。

② 最优化　最优化就是从多种可能的途径中，选择出最优的系统方案，使系统处于最优状态，达到最优效果。实际上最优化就是自然界物质系统发展的一种必然趋势。以生物系来说，在长期的生物进化过程中，各种生物都形成了最好地适应周围环境的精巧完善的系统结构和最优的整体功能。

【例 3.24】　螳螂在二十分之一秒钟内就能确定昆虫飞过的速度、距离和方向，准确而迅速地把昆虫抓住，这是现代化火炮跟踪系统所望尘莫及的。海豚的速度每小时可达到一百多公里，超过了现代潜艇的航速。响尾蛇的热定位器能在相当远的距离测到千分之一度的温度变化，这也是人造的导弹红外跟踪系统难以达到的。

这些自然系统的优化功能为人类进行系统方法研究提供了客观的依据和很大的启发。实现系统整体功能最优化的关键是选择最佳的系统结构。现在已经发展了许多最优化理论和方法，如线性规划、非线性规划、动态规划、控制论、决策论点数学理论。最优化设计和控制技术也在各个领域得到了广泛的应用。

③ 模型化　模型化是指，由于系统比较复杂难于直接进行分析和实验，所以一般都要设计出系统模型来代替真实系统，通过对系统模型的研究来掌握真实系统的本质和规律。模型化是实现系统方法定量化的必然途径，也是进行系统试验的必然途径。同时，也是运用计算机进行系统仿真的基本要求或条件。

整体性、最优化和模型化分别从不同方面表现了系统与优化方法的本质特征。整体性是系统方法的根据和出发点，最优化是系统方法的基本目的，模型化则是实现最优化的手段和必要途径，也是系统方法的重要组成部分。

**【例 3.25】** 导弹毁伤力的系统优化设计。苏联领导人赫鲁晓夫曾经鼓吹亿吨级核弹，只重视威力。美国科学家对此持否定意见。他们用系统科学的方法对大量核试验结果进行分析、综合，从总体上找到了最佳方案，并用数学式表示：$K = Y^{2/3}/C^2$（其中，$K$ 是毁伤值；$Y$ 是 TNT 当量；$C$ 是命中精度）。经综合发现，当 $Y$ 增加 8 倍时，毁伤值增加 4 倍；当 $C$ 减小 8 倍时，$K$ 增加 64 倍。根据这一关系，抓住 $C$，重点是提高命中精度，制造了分导导弹和精确的制导武器，在技术上保持了领先地位。

系统方法中还有其他一些原则或特性的名称，如关联性、动态性、有序性、综合性等都是从以上三大原则或特性中细分出来的，不再详细介绍。

系统是一个复杂的事物，它的内涵、外延和环境都在变化，因而也应该用变化的观点来看待系统。以学科为例，学科的界限从来是模糊的，学科的领域也是变化的，特别是现代科学发展非常迅猛的时期。现在出现了许多的边缘学科、新兴学科、交叉学科，也出现了许多新的系统，如纳米科学、化学物理、表面科学、仿生学、断裂科学等，有的老学科名称虽然没有变化，但是其内涵已经有了很大的变化。

**（2）系统方法的基本步骤**

运用系统方法进行科学技术研究的全过程大概可分成下述步骤：

① 确定问题　通过调查研究，尽量全面地收集有关文献、资料和数据、结果，系统地了解所要解决的问题的历史、现状和发展趋势，为研究提供可靠的依据。

② 确定目标　根据确定的问题和研究的任务，提出系统研究所要达到的目标，包括各种技术指标、经济效益等。系统越大越复杂，所要达到的目标也就越多，而且各个目标之间还相互影响、相互制约。

③ 系统分析　全面收集达到以上目的所能采取的各种方案，如技术方案、试验方案等。并且明确提出实施每一种方案时所采用的手段和可行性分析，通过比较和鉴别，选择其中最优的系统方案，从而形成系统的整体概念。

④ 建立模型　借助于文字、图表和数学，提出模型，推导建立数学关系，科学地描述系统。

⑤ 模拟分析　对提出的模型进行理论分析和模拟试验，利用计算机和论证试验，按照最优化原则做出决策。

⑥ 提出方案　系统最优化方案往往不止一个，而是有多个。要权衡利弊得失，从多个最优化方案中选出一个或几个试验的系统方案。方案中要包括进度、实施方案等内容。

⑦ 付诸实施　在实施计划过程中，还可以进一步对系统进行评价和检验。

图 3.7 列出了材料科学与工程领域系统分析方法的特征。图中以材料作为特定系统，进行对比。所以，对于材料研究和开发的问题可以用系统分析方法来进行研究。

应用系统分析方法的作用主要有：

① 系统分析可以进行创造性思维和发明，是一种有效的研究工具。它可发现遗忘的因素，也可帮助发现新问题。利用图表可以清晰地说明问题，阐述系统内各组元之间的关系。对于整个系统，可以全面地分析，避免只见树木不见森林的错误。

② 系统方法是技术开发的重要途径。现在的科学研究大部分是先确定目标，然后再根据系统分析，确定需要开发的科学技术。

③ 系统方法可以促进人们认识自然的程度。人类认识自然速度和形式是呈螺旋式上升的。自然本身就是一个很复杂的系统。

系统分析方法是一种多样性的综合分析方法，概括起来是两个基础：工程逻辑和应用数学，还涉多种技术。图 3.8 是它们在分析材料问题时的可能应用。

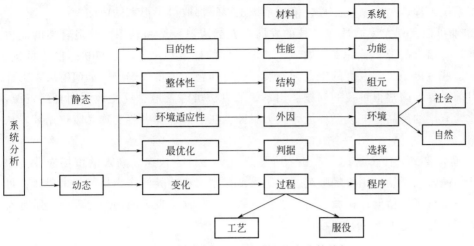

**图 3.7　材料科学与工程系统分析方法的特征**

**图 3.8　材料科学与工程系统分析的各种技术**

**（3）系统方法在科研创新中的作用**

系统方法为科学技术的发展提供了崭新的思想和方法。它在科学技术创新中的作用主要表现在三个方面：

① 系统方法具有重大创造性的功能　容易促进重大科学发现和技术发明的实现。这是由于系统方法显著的特点所决定的，即各要素所不具备的整体功能。

**【例 3.26】** 阿波罗登月计划的成功实施。总负责人韦伯博士在完成计划后说，我们没有使用一项别人没有的技术。我们的技术就是科学的组织和管理。飞船的每件东西都是原有的科学技术知识的物化，都有其特殊的性能。但是，就其单项技术来说，它的每一个零件都不具有上天的功能。专家们运用系统科学的方法对它们进行科学的综合，使之成为一个有机整体，具有了宇宙飞行和登月的功能。

② 系统方法是研究各种复杂系统的有效手段　用系统科学的方法研究人体这种纵横交叉复杂的立体网络系统，有力地推动了人们对生命和人体奥秘

的认识。从 20 世纪 60 年代以来，用定量化方法研究解决了大型复杂问题，建立了系统工程理论。随之，项目系统工程、经济系统工程、军事系统工程、信息系统工程等都取得了很大的成绩。

③ 用系统方法经营事业可以实现无废循环　科技的发展，人类认识自然和利用、改造自然的能力不断提高。除了正效应外，也给人类带来了许多负效应。如世界性的环境污染、生态危机、能源危机、人口膨胀及资源浪费等，这些直接威胁到人类的生存和发展，这些问题必须得到解决。如何解决，怎样解决更合理、更有效是目前世界各国都很重视的问题。用系统的方法可综合地、反复地利用自然资源，并且也要将"废物"转化为有用的产品，继续循环地为人类服务。在生产过程中要实现无废物循环，从而实现可持续发展的战略。

**【例 3.27】**　在农业方面，要努力使传统的"吃饭农业"转变为系统、快速、高效的市场农业。如在雨水充足的农村，可从养殖蚯蚓开始，用蚯蚓喂鸡、鸭等家禽；用家禽的粪便作为精饲料来喂猪；再用猪粪生产沼气；用沼气渣喂蚯蚓和植桑；植桑又可以养蚕，等等。在这个理想的循环过程中，所有农业资源（含废物）都变成了产品，基本上没有废物产生。

### 3.2.6　假说与理论法

#### （1）科学假说的特点和作用

在科学研究过程中，在通过观察和实验获得事实数据材料的基础上，进行理性思维的加工和概括，对所研究的对象提出带假定性的解释和说明即科学假说。科学假说和科学理论是自然科学研究发展的重要形式，它们不仅是科学研究活动的一般成果，而且是科学研究过程的重要环节和基本方法。

科学假说也就是根据已知的科学原理和科学事实，对未知的自然现象及规律性所做出的一种科学假定性说明。一般有两个特点：

① 假说以一定的科学事实和已知的科学知识为依据，具有科学性。科学假说在材料科学与工程学科的科学研究中应用非常普遍，如对所研究的问题在一定实验基础上进行理论上的解释一般情况下都属于科学假说。

② 假说带有一定的想象、推测的成分，所以具有或然性。提出的假说受到有限的少量事实的局限，总是在不完全、不充分的经验事实基础上进行分析和推论的，显然具有不确定性和或然性。在材料科学中，对相同的现象各研究者开始时往往有不同的解释，这也是经常发生的。

科学假说的基本特点决定了它在科学认识过程中具有两方面的作用：

① 科学假说在科学观察和实验中具有先导作用。在科研课题确定后，总是要根据已经掌握的科学资料和经验事实对研究对象做比较全面的分析，提出假定性的初步设想，预先构思和设计。在观察和实验获得试验结果后，必须进行整理、加工和分析概括，尽可能地对研究对象的本质和规律达到理论认识的高度。所以假说在科学研究的试验研究过程中起到了先导的作用。

② 科学假说在科学理论的形成和发展过程中起着桥梁的作用。在科学研究过程中，当科学假说为实验所证实时，原来的假说就发展成为理论。有时可能会出现几种假说同时并存、相互竞争的局面，当其中一种假说逐渐在竞争中取得优势地位时，就把科学研究引向新的发展道路。所以，假说是自然科学知识实现从科学事实发展为科学理论，从经验层次上升为理论层次的桥梁和中介。

恩格斯曾经说过，只要自然科学在思维着，它的发展形式就是假说。形成和提出假说也有一个方法问题。从假说的基本特点来看，提出科学假说须遵循如下四条方法论的原则：

① 解释原则　提出假说不能和研究对象范围内经过检验的事实相冲突。如果有一个事实与假说相

矛盾，那么这个假说原则上就应该修改或放弃。

② 对应原则 提出新的假说一般来说总是同原有理论相冲突的，但是假说不能同原有理论中经过检验的真理成分相矛盾。新假说要包含或解释原有理论无法解释的事实，也可以把原有理论作为新假说的一个特例包含在其中。这并不是说新假说与原有理论在基本概念上没有质的差别。例如，相对论力学和量子力学在开始时都是科学的假说，它们解释了经典力学所不能解释的高速和微观领域的物理现象，但经典力学在低速、宏观领域内和实验事实符合很好，所以经典力学是相对论和量子力学在低速、宏观领域量上的极限或特例，而它们之间在基本概念上有质的不同。

③ 简单性原则 好的假说尽可能具有逻辑上的简单性。简单性的基本要求是，假说应该以尽可能少的初始假定或公理，而又尽可能好地符合客观对象。

④ 可检验性原则 这是保证假说的科学性的一个基本条件。提出假说必须在观察和实验或经验上可以进行检验的，从而能够判别其是否具有科学性。不可检验的假说一般是不可取的。

科学假说在材料科学的研究过程中应用也比较广泛，图 3.9 是进行材料的性能研究的基本过程，在试验结果和原有理论的基础上，往往要做一些科学假说。图 3.10 是在进行材料科学理论研究的基本过程，同样科学假说是一个很重要的环节。

**(2) 科学理论的基本特征与结构要素**

科学理论是从科学实践中抽象出来，又为科学实践所证实，反映客观事物的本质和规律的概括性的知识体系。科学理论具有如下基本特征：

① 内容上的客观真理性。科学理论应该体现客观世界现实现象的本质和规律，这是显然的。依据的事实材料应该是真实可靠的，经过反复实践检验的；能解释现有的事实或现象；它的结论也要符合客观规律。这是科学理论最根本的特征，也是与假说、预言等未经证实的观点的根本区别。

② 结构上的逻辑完备性。科学理论是以严密的逻辑形式来表达和陈述的，其逻辑结构应该能够概括地复现所论述对象的总体。理论中的规律是一个个地推导出来的，有前后一贯的内在联系。一般具有演绎的逻辑推理结构和逻辑上的无矛盾性及理论体系的完备性。

③ 功能上的科学预见性。科学理论体系也是一个科学预测体系，能够对还未知的事实做出符合逻辑的预言。所以科学理论能指导人们的科学实践，正确地进行实验设计，进一步开发新的技术、开拓新的科学探索。

科学理论的内容、结构和功能上的三个特征是一个完整的科学理论体系所不可缺少的组成部分，也是不可分割地联系在一起的。并且这三个特征都不是绝对的、凝固的，而是相对的、动态的、发展的。因为，随着实践和认识的发展，原科学理论的真理性、完备性和预见性都会暴露出新的矛盾、新的问题，这就要求进一步发展科学理论。当然，在构造、形成科学理论的过程中，会运用归纳、模型、数学等各种思维和研究方法，从而使科学理论形成完整的知识体系和严密的逻辑结构。

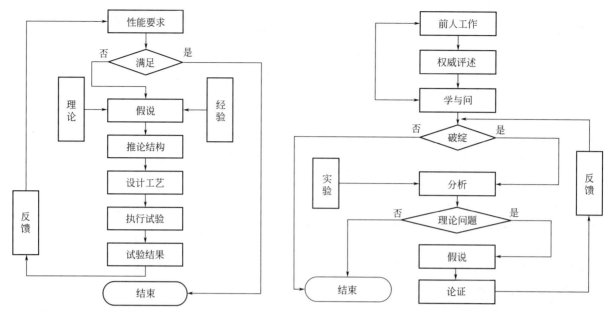

图 3.9　进行材料性能研究的基本过程　　　　图 3.10　进行材料科学理论研究的基本过程

科学理论的逻辑结构由三个逻辑要素组成：基本概念、基本原理和科学推论。

基本概念是构成科学理论的出发点的起始概念。最重要的科学概念构成了科学理论的基石，它往往成为新理论建立起来的标志甚至是理论的代名词。如拉瓦锡的燃烧氧化说中的"氧化"，取代了"燃素"的概念。牛顿力学理论中的"引力"基本概念揭示了物体相互作用的本质。量子力学中的"量子"，相对论中的相对性，大陆板块构造学说中的"板块"等都是属于科学理论中的基本概念。

基本原理是指科学理论所反映的最普遍、最本质的基本定律，是理论的原始前提。在逻辑结构中表现为判断推理的思维形式。如牛顿力学理论中的三个基本定律和万有引力定律，爱因斯坦狭义相对论的相对性原理等。

科学推论，即科学理论中由基本概念和原理演绎推导出来的概念、判断和推论等具有理论解释和科学预见的功能。如牛顿力学对流体、连续体、潮汐等问题提出的具体定律和解释性的结论。

从科学理论的方法结构来看，它也是由三个要素组成：抽象模型工具、概念语言工具和数学工具。抽象模型工具是表达科学理论的核心部分，是揭示和表征客体本质的近似图像。概念语言工具是建立的专门术语和语言的总和。数学工具是成熟的科学理论所不可缺少的形式。一门科学只有当数学方法不仅用来处理实验数据，而且用于探索新的规律，才算是达到数学化了。数学化大大提高了科学理论的精确性、有效性和预见性。以上这三个工具和其他方法是彼此贯穿、相互联系的。建立科学理论的过程一般是按模型—概念—数学的顺序而进行的。

### 3.2.7　原型启发与仿生法

原型启发法，主要是对自然现象进行观察、探索受到启发来进行科学研究和创造发明的。启发是从其他事物、现象中得到启示后，找出了解决某一问题的途径。起启发作用的事物称为原型。如自然现象、日常生活、日常用品等都可以成为原型。仿生法实际上是指原型启发法中的原型为自然界的动植物或自然现象。

原型启发法的原理和方法如图 3.11 所示。

图 3.11　原型启发法过程

在创造发明史上，原型启发的事例很多。如飞鸟启发了飞机的发明，现在又在研究飞机的机翼能像鸟一样拍打的飞机。现代的潜艇源于海洋中的鱼。传说中的鲁班是从有齿的丝茅草割破了手这一现象中受到启发而发明了锯子。四大发明的产生，说明我们的祖先就已经很重视观察和探索自然现象，也力图模仿。古代小说《封神演义》中的许多神话故事现在都已经成为现实。自然界的不断演化和进化，"物竞天择，适者生存"。应该说大自然是人们进行科学研究和发明创造的最好的老师，也是一个科学知识的宝库。

现在人们更加重视观察和探索自然界的种种现象，所以现在兴起了仿生和仿生材料的研究热潮。也取得了不少成果。仿生及其材料的内容在后续章节中也会做一些介绍，这里仅举几个例子。

**【例 3.28】** 细菌和微生物冶金。300 年前，西班牙人发现铜矿井下水中有硫氧杆菌，可以使铜以沉淀的形式回收。于是，在 1951 年成功地培养出铁硫氧杆菌，可以回收铜矿废水的微量铜，或者也可处理质量分数小于 1% 铜的贫矿。现在的微生物冶金已经进入工业性生产。某些动植物喜欢一些元素，如落叶松能聚铌，玉米能聚金，甜菜和烟草能集锂，海洋中的软体动物能聚铜，龙虾能集钴等等。美国利用该方法生产的铜为铜总产量的 10% 以上，日本人工培植海鞘来提取钒。微生物技术也是治理环境污染的一个非常好的方法。

**【例 3.29】** 蜂窝状结构材料的开发。蜜蜂的蜂窝是正六角形的结构，布局合理，界面小，容积大。材料设计师受到蜂窝结构的启发，发明了蜂窝状结构复合材料，并且已经用作航空新材料。

**【例 3.30】** 生物医用材料。人工肺、关节、血管、牙齿、心脏等人体中的器官都可以用高分子材料、金属材料或陶瓷材料来模拟制造。

# 3.3　材料科学与工程核心方法论

MSE核心方法论

前文提到的是一些普适的研究方法，而材料科学与工程还有其特殊的核心方法论。该方法就是在第 1 章提到的 MSE 四面体。具体可以用图 3.12 来表示。

从图中我们基本上可以看到两条路线：①如果从上向下来进行，就是材料研发的过程。从具体应用出发，推导出材料的服役条件，再从服役条件出发，推导出材料应该具有的性能，进而进入到 MSE 四面体的研究，分别研究四个要素，同时考虑四个要素之间的相互影响；②如果从下向上来进行，就

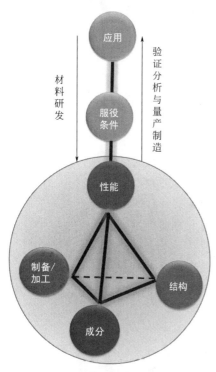

图 3.12　基于 MSE 四面体的材料科学与工程核心方法论

是验证分析与量产制造的过程。即对材料的四要素及其相互关系的研究结果汇总成材料的性能，验证其是否能够满足服役条件，进而能否在具体应用中具有很好的效能。

下面就举三个具体的例子，分别是新材料开发、失效分析和选材与工艺制定。

### 3.3.1　以新材料开发为例

例如我们要开发自疏水的材料，具体流程见图 3.13。

首先，由"防水衣物""速干雨伞"等各种潜在具体应用出发，提出"材料在有水情况下"的服役环境，进而推导出材料应该具有"不被浸湿或延缓被浸湿的自疏水性能"。

由此"自疏水"的关键性能出发，我们利用仿生法，研究自然界中具有疏水性能的天然材料，比如荷叶（具体分析见4.4.4 节的讲解），首先研究其微观结构，探究其表面具有阵列化微凸起的结构，并用数学模型对其进行模拟，再通过适合的制备方法和合理的选材，制备类似机构的材料，比如可以选用纤维加纳米颗粒的方法，这样就可以制备出具有疏水性能的布料。利用已经建立的数学模型，可以调节疏水的性能。

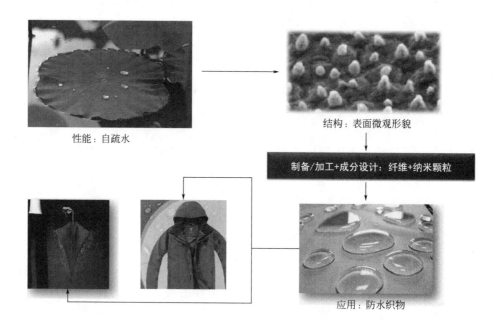

性能：自疏水　　结构：表面微观形貌

制备/加工+成分设计：纤维+纳米颗粒

应用：防水织物

图 3.13　具有"自疏水"性能的新材料研发方法示意图

将可以量产的自疏水布料，应用在市场上，就可以制造具有疏水性能的冲锋衣、快干雨伞等产品。

上述例子就说明了如何利用 MSE 四面体这一材料科学与工程核心方法论来对新材料进行开发。

## 3.3.2 以失效分析为例

我们以举世闻名的泰坦尼克号沉没事件为例,其失效分析过程可以见图 3.14。

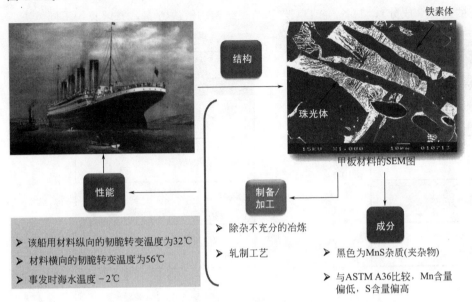

**图 3.14 泰坦尼克号快速沉没事件的失效**
**分析过程示意图**(SEM 即扫描电镜)

1912 年泰坦尼克号发生沉没事故,在 70 多年后,人们从海底把残骸打捞出来,并经过了材料科学家的失效分析。首先,对船体的甲板材料进行了微观结构的分析,发现该材料由条状的珠光体和铁素体所组成。但是晶粒非常粗大,珠光体的片层间距大,并且条状晶粒具有尖锐的棱角。而且,微观结构中可以看到大尺寸的夹杂物存在。这样的微观结构容易带来各向异性、脆性等性能特点。

其次对夹杂物的成分进行分析,发现其为 MnS 夹杂物;对甲板的基体材料进行分析并与现在的甲板材料 ASTM A36 进行对比,发现泰坦尼克号的甲板 Mn 含量偏低而 S 含量偏高。

由微观结构和成分分析的结果,可以推测该钢板经过轧制,并且冶炼过程中的杂质去除不充分,并且采用了含硫量较高的铁矿石。

最后,由结构、制备/加工和成分共同塑造了该类甲板的性能,仅就韧脆转变温度而言,其纵向的韧脆转变温度为 32℃、横向的韧脆转变温度为 56℃,而事发时的海水温度仅为 −2℃,远远低于材料本身的韧脆转变温度。所以甲板材料处于脆性断裂温度区进行服役,因此,在船体经受撞击时就发生了脆性断裂,从而导致了快速沉没,造成了 1700 多人的丧生。

以上就是利用 MSE 四面体来进行失效分析的案例,更具体的失效分析讲解见第 8 章。

### 3.3.3　以选材和工艺制定为例

我们以齿轮为例，来讲解其选材和工艺制定的案例。

在图 3.15 中，我们首先从齿轮的服役条件出发，推导出齿轮应该具有的性能；而后从性能出发，逐渐形成三大类、六小类的选材（成分）、制备/加工工艺和微观结构的解决方案，并解释了不同解决方案适用的不同服役场合。

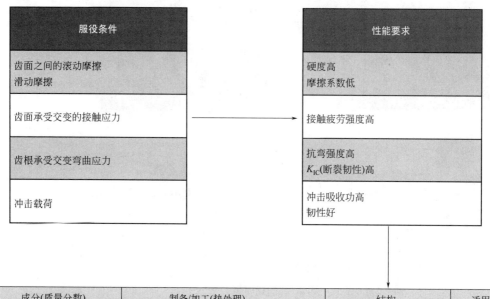

**图 3.15　齿轮的选材与工艺制定示意图**

在结构一列中，虚线表示的是齿轮的单个齿的最外轮廓

从这个案例中，可以清楚看到，MSE 四要素之间相互影响、相互联系的特点。

总之，我们通过三个案例来说明了 MSE 四面体是 MSE 的核心方法论。基于此核心方法论，再结合本章中讲到的一些泛用方法，就可以开展不同类型的材料研究工作。大家可以参考数字资源中的视频来进一步了解该核心方法论。

# 第4章 材料结构设计与系统分析

**布鲁塞尔的金属雕塑**

1958年，世博会在比利时的布鲁塞尔举办。在主会场入口处的广场上，
比利时政府树立起的这个大型金属雕塑，成为布鲁塞尔的标志性建筑。
该建筑为钢铁材料的常见微观结构——体心立方（BCC）的模型。
该建筑也反映了二十世纪中叶全球范围钢铁产业的昌盛

导读

人类对于材料感兴趣，是因为材料具有人类感兴趣的有用的性能。但是，要深入地理解和有效地控制材料性能，就必须了解材料内部的组织结构。材料内部结构可随化学成分和外界条件的变化而改变，从而改变材料的性能。所以，了解材料成分、结构与性能之间的内在关系以及材料制备、加工、处理和使用过程中组织结构的变化规律是非常重要的。我们可以通过设计或控制组织结构来满足所需要的材料性能，可以研究外界环境条件是如何通过材料内部结构发生的变化去理解材料性能及其行为特性，从而可启发人们解决材料性能问题的新思路和新途径。

# 4.1 材料结构与性能的基本特性

## 4.1.1 材料结构的基本特性

在材料科学领域内，人们应用了不同的名词来表示材料内部的组织或结构，例如成分、宏观组织、微观组织、结构、晶体结构、原子结构和相组成等。但习惯上，结构常用于表示原子排列方式的晶体结构，电子排列方式的原子结构，中子、质子及其他基本粒子排列方式的原子核结构；而组织的尺度则比较大，例如用光学显微镜所观察到的显微组织，肉眼观察到的宏观组织。这只是放大倍数的问题。在本质上，传统意义上的组织和结构之间没有必要严格划分。如果把成分也并入结构的范围，那么传统意义上的组织、结构、成分都可以合并称为结构，这是广义的结构概念。有时为了讨论的方便，又可将成分与结构分开，这便是狭义的结构。

根据不同的目的和研究方法，材料中的结构是有不同层次的。从电子、声子等到原子、离子、分子，从晶体结构到相、组织，从位错等缺陷到微观裂纹。这些不同层次的知识对我们理解材料的各种行为、性能以及物理、化学的本质是非常有帮助的。宏观与微观是相对的。要正确地对待材料结构及其层次，应该注意五个共性问题：可分与穷尽、转变与守恒、树木与森林、表象与真实和量变与质变。

**（1）可分与穷尽**

原子的英文是 Atom，意思是"不可分"。中文"原子"也有原始质点之意。当电子发现后，使人们认识到原子是可分的，1911 年提出了原子行星模型，1913 年玻尔提出了原子结构模型。后来人们用回旋加速器产生的高速粒子轰开了原子核的结构，发现了越来越多的微观粒子，并且也有了许多名称，如中子、质子、核子、超子、轻子、介子等。

因此，应该说物质是可分的，人的认识是不可穷尽的。牛顿力学解释了宏观现象，但应用于原子结构，遇到了困难，于是产生了量子力学。这是认识运动的发展。

另外，认识也是有层次的。在比较大的尺度内研究物质时，可以忽略太细的物质结构，可以将这些"组元"作为数学上的点。例如，对于"相"，可用 α、β、γ 等符号来表示，或用"体"来命名，如奥氏体、铁素体、马氏体等。研究这些"相"或"体"的组织结构时，我们往往忽略了原子或离子，只是将它们作为数学上的点，最多是小体积，研究它们如何分布在晶格点阵的阵点上。

**（2）转变与守恒**

原子核的结合能数值很大，将会伴随着质量的变化，由质量转变为能量。爱因斯坦提出了著名的质能关系式：$\Delta E = \Delta mc^2$。人们发现了物质与能量在特定条件下可以互相转变之后，使原来以静止质量守恒来表明物质不灭，以能量守恒来表明能量不灭的思想有了深刻的变化和新的内容。爱因斯坦的质能关系式否定了静止的质量守恒定律，但没有否定整个的能量守恒定律和质量守恒定律。它揭示了质和能的互换规律，指出了新的质量形态和新的能量形态。

因此，在质和能可以互换的条件下，质量与能量的总和保持不变；质量是能量的一种形式，能量又是质量的一种形式。但是，在绝大多数情况下，质量守恒和能量守恒仍然是科学与工程所依赖的两个基本规律。

发生化学变化时，系统的质量发生了变化。如铁氧化后，铁这个系统的质量增加了，但环境中的氧减少了。物质的总量没有发生变化，是守恒的。

系统的质量发生变化时，其内部结构可以发生变化，也可能不发生变化。例如，铁的氧化，质量的增加并没有使铁本身结构发生变化，只是表面有了氧化层；但是，物质的能量发生变化时，其内能必然要发生变化，而内能又是状态性质，它的变化必然导致状态参量的变化。例如，晶体从环境获得热能，则温度升高，原子的振动频率增加，声子的能量也随着变化。又例如，半导体受热时，满带中的电子跃入到导带，使半导体的电子结构发生变化。因此，考虑物质及能量的转变和守恒时，需要注意其对物质结构改变的特点；这对于材料来说是尤其重要的，因为结构决定了性能。

### （3）树木与森林

树木和树林犹如部分与整体。从层次来看，由微观的层次组成宏观的层次。人们研究材料，到目前为止，有如下的逐步微观化的层次：

$$连续介质 \rightarrow 缺口及裂纹 \rightarrow 相及分子 \rightarrow 原子 \rightarrow 电子$$

在工程中，人们计算零部件所受应力及所需强度时，常常采用连续介质的结构力学。针对工程中存在的"缺口"，人们引入了应力集中系数 $K_t$ 来解决这种不连续效应。

在金属领域内，我们从相、原子、电子等层次来研究金属材料；在材料领域内，我们用类似的层次和方法研究陶瓷材料；半导体是高纯的单相体，我们从原子及电子的层次研究它；高分子材料的分子相当于金属材料中的相，研究者则从分子、原子、电子的层次研究这类材料。

选择结构的层次，应该根据问题的性质和要求，不要盲目地追求微观化。一般来说，接近于工程应用尺寸的结构层次的分析和研究，实用性比较大；较深层次的结构分析和研究，则可用于理解和控制现象。例如，对于力学性能来说，连续介质、缺口体及裂纹体的层次，对于工程设计和事故分析是十分有用的，为了理解裂纹体尖端的行为、力学性质与结构的关系，需要深入到相与原子的尺寸；为了深入理解有关相的形成和原子的行为，又需要了解电子的作用。

因此，应该根据问题的性质去选择研究的结构层次。研究森林时，就以整个森林为对象，用有代表性的、典型的树木为样品来研究森林；研究树木时，树木就是整体，从树木各部分的研究去理解树木。不能以个别树皮的图像来说明森林特征。

应当强调指出，当实验方法的分辨力提高时，则所观察的试样面积的代表性是重要的问题。因为在一定面积的视场内，能够观察到的试样面积是与分辨力成反比的。分辨力高的实验方法才能研究相应的细节，而分辨力低的实验方法便于研究材料的整体。这也就是树木与森林的问题。

### （4）表象与真实

从表面观察到的各种图像，如何获得材料内部结构的真实情况，这是关于结构的另一个共性的问题。首先，结构的测定都是采用黑箱法，所以必须理解测量的原理；其次，要考虑上面所讨论的树木与森林的问题，即所观察到的图像是否典型及有无代表性的问题；最后，实验中经常有干扰与假象的问题，仪器、试样和观察者的故障与缺陷，都会导致假象。例如，色盲的人是无法辨别颜色的；试样的不恰当侵蚀会导致假象；仪器的故障也会给出各种歪曲的信息。必须强调的是，材料科学主要是以实验科学研究为基础的，所以在实验过程中所有不正确的方法和操作都会使我们的实验结果和数据有偏差，甚至是假象。这是必须注意的。

**（5）量变与质变**（纳米结构的特性）

在自然科学各个学科领域中，某一现象、某一事物从量变到质变是一个普遍的规律，在现代纳米材料中更为突出。纳米粒子通常处于微观粒子和宏观物体交界的过渡区域。从通常的关于微观或宏观的认识来看，这样的系统既非典型的微观系统也非典型的宏观形态，应该是一种典型的介观系统。它具有一系列新异的物理、化学特性，涉及宏观样品中所忽略的或根本不具备的基本物理、化学问题。纳米材料

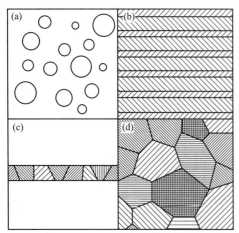

**图 4.1　纳米尺寸的微结构材料的示意图**
（a）团簇或纳米微粒；（b）多层膜或超晶格；
（c）颗粒膜；（d）块状纳米材料

微结构的存在形态因不同场合、不同的制备方法也有不同形式，如团簇或纳米微粒、多层膜或超晶格、颗粒膜、块状纳米材料等，如图 4.1 所示。

当固体微颗粒的尺寸逐步减小时，量的变化在一定条件下会引起理化性质的质变。例如，磁性超微粒子在尺寸小到一定范围时，就会失去铁磁性，而表现出顺磁性，也称为超磁性。在许多方面如光、电、热及化学等性质上表现出与大块位置有明显的差别，有时甚至是反常的。

随着晶粒尺寸的减小，纳米材料中界面所占的比例迅速增加，晶界与晶粒的结构区别越来越小，界面能降低，晶界的内禀本质也发生了变化。根据经典的多晶体长大理论，随着晶粒尺寸的减小，晶体长大的驱动力显著增大。所以，从传统理论上讲，纳米晶体材料的热稳定性要远远低于粗晶材料，即使是在常温下也难以稳定存在。然而大量的事实证明，纳米晶体材料具有很好的热稳定性，绝大多数纳米晶体在常温下不长大。如在晶体尺寸为 7～48nm 的 Ni-P 纳米晶体中发现一种反常的热稳定性现象，即晶体尺寸越小，热稳定性越好，表现为晶体长大温度和激活能升高，这些都是与传统的晶体长大理论相冲突。

许多纳米纯金属的室温硬度比相应的粗晶高 2～7 倍。传统的 Hall-Petch 公式在纳米晶体材料中也受到了挑战。Song 等研究认为，在纳米晶体中存在一个临界晶粒尺寸 $d_c$（其值随材料不同而变化），当晶粒尺寸在 $d_c$ 以上时，晶界阻止晶粒变形，表现为正的 Hall-Petch 效应；相反，在 $d_c$ 以下时，晶粒阻止晶界的滑移，表现为反 Hall-Petch 效应，则可由下式表示：

$$\sigma = \sigma_{gb}^0 + K(1 - C_t) \tag{4.1}$$

式中，$\sigma_{gb}^0$、$K$、$C_t$ 分别为界面强度、常数和界面所占的体积比例。目前，关于纳米晶体的反常 Hall-Petch 效应出现的原因众说纷纭，还没有一个比较好的解释，还正在研究之中。

按照常规的力学性能和晶粒尺寸的关系外推，纳米晶体材料应该具有高强度，又具有比较高的塑韧性。但是这一结论并不符合纳米晶体材料，到现在为止，得到的纳米金属材料的塑韧性都很低。如晶粒尺寸小于 50nm 的铜，总伸长率仅仅为 1%～4%；晶粒尺寸为 110nm 的铜，其总伸长率为 8%，完全突破了传统的理论。

### 4.1.2　材料性能的基本特性

材料的性能是一种参量，用于表征材料在给定外界条件下的行为。材料有多少行为，就会有多少性

能。对于材料来说，一般情况下能定量地表示其行为的才是性能。性能定量化后，便于统计分析和比较。大部分性能的量都是有单位的（即量纲），只有少数性能没有单位，是无量纲参量。通过性能的量纲分析，可以加深对性能的理解。例如，材料的强度单位是 MPa（$N/mm^2$），其物理意义是单位面积能承受的力。冲击韧性 $A_{KV}$ 的单位是 J，即冲断给定 V 形缺口试样所消耗的功。由于材料在各种各样的外界条件下服役，所以材料的性能种类也非常多，如表 4.1 所示。

表 4.1　材料各种性能的分类

| 性能分类 | | | 性能表征参量 |
|---|---|---|---|
| 性能 | 简单性能 | 物理性能 | 热学性能—热导率、热膨胀系数等 |
| | | | 声学性能—声的吸收、发射等 |
| | | | 光学性能—折射率、黑度等 |
| | | | 电学性能—电导率、介电系数等 |
| | | | 磁学性能—磁导率、矫顽力率等 |
| | | | 辐照性能—中子吸收截面积、中子散射系数等 |
| | | 力学性能 | 强度—$\sigma_s$、$\sigma_b$、$\sigma_f$ 等 |
| | | | 弹性—$\sigma_p$、$E$、$G$ 等 |
| | | | 塑性—$\delta$、$n$、$\varphi$ 等 |
| | | | 韧性—$A_{KV}$、$K_{IC}$ 等 |
| | | 化学性能 | 抗氧化性 |
| | | | 耐腐蚀性 |
| | | | 抗渗入性 |
| | 复杂性能 | 复合性能 | 简单性能的组合，如高温疲劳强度等 |
| | | 工艺性能 | 铸造性、可锻性、可焊性、切削性等 |
| | | 使用性能 | 抗弹穿入性、耐磨性、刀刃锋利性等 |

**（1）现象与本质**

从表 4.1 可以看出，材料的性能涉及各种物理、力学、化学、工艺及工程等现象。从现象的本质来看，同一材料的不同性能只是相同的内部结构，在不同的外界条件下所表现出来的不同行为。因此，我们一方面应该去总结有关的个别性能的特殊规律，另一方面也应该从材料的内部结构以及内因和外因的辩证关系，去理解材料为什么会有这些性能。例如，我们既要研究材料的各种强度、塑性、韧性的特殊规律，又要应用晶体缺陷理论去研究从变形到断裂的普遍规律；既要建立与性能有关的各种表观现象规律，又要探索这些现象的机理。又例如，涉及材料内部电子运动的电、光、磁、热等现象的物理性能，可以在材料电子论的指导下得到物理本质的统一。因此，现代材料科学工作者必须运用固体物理和固体化学的知识，才能从本质上理解固体材料的各种性能所涉及的现象。

虽然大多数性能是与整体内部的原子特性和交互作用有关，但是有些性能和现象只与材料的表面层原子有关，如腐蚀和氧化、摩擦和磨损、晶体外延生长与离子注入等；另一些性能和现象又与比较厚的表面层原子有关，如切削性能等。

**（2）区分与联系**

表 4.1 将材料的性能区分为许多类和小类只是为了学习和讨论的方便，

其实，材料的各种性能之间是既有区别，又有联系。因为对于同一种材料来说，其内部结构是一样的，只是在不同的外界条件下而有不同性能的行为。表 4.1 中的复杂性能都是不同的简单性能的组合，那当然会联系到其他性能。消振性对于高振动的零件（如汽轮机叶片）是一个重要的力学性能；对于琴丝、大钟而言，涉及声学性能；具有铁磁性的合金，肯定与磁学性能有密切的关系；材料的高温强度，既是力学性能，又是热学性能；材料的应力腐蚀，既是化学问题，又是力学问题；反射率是光学性能，又与金属表面的化学稳定性有关。锻造和蠕变虽然区分为与工艺性能及力学性能有关的现象，但是，它们都是高温形变，不过形变速度有很大的差异，这种差异与时间控制的现象如扩散等有很大的区别。

### （3）复合与转换

将异质、异性或异形的材料复合所形成的复合材料，可以具有组元材料所不具备的性能，这就是"复合"的效果。物理现象之间的转换是相当普遍的。人们利用这些现象，制备了许多功能材料或元件，如热电偶、光电管、电阻应变片、压电晶体等。复合材料的这种功能，称为复合的相乘效应。如对材料 A 施加 X 作用，可得到 Y 效应，则这个材料具有 X/Y 性能；如材料 B 具有 Y/Z 性能，则 A 与 B 复合之后就可能具有 X/Z 新的性能，其表达式为：

$$(X/Y)(Y/Z)=X/Z \tag{4.2}$$

例如：石墨粉粒与塑料复合制成的温度自控塑料发热体，已经用于石油化工管道的保温控制。控制原理是利用了塑料的受热变形及石墨的接触电阻因变形而改变的相乘效应。在这里，X 是热，Y 是变形，Z 是接触电阻。如将这种复合体与电源接通，则发热使塑料膨胀，从而使石墨的接触电阻增加，通过的电流就变小，复合体的温度降低。通过这些复合转换的联动作用，达到控制温度的目的。

### （4）主要与次要

在材料的众多性能中，必须根据具体情况，区分主要性能和次要性能。在一般情况下，首先要考虑材料的工艺性能，决定用什么方法生产材料和制造器件；其次是要满足材料或器件在使用时的力学、物理或化学等方面的要求。

材料主要性能和次要性能，在某些情况下是可以转变的。例如，某高温合金具有很好的高温力学性能及化学稳定性，但其锻造性比较差，这时工艺制造是关键问题，是主要问题。当通过研究，改用挤压、模锻、精铸等工艺后，克服了材料原采用锻造方法工艺性差的缺点，这样，工艺性就变成次要矛盾了。又例如，铸铁中的石墨形态对性能有很大的影响。灰口铸铁的石墨形态是片状，由于片状石墨分割了基体，灰口铸铁的力学性能得不到充分发挥，这时的片状石墨是矛盾的主要方面；通过工艺方法改变石墨的形态，石墨形态为团絮状，称为可锻铸铁，石墨割裂基体的状况大为改善；经过球化处理和孕育处理工艺后，就可得到球墨铸铁，这时的石墨是球状，基体是连续的。这样，基体的性能对整体的球墨铸铁性能有很大的贡献，基体的性能随着石墨形态的变化上升为矛盾的主要方面，因此可以通过各种热处理工艺来改变基体的组织结构，从而大大提高了球墨铸铁的性能。

### （5）常规与突变（纳米材料性能）

陶瓷材料在通常情况下呈现脆性，而由纳米超微粒子制成的纳米陶瓷材料却具有良好的韧性，这是因为纳米陶瓷材料有很大的界面。原子在外力作用下容易移动，因此表现出比较好的韧性与一定的延展性，使纳米陶瓷材料具有异常的力学性能。这就是目前在一些展览会上推出的所谓"摔不碎的陶瓷碗"。美国学者报道，$CaF_2$ 纳米材料在室温下可大幅度弯曲而不断裂，人的牙齿之所以有很高的强度，是因为它是由磷酸钙等纳米材料构成的。纳米材料的尺寸被限制在 100nm 以下，这是一个由各种限域效应引起的各种特性开始有相当大的改变的尺寸范围。当材料或那些特性产生的机制被限制在小于某些临界长度尺寸的空间之内时，特性就会改变。例如，在通常情况下，对于粗晶粒金属来说容易产生和移动位错，所以金属常常是延展性很好的。当晶体尺寸减小到其本身的应力不能再开动位错源时，金属就变得相当坚硬。人们观察到最小晶粒尺寸（6nm）的样品比粗晶粒样品（50μm）的硬度增加了500%，如图4.2所示。

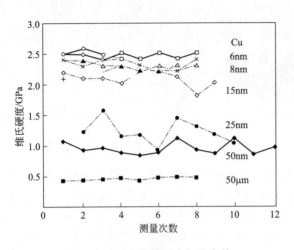

**图4.2　纳米铜样品维氏硬度与退火的粗晶铜样品硬度的比较**

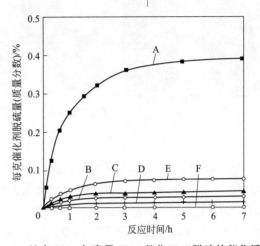

**图4.3　纳米 TiO$_2$ 与商用 TiO$_2$ 催化 H$_2$S 脱硫的催化活性**

A—纳米金红石结构比表面积 76m$^2$/g；B—纳米锐钛矿结构比表面积 61m$^2$/g；C—商业用金红石结构比表面积 2.4m$^2$/g；D—商业用锐钛矿结构比表面积 30m$^2$/g；E—商业用金红石结构比表面积 20m$^2$/g；F—Al$_2$O$_3$

与传统材料相比，纳米材料的化学活性也是相当惊人的。从图4.3可看出，纳米相的样品具有高得多的活性。随着纳米粒子尺寸的减小，比表面积明显增大，化学活性也明显增强。这种大大增强的活性是由纳米材料独特的并且可以控制的特性相互结合决定的。

# 4.2　结构稳定性与设计

## 4.2.1　材料结构的稳定性

一般情况下，材料中单相平衡结构都处于能量的谷值，与图4.4所示的情况相似。从图中我们比较容易理解材料结构稳定和亚稳定状态的相对状况。图中状态2及4都能稳定存在，它们都处于能量的低谷。不过，状态2的位能高于状态4，一般将状态4称为稳定态，而状态2称为亚稳态。状态1及3的位能还高于状态2，并且不位于能谷，叫作不稳定态。外力使状态2变到状态1或3，如外力比较小，则变到状态1，去了外力，则重心的力矩使状态1又回到原始态2；如外力足够大，使状态3的重心位于支点的右方，则重力的力矩使状态3转到稳定态4。因此，从亚稳态转到稳定态不是自发的，需要借助于某种激活过程克服如图 4.5 所示的激活能 $Q$。原子的迁移需要有激活能 $Q$ 才能使原子从原来位置 $A$ 经过 $B$ 位置移向另一位置 $C$，该激活能 $Q$ 是由热起伏，即能量起伏提供的。

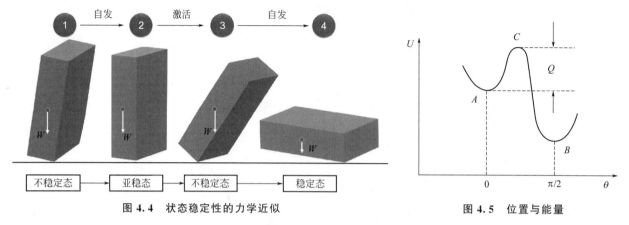

图 4.4　状态稳定性的力学近似　　　　　　图 4.5　位置与能量

因为结构的形成过程必须遵循其运动原理，由于动力学和结构学的原因，亚稳态是广泛存在的。例如，多晶体内有晶界，晶界能使系统的能量升高，但结晶过程、再结晶过程或重结晶过程常常是多处形核，就形成了大量的亚稳的多晶材料。我们所用的 Fe-C 相图，实质上是 Fe-Fe$_3$C 系的亚稳平衡相图。钢中残余奥氏体在室温是一种亚稳相，但它能长期存在。组织或结构的稳定性是指在一定条件下的相对稳定性程度。不稳定的因素是随环境条件而变化的。例如，晶粒大小是组织不稳定因素之一，在室温时晶粒细小能提高材料性能；而在高温时细小的晶粒相对是不稳定的，会长大。

## 4.2.2　材料结构的测定与表征

材料结构的测定和表征实际上有两个工作系统，一个是材料，一个是人。对于材料来说，输入是可见光及环境干扰，输出是反射波构成的图像；对于人来说，输入就是材料测试时所输出的图像信息，人们要利用所存储的知识来进行判断、表征，然后做出结论，即输出。这是材料结构测定方法的共性。

这两个工作系统的所有方法都有分辨力和环境干扰的问题。例如，我们用肉眼观察断口，可以确定某些钢的晶粒度、断口的脆性区百分数等。这样的方法，其特点是：借助于可见光入射在材料的断面上；从反射光获得断口的形貌图像；观察者从已有的知识对图像进行判断，做出结论；分辨力约为 0.1mm；断口上的外来物或其他环境因素对测定结果有干扰，而且人为的因素影响也很大。为了提高分辨力，从 $10^{-1}$mm 到原子的 $10^{-7}$mm 以及更小的电子，人们需要借助于仪器及人掌握的知识和思维。实际上科学知识的丰富和发展就是在知识和试验不断地相互作用下实现的，当然人的思维是关键。

化学组元含量的定性测定，最广泛应用的是化学分析，现在快速的物理方法，如光谱法、X 射线法等，逐步在取代传统的化学分析法。如需要了解各相或局部区域的化学成分，进行定位分析，有直接和间接两种方法。间接法是采用化学的或电化学方法分离要分析的相，再进行一般的或微量的化学分析，并且可用 X 射线法确定相的结构；直接法有示踪原子法、电子探针、离子探针、俄歇能谱等。电子探针是根据元素的 X 射线能谱（energy dispersive spectroscopy，EDS）进行分析，适用于原子序大于 11 的元素。利用入射电子的能量损失谱（electron energy loss spectroscopy，EELS 或 ELS）可以分析轻元素。这两种方法相辅相成，适用于 $10^{-9}\sim10^{-8}$m 的微区成分分析。利用俄歇电子谱（Auger electron spectroscopy，AES）可以分析表层的化学成分，但由于信号比较弱，只能做 $10^{-7}$m 区域的成分分析。

材料结构的排列方式有各种层次。不同的层次有不同的测定方法，适用于不同的场合和满足不同的要求。使用低倍光学显微镜可观察断口或剖面，是判断金属内部组织的一种简易的方法。从断口可了解结晶组织晶粒大小及形状、断裂类型等，从剖面可看到内部的宏观缺陷，如气孔、裂纹和夹杂物等，如剖面加以腐蚀，还可看到偏析、加工的纤维组织、表面处理的厚度等。如用高倍光学显微镜可观察到晶粒及各相的大小和形状，这是我们常用的测定方法，但其分辨力只能达到 $2\times10^{-7}$ m。更微观的层次 $10^{-10}\sim10^{-9}$ m，则需要用 X 射线和电子显微镜了。X 射线衍射法广泛地用于研究原子排列的晶体结构，例如晶体结构类型、点阵常数、织构、晶体缺陷、有序度等。电子波的波长更短，最适合于研究极薄层的内部结构。所以透射电子显微镜（transmission electron microscopy，TEM）在 $100\sim200$ nm 的薄晶样品中观察到了位错与层错的衍衬像。

对于通常意义上的微观组织结构的表征，有关参量很多，如第二相的形状、大小、数量和分布等；晶粒的大小、形状；夹杂物的类别、形状、数量等。

由于原子和电子的运动，为了表征这种运动特征，有许多的结构参量。例如，德拜温度是表征原子振动的一个重要参量，通过它可以计算原子的最高振动频率。表征电子平动的重要结构参量有禁区宽度及费米面形状。任何与电子运动有关的性能，都可以通过测定某些参量来推算材料内部的电子运动和电子结构。

纳米材料的发展与扫描隧道显微镜（STM）的研制成功有很大的关系。目前，以 STM 原理为基础，已经发展成一些微加工和检测的技术。STM 具有空前的高分辨率，它可直接观察到物质表面的原子结构图，从而把人们带到了纳观世界，它还可以实现原子、分子的直接操纵。在 STM 原理的基础上，又发明了一系列新型的显微镜，如原子力显微镜（AFM）、激光力显微镜（LFM）、磁力显微镜（MFM）等十多种。由于有了这些相当高分辨率的仪器，纳米材料结构各种参量的检测才能实现，新理论、新发现等成果才有可能不断地产生。

### 4.2.3 材料结构的设计与控制

我们知道，材料的性能取决于组织结构，而组织结构又主要取决于工艺。所以，了解材料的制备或加工工艺过程非常重要，可以通过工艺来控制组织结构。材料组织结构设计和性能预测都是材料设计的重要组成部分。不仅性能与结构相关，而且决定性能的过程也是在材料的结构中进行的。因此，结构问题是材料科学中的核心问题。结构设计是指从材料的组元，特别是化学组元来设计它们的排列方式的。在材料结构设计的发展过程中，既有基础学科的含义，也有技术学科的意义。前者试图建立化学成分与固体结构（包括金属、高分子、陶瓷材料的结构）之间的普遍关系；后者是为了改进材料的性能和保证工程结构的可靠性，从化学成分和固体缺陷来设计有用的结构、最优化的结构。

**（1）选择和改进**

根据设计的目的和要求的不同，设计方法也有很大的不同。常用的方法是选择和改进。如图 4.6 所示，其一般程序和思路为：

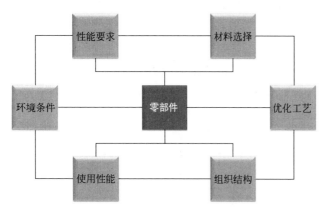

图 4.6  材料、工艺、结构、性能与环境的设计关系

① 根据工程结构的服役条件，提出零部件所使用的性能要求；

② 查阅有关资料，依据知识和经验初步选择材料；

③ 根据所选材料的基本知识，设计相应的工艺；

④ 检测微观组织，测试其性能；

⑤ 如测定结果达到了设计要求，则进行实际试验；

⑥ 根据失效分析，确定改进的技术方案。

零件过早失效的原因可能是多种多样的。可能是材料选择不当；可能是工艺方法不合理；也有可能是零件结构设计不科学，没有考虑其工艺性；也不排除零件的技术要求不合理。设计者只有了解材料在各种不同组织结构状态下的性能的物理本质，才能针对材料的服役条件准确地提出各种性能参数的具体数值，只有合理地设计工艺过程，才能获得所需要的组织结构。选择材料和设计工艺的最优原则是在满足性能技术要求的前提下，最大限度地发挥材料的潜力，同时所消耗的材料成本和加工成本又最低。由于材料的组织结构与性能的变化贯穿在冶金、制备、加工、处理及使用的全过程，所以选择材料和组织结构设计问题也是一个系统工程的问题。

**（2）研究与创新**

目前世界上兴起了新材料研究开发的热潮。这类工作具有应用基础研究的特点，既有明确的应用背景，又带有普遍意义基础性工作。各种新材料的研究在本质上就是各种新的宏观与微观结构的研究开发。通过研究，了解和掌握目前人类还没有认识的自然界中各种元素和物质的组合所形成的新组织、新结构，从而得到新的性能或功能，为人类所利用。最典型的是各种复合材料、仿生材料、信息电子材料等新材料的开发。随着各种纳米材料的兴起，人们对纳米结构和所具有的特殊性质以及其制备技术也进行了深入的研究，取得了许多创新的成果。

纳米复合结构分为纳米/纳米复合结构和纳米/微米复合结构。后者包括晶内复合、晶间复合和晶内晶间混合复合三类，如图 4.7 所示。纯粹的纳米材料现阶段制备技术还有很多困难。纳米复合材料实际上是一种纳米粒子增强微米基体的复合材料。例如，在陶瓷材料中，由于基体对纳米粒子的约束和隔离，使其烧结时不容易长大。纳米复合材料制备工艺相对简单，材料性能优异，特别是由于纳米离子对基体晶粒滑移、

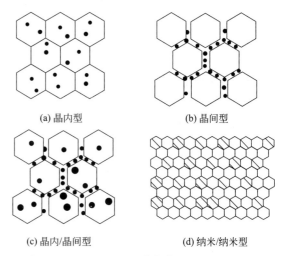

(a) 晶内型    (b) 晶间型

(c) 晶内/晶间型    (d) 纳米/纳米型

图 4.7  纳米复合结构

转动的阻碍，使得这种材料性能可以保持到很高的温度。$SiC(nm)/Si_3N_4$ 纳米复合材料是一种典型代表，其 1300℃ 高温强度可达到 1200MPa 以上。最近的研究表明，$h-BN(nm)/Si_3N_4$ 纳米复合材料不仅

具有优良的力学性能，而且可以切削加工。纳米复合结构是提高材料力学性能、延长使用寿命的有效设计手段。

原位自生复合相结构已经在许多金属材料中得到研究和应用。通过工艺控制因素，既可生长出比较大的长径比的晶粒，起到类似晶须增强的作用，又可形成两（多）相复合材料。前者如氮化硅基体，经过工艺控制可生长出长径比为 10 的晶粒；后者如从 Y-Si-Al-O-N 相图中的 α′和 β′ Sialon 的共存相区获得兼有两相特性的复相陶瓷。研究表明，优良的性能来源于复相结构的组织约束作用显著阻碍了裂纹的扩展。

在材料结构设计思路与方法方面，先做一些简要的介绍。

# 4.3　结构与性能的系统分析

材料是一种系统，材料的性能就是系统的功能，也就是系统的输出。而影响材料性能的外界条件，便是系统的输入。因此，我们可以应用系统功能的分析方法和观点来进行研究。主要方法有黑箱法、相关法、过程法和环境法。

## 4.3.1　黑箱法

材料科学中，有许多问题人们还不了解其过程或相互关系的机理。当内部结构或过程不能或不便了解时，为了研究只能从外部来认识过程，可采用黑箱法。黑箱法又称为系统辨识。由于不知道其内部的变化或结构，认为它是一个"黑箱"，从输入和输出的实验数据来理解性能或结果。如输入为 $X$，输出为 $Y$，从实验可确定：

$$Y = Kf(X) \tag{4.3}$$

式中，$K$ 称为传递函数。从表 4.2 所示的几个熟悉的例子可以看出，传统上我们是从 $K$ 去理解弹性模量 $E$、电阻 $R$ 及热膨胀系数 $\alpha$ 的。

表 4.2　利用黑箱法分析材料性能 $[Y = Kf(X)]$

| 现象 | 输入($X$) | 输出($Y$) | 关系式 | $K$ | 性能 |
|---|---|---|---|---|---|
| 弹性变形 | $\sigma$ | $\varepsilon$ | $\varepsilon = \left(\dfrac{1}{E}\right)\sigma$ | $\dfrac{1}{E}$ | $E$ |
| 导电 | $V$ | $I$ | $I = \left(\dfrac{1}{R}\right)V$ | $\dfrac{1}{R}$ | $R$ |
| 热膨胀 | $T$ | $L$ | $\Delta L = \left(\dfrac{\alpha}{L_0}\right)\Delta T$ | $\dfrac{\alpha}{L_0}$ | $\alpha$ |

黑箱法的特点是：

① 一定的适用范围。应用黑箱法所确定的关系式，要注意它们的适用范围。例如，表示应力-应变的虎克定律只适用于弹性变形的范围；当电压很高时，反映电压-电流关系的欧姆定律也需要修正。

② 物理意义不明确。一般来说，所得到的关系式无明确的物理意义。黑箱法只能表象地"解释"问题，在一定范围内它能提供输入与输出之间的定量关系。

③ 难以分析影响因素。它不能提出传递系数或性能的物理意义及影响因素，更不能提出改变性能的措施。

④ 一般是用归纳法得到关系式。

### 4.3.2　相关法

众所周知，材料的组织结构与性能之间有着有机的对应关系。对于所研究的性能 $\sigma$，在已有理论的指导或大量实验数据的启示下，寻求与 $\sigma$ 有关的结构参量 $S_i$，然后建立 $\sigma$ 与 $S_i$ 之间的经验关系式：

$$\sigma = f(S_i) \qquad i = 1, 2, \cdots, n \tag{4.4}$$

通过该关系式可以从 $S_i$ 计算 $\sigma$，并且可通过工艺来改变 $S_i$，从而控制 $\sigma$。材料研究者通常用这种相关法来总结性能与结构之间的有机关系。例如，Hall-Petch 关系式就是大家熟悉的晶粒尺寸与强度关系的表达式。其表达式为：

$$\sigma_S = \sigma_0 + k_y d^{-1/2} \tag{4.5}$$

式中，$d$ 是晶粒尺寸；$\sigma_0$ 和 $k_y$ 是从实验确定的系数。根据上式，人们可通过细化晶粒来提高材料的屈服强度 $\sigma_S$。关系式的相关系数采用统计分析法求得。这类问题又称为灰箱问题或参数辨识。相关法的特点是：

① 它是在已有的理论指导下或已有的实验数据的启示下进行相关处理的；

② 应用统计分析方法得到相关系数，应提出相关关系的可信度；

③ 相关关系式可为性能控制方法提供选择的基础，也可为理论分析提供依据；

④ 相关关系式有一定的物理意义。

### 4.3.3　过程法

相关法解决材料性能的现象问题，过程法则是深入到现象的本质问题。过程法又称为分析法，这是由理论推导出物理或数学模型，由机理本质去研究过程是如何进行的方法。

相关法和过程法是相辅相成的，这符合人对自然客观规律的认识运动。过程法需要依赖并说明大量的相关法研究的结果；而过程法的研究结果，不仅可加深对相关经验规律的理解，区分相关的真假与性质，也可为解决材料性能的问题，提供新的有效的措施和途径。例如，Hall-Petch 关系式开始是由相关法建立的，随着科学的发展，后来根据位错理论用过程法推导得到了该关系式系数的表达式，使相关系数有了明确的物理意义：

$$\sigma_0 = m\tau_0 \tag{4.6}$$
$$k_y = m^2 \tau^* r^{1/2} \tag{4.7}$$

式中，$m$ 是取向因子，滑移系越多，$m$ 越小；$\tau_0$ 是基体对位错运动的摩擦阻力；$\tau^*$ 是开动位错源所需的临界切应力；$r$ 是位错源与位错塞积处的距离。

### 4.3.4　环境法

各种环境（化学的、热学的、力学的等）因素对于材料性能的影响有以下两种类型。

① 弱化：材料在环境条件的使用过程中，强度等材料的性能不断地下降，使原来的安全设计变得不安全，可能发生材料的失效。

② 强化：材料从环境中消耗物质或能量，形成耗散结构，从而使强度等性能提高，增加了安全度，即强度等材料性能随着时间而越来越高于原来的状态。表 4.3 列出了材料使用中的一些实例。

**表 4.3　物质或材料的耗散结构实例**

| 序号 | 物质或材料 | 环境作用 | 耗散结构 |
|---|---|---|---|
| 1 | 高锰钢 | 力的摩擦和冲击 | 加工硬化及相变 |
| 2 | 不锈钢 | 含氧的化学介质 | 钝化膜 |
| 3 | 相变诱发塑性钢 | 外力 | 相变结构 |
| 4 | $ZrO_2$ | 外力 | 相变结构 |
| 5 | 发汗材料 | 热 | 蒸发气 |
| 6 | 消振材料 | 声 | 消振结构 |
| 7 | 钢铁 | 水介质及外加电流 | 阴极保护结构 |
| 8 | 水 | 温差 | Benard 水花结构 |
| 9 | 液态金属 | 温差,压差 | 凝固结构 |
| 10 | 固体 | 激光或粒子源 | 玻璃态 |
| 11 | 熔岩 | 温差,压差 | 成矿结构 |
| 12 | 固体 | 外力 | 位错结构 |
| 13 | 固体 | 外力 | 裂纹结构 |

材料使用的环境适应性、可靠性评价和寿命预测方法见 5.3 节。

# 4.4　材料结构的自组织与仿生

自然界的生物材料都具有复合结构，是天然合理的结构和形态。比较系统的现代仿生研究是从 20 世纪 60 年代开始逐步活跃起来的，材料仿生相对比较晚些。近年来国外出现"bio-inspired"一词，意思为"受生物的启发"而研究的材料或进行的过程。生物材料的优良特性为复合材料的设计展示了诱人的前景。

## 4.4.1　材料的耗散结构

长期以来，不同领域的科学家注意到，在生命系统和非生命系统之间表现出似乎不同的规律。非生命系统通常服从热力学第二定律，系统总是自发地趋向于平衡和无序，熵值达到最大。系统可以自发地从有序到无序，但决不会自发地转到有序，这就是系统的不可逆性和平衡态的稳定性。生命系统与此不同，生物总是由简单到复杂，由低级到高级，越来越有序，能自发地形成有序的稳定结构。这两类系统的矛盾现象长期没有得到解决。诺贝尔奖获得者 Prigogine 于 1970 年在国际理论物理和生物学会议上正式提出了耗散结构（dissipative structure）理论。所谓的耗散结构是指从环境输入能量或（和）物质，使系统转变为新型的有序状态，即这种形态依靠不断地耗散能量或（和）物质来维持。

非生命系统，这里主要指无生命的材料，热力学第二定律的观点认为它们是一个孤立系统，即它们与环境没有能量和物质的交换，通常可以用下列函数关系来表达：

$$P = f(C, S, M) \tag{4.8}$$

式中，$P$ 为材料的服役性能；$C$ 为材料的成分；$S$ 为材料的结构；$M$ 为材料的组织形貌。因此，它们的系统内部就不可能呈现生命的活性。如果通过众多的通道，例如化学的、物理的以及生物的手段为材料提供物质和能量的输运，就可以用下列函数关系来表达材料的仿生设计：

$$P = \varphi(C, S, M, \theta) \tag{4.9}$$

式中，$\theta$ 为环境变量，它意味着环境向材料提供能量和物质就可使"死"的材料变成"活"的材料。根据这种启发，现在提出了金属材料疲劳及性能恢复的仿生设计，模仿生物的机能恢复和创伤愈合，向服役的材料施加高密度电流脉冲，使其疲劳寿命等显著提高。

材料的制造及使用过程一般都不是一个孤立系统，应用耗散结构的概念，可以解释许多材料科学中已知的现象，并且能给人以新思路的启示。如表 4.3 所示。

高锰钢由于在使用过程中形成了马氏体及大量的层错，所以具有很好的耐磨性。而且表面硬化层被磨损后，次表层在外力作用下不断地被硬化，材料内部仍然是韧性非常好的奥氏体，如此"前赴后继"的特性，使高锰钢在矿山、建筑、煤炭等行业有着广泛的应用；不锈钢只在氧化性介质中，由于环境提供氧而在不锈钢表面形成钝化膜保持不锈性；相变诱发塑性钢由于环境提供机械能，在裂纹尖端形成马氏体，可以显著降低应力集中，从而提高钢的韧性。对于氧化锆陶瓷增韧也是同样的原理；发汗材料利用环境的热能使某些组元气化，从而提高材料的耐热性能；消振材料是利用环境的机械能引起不同内界面的大量移动而减少振动的；钢铁在水介质中的阴极保护是由于从环境提供电能，在钢铁材料表面形成富集电子从而阻止阳极溶解的结构。

## 4.4.2　材料结构的自组织现象

自组织理论是系统科学的核心理论。自组织理论是指"一个系统的要素按照彼此的相干性、协同性或某种默契而形成特定结构与功能的过程"。自组织过程不是按系统内部或外部指令完成的，而是系统各要素协同运动的结果。自组织理论所描述揭示的耗散结构、协同、循环、突变等过程，从不同侧面科学而深刻地揭示了系统从无序走向有序的条件和机理，以及在远离平衡条件下系统形成有序结构的过程。自然界中系统的演化、物质结构的形成或有序化都是自组织的。自组织必须具备一定的环境和条件：①开放系统；②远离平衡态；③有随机性涨落；④非线性相互作用。

材料的处理、加工过程可以说是自组织的。它是一个开放系统，与外界发生能量或物质交换；将钢铁材料进行加热或冷却，其过程一般都是偏离平衡态，具有一定的过热度或过冷度，相变过程才能自发地进行；涨落或起伏是对系统稳定状态的偏离，材料变化过程中总是有浓度起伏、结构起伏、能量起伏、成分起伏等；非线性的作用可以把微小的"涨落"迅速放大而形成新的结构，结构涨落、浓度涨落等的迅速放大就形成了新相晶核，从而发生相变。如奥氏体形成、珠光体分解、贝氏体转变和马氏体相变等都是系统自由焓非线性变化的结果，都是一个涨落、形核、新相长大的自组织过程。根据不同的外部条件和内在因素，系统自己"能动"地组织而形成各种各样组织结构形态。如珠光体组织有片状、细片状、粒状、针状等多种子形态；马氏体有板条状、片状、蝶状、薄板状、薄片状、凸透镜状等，这些都是材料系统自组织的杰作。

十多年来有关自组织理论的研究对材料科学产生了相当大的影响。材料科学中的反应-扩散相变过程，材料疲劳过程产生的驻留滑移带的位错反应-扩散模型，受中子、质子等高能粒子辐照材料中结构的变化等都属于材料自组织现象。

　　材料的自组织现象也称为自适应性。生物品种的存在取决于它们的动态能力，这些能力是自己养育（新陈代谢）、自诊断、自修复、自调整、自繁殖等，这些能力的产生是为了适应环境的变化，所以通称为自适应。在材料中也有类似的现象。这种功能在材料科学中被归纳为所谓的"S特性"，即自诊断（self-diagnosis）、自调整（self-tuning）、自适应（self-adaptive）、自恢复（self-recovery）和自修复（self-repairing）等。图4.8中的曲线1，如应力和强度的分布是正态分布，开始时虽然有一定的安全裕量，但随着时间的延长，由于腐蚀、磨损、疲劳等原因，材料的强度不断下降。当这种下降超过一定的极限时就会断裂，此时对应的时间就是寿命。材料是否有自适应的能力，在某些情况下是有的，如曲线2的情况。实际生活中，就能见到许多材料自适应的实例。铝锅和不锈钢餐具都具有自修复的功能，因为它们的表面被氧化或被刻画出沟槽后，次表层的材料会迅速氧化形成与表面一样致密的耐高温抗氧化层，从而对内部材料起到了保护作用。光致变色材料包括玻璃、高分子材料等，由于光引起的可逆结构变化，因而颜色也发生可逆变化。这种特性可应用于防辐射、光化学开关、数字显示、可擦除的光信息存储、防伪、装饰等。如充分利用这些材料的特殊功能，就可使材料发挥很好的智能作用。

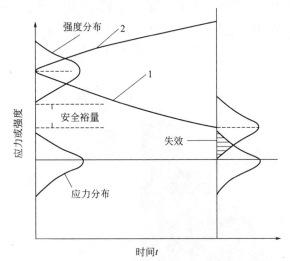

**图4.8　材料的应力或强度与时间关系的模型**

1—强度退化曲线；2—强度进化曲线

### 4.4.3　智能结构与属性评定

　　不少材料对环境能产生自适应响应。为了判断材料结构自适应能力的大小，提出了材料机敏度和结构智商的概念。构成材料机敏度的关键在于材料结构的感知功能和驱动功能。材料所能识别和感知到的环境变量数目以及随之作出的响应能力，来自机敏材料的物理和化学参数的选择和评定，如准确性、灵敏性、重复性和持久性等均可用于评价机敏材料的机敏程度。最近，人们开始用材料的机敏度 MSQ（material smartness quotient）来评价和表征材料的机敏程度。他们选择了一些机敏材料与生物体的核糖核酸（RNA）和脱氧核糖核酸（DNA）进行比较。把最具有机敏度的 RNA、DNA 的材料机敏度 MSQ 定为 1000，则蛋白质、形状记忆合金等材料的机敏度可用图 4.9 表示。

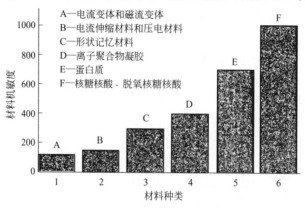

图 4.9    不同材料的机敏度比较

智能结构和材料除具有机敏材料的属性外，本身还应具备某种控制功能。它表征系统对外界环境变化做出动态响应的能力，而且这种响应应该具有可持续性和可重复性，在响应过程中系统能维持稳定的状态。这种能力的高低往往是由系统的信息积累、识别（学习能力和预见性）和反馈所组成。所以，在评价材料结构的智能属性时，不仅仅要根据材料所能探测和感知到的环境变量的数目、强度和速度等，还需要考虑系统本身控制能力呈现出来的动态响应能力。这就是结构的智商 MIQ（material intelligence quotient）。同样，人们选择细胞作为一类最具智能的结构，将其智商 MIQ 定为 1000，则 RNA、DNA、蛋白质、病毒等的智商可用图 4.10 表示。

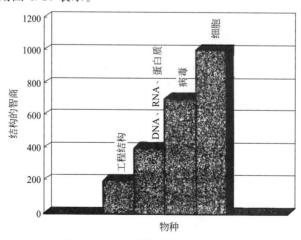

图 4.10    不同结构的智商 MIQ 比较

在图 4.9 中列出的机敏材料中，形状记忆合金和压电陶瓷均为机敏度比较高的材料。形状记忆合金驱动组元，一般是附在结构表面或复合于材料中。当将能量输给驱动器时，驱动器能像肌肉一样收缩，抵抗施加的载荷，又能像人的关节，既是活动的，又可以旋转，还能像人的肌肉平行骨架一样与结构保持平衡。

当然，迄今为止，材料的机敏度和结构的智商还只是个概念，目前尚未确定其内涵，也并无统一的定量计算方法，但它们的提出很有新意。随着智能材料和智能结构的不断发展，材料的机敏度和结构的智商将可能成为衡量材料智能化的判据。智能材料和智能系统也是国际上研究开发的热点之一。这也就是材料和结构系统智能化的关键。智能材料一般都是复合材料。突破的关键是复合、合成工艺技术，从微观上开始设计，到宏观上智能化的功能，其合成系统如图 4.11 所示。

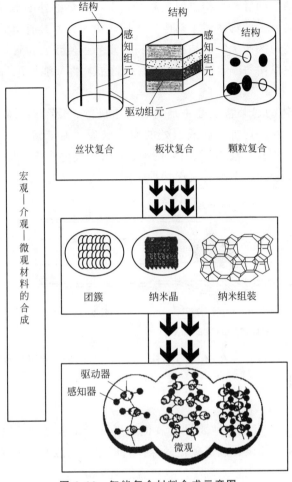

图 4.11 智能复合材料合成示意图

## 4.4.4 材料结构的仿生

### (1) 生物材料结构的优良特性

生物材料最显著的特点是具有自我调节功能，就是说作为有生命的器官，生物材料能够一定程度地调节自身的物理和力学性质，以适应周围环境。有些生物材料还具有自适应和自愈合能力。所以，如何从材料科学的观点研究生物材料的结构和功能特点，并且用以设计和制造先进复合材料，是当前国际上材料科学研究的一大热点。生物材料具有许多优异的性能：

① 生物材料的复合特性　生存下来的生物，其结构大多符合环境的要求，并且达到了优化的水平。组成单元的层次结构在植物界和动物界都比较普遍。植物细胞和动物骨骼都可视为生物材料的增强"纤维"；木材的宏观结构是由树皮、边材和心材组成的复合材料，而微观结构由许多功能不同的细胞组成。

竹子和木材的组元是一些先进的复合材料。在有关因素中，纤维的体积分数、纤维壁厚以及微纤维丝中的取向角与这种生物材料的刚度和强度关系最为密切。

② 生物材料的功能适应性    生物的器官对其功能的适应性只能由实践进化而来，而自然进化的趋势是用最少的材料来承担最大的外力。动物的骨骼承担主要的载荷，即使骨骼的外形不规则并且内部组织分布不均匀，但是骨骼可将高密度和高质量的物质置于高应力区域。由于树木具有负的向地性，通常是挺直生长，一旦树木倾斜，就会在高应力区产生特殊结构，使树干重新恢复正常位置，这说明树木具有某种反馈功能和自我调节能力。竹子在纵向每隔大约 10cm 处有一竹节，竹节能增加竹子的刚度和稳定性。

③ 生物材料的自愈合性    生物有机体的显著特点之一是具有再生机能，受到损伤破坏后，机体能自行修补创伤。图 4.12 是骨的自愈合过程。骨折断后断裂处的血管破裂，血液流出并形成血肿 [图 4.12(a)]，然后成为血凝块，初步将裂口连接；接着形成由新生骨组织组成的骨痂 [图 4.12(b)]；最后在成骨细胞和破骨细胞的共同作用下将骨痂逐渐改造成正常骨 [图 4.12(c)]。

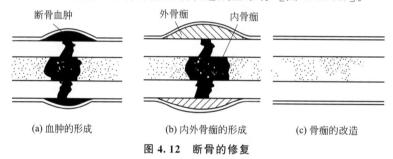

(a) 血肿的形成    (b) 内外骨痂的形成    (c) 骨痂的改造

**图 4.12    断骨的修复**

根据生物材料的结构和功能的特性，人们已经在材料的结构仿生、功能仿生和过程仿生等方面开展了大量的研究工作，也取得了不少的成果。

**(2) 材料结构与功能仿生实例**

① 自愈合抗氧化仿生    材料在空气中不可避免地要发生氧化反应，氧化也是自然损伤的一种。在常温下一些氧化反应自由能小于零的物质，如碳化硅、碳化硼等，它们之所以能够稳定存在，是因为表面生成了致密的氧化物保护膜，阻止了氧的输入，实现了"自愈合"抗氧化。多层涂层、梯度涂层虽然可以做到消除热应力所引起的裂纹，但是当涂层受到外界机械损伤后，很容易失去抗氧化的功能。为了克服该缺点而实现碳材料整体抗氧化目的的方法可见图 4.13。当陶瓷/碳复合材料处于高温氧化性环境中时，表面的碳首先氧化，形成由陶瓷颗粒组成的脱碳层；脱碳层中的陶瓷颗粒同时不断被氧化，一方面消耗向材料内部扩散的氧气，另一方面体积增大或熔融浸润整个材料表面，使氧气的扩散系数逐渐减小。碳材料的自愈合抗氧化，就是通过弥散在基体中的非氧化物陶瓷颗粒氧化成膜来实现的。在高温氧化环境下，氧气通过陶瓷颗粒边界和空隙向碳材料内部快速输运，继而减慢为通过致密玻璃层做分子扩散，这一过程被称为碳材料的自愈合抗氧化。非氧化物的组分、组成及粒度的选择极其重要。碳化硅和碳化硼是常用的陶瓷组分，$B_4C$ 氧化后生成 $B_2O_3$，在 550℃ 以上呈液态，能够很好地浸润并覆盖在碳材料的表面，起到防止氧化涂层的作用。$B_2O_3$ 保护膜的缺点是在 1000℃ 以上特别是在有水蒸气存在时，容易生成硼酸而大量挥发。加入碳化硅，在 1100℃ 以上氧化生成 $SiO_2$，可以提高碳材料高温抗氧化的能力，它能够与 $B_2O_3$ 生成复相陶瓷，防止 $B_2O_3$ 的过分蒸发。

陶瓷/碳复合材料抗氧化自愈合过程原理如图 4.14 所示。高温环境下，氧气由通过陶瓷颗粒边界和空隙向碳材料内部快速输运，转变为通过致密玻璃相向材料内部分子扩散的过程，也就是碳材料实现自愈合的过程。材料设计中，要求这一过程在典型气氛中经历的时间越短越好。愈合周期的长短也是重要

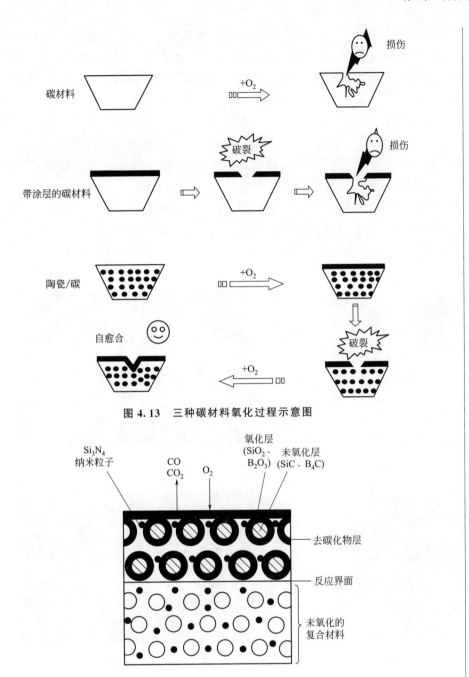

图 4.13 三种碳材料氧化过程示意图

图 4.14 陶瓷/碳复合材料抗氧化自愈合过程原理

指标。以 SiC、$B_4C$ 微米级颗粒为主的陶瓷相，以 SiC、$Si_3N_4$ 纳米粉为添加剂组分，制备了一系列陶瓷/碳复合材料，并验证了它们在 $873\sim1573K$ 的氧气流中的氧化行为。

到目前为止，还没有找到能够满足从中温到高温都实现自愈合抗氧化的陶瓷组分。现在，$B_4C$-SiC 是最好的组合，其最大的缺点是在 $900\sim1100℃$ 间因为 $B_2O_3$ 的蒸发及 $SiO_2$ 仍呈固态而生成的玻璃相中存在大量气孔，所以在这温度范围内容易产生比较大的失重。有人添加其他第三相，但效果不理想。

② 超疏水材料的结构仿生　浸润性是固体表面的重要特性之一，它是由

表面的化学组成和微观结构共同决定的。荷叶"出淤泥而不染",植物叶子表面的自清洁效果引起了人们的很大兴趣。有人研究发现,荷叶表面微米结构的乳突上还存在纳米结构,这种微米结构与纳米结构相结合的阶层复合结构是引起表面超疏水性的根本原因,而且,如此所产生的超疏水表面上具有比较大的接触角及比较小的滚动角。接触角和滚动角是衡量固体表面疏水性的两个重要参量。图 4.15 是荷叶表面大面积的扫描电镜照片,图 4.16 是荷叶表面单个乳突高倍放大照片。乳突的平均直径为 5~9μm,水在该表面上的接触角和滚动角分别为 (161.0±2.7)°和 2°,每个乳突是由平均直径为 (124.3±3.2)nm 的纳米结构分支组成。这样的结构,特别是微米乳突上的纳米结构对超疏水性起了重要的作用。

根据这一发现,制备了同时具有高接触角和低滚动角的类荷叶状 ACNT 膜,图 4.17 表示类荷叶状 ACNT 膜的俯视图。由图可见,乳突的平均直径以及它们之间的平均间距分别为 (2.89±0.32)μm 和 (9.61±2.92)μm。图 4.18 为具有纳米结构的单个乳突高倍放大照片,其中纳米管的平均外径为 30~60nm。研究表明,这一膜表面的接触角约为 160°,滚动角约为 3°。

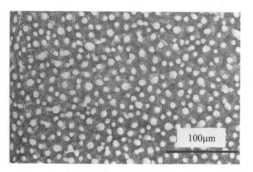

图 4.15　大面积荷叶表面的 SEM 图

图 4.16　图 4.15 中单个乳突高倍放大的 SEM 图

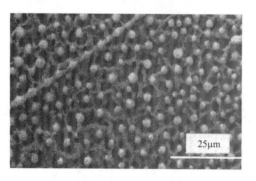

图 4.17　类荷叶状 ACNT 膜 SEM 俯视图

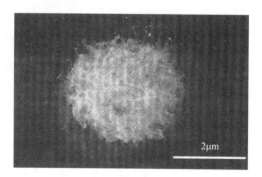

图 4.18　图 4.17 中单个乳突高倍放大的 SEM 图

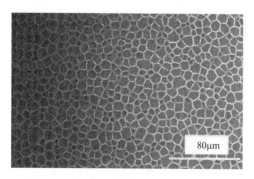

图 4.19　大面积蜂房状 ACNT 膜 SEM 图

图 4.20　水滴在类荷叶状 ACNT 膜表面的滚动行为

另外，还制备了具有不同图案结构，如蜂房状、岛状、柱状的阵列碳纳米管膜，它们都是既具有微米结构又具有纳米结构。图4.19是蜂房状阵列碳纳米管膜的大面积形貌，蜂房的平均直径为$3\sim15\mu m$，根据TEM测量结果，这些蜂房是由中空的多壁碳纳米管组成，单个碳纳米管的平均直径约$25\sim50nm$。图4.20表示水滴在类荷叶状阵列碳纳米管膜表面的滚动行为，水滴在表面上极不稳定，稍微抖动一下就可以使它快速滑落而不在表面留下任何痕迹。

各向异性也是图案结构表面的重要特征之一，近年来吸引了许多研究者。对于植物来说，水滴可以在荷叶表面的各个方向任意滚动，但是发现在水稻叶表面存在着滚动的各向异性，这一现象被认为是由于表面微米结构乳突的排列影响了水滴的运动而造成的。研究证明，水稻叶表面具有类似于荷叶表面的微米与纳米结构相结合的阶层结构，但是，在水稻叶表面乳突沿着平行于叶边缘的方向排列有序，而沿着垂直方向呈无序的任意排列。所以水滴在这两个方向的滚动行为也就不同。

利用紫外线诱导产生的超亲水性的$TiO_2$表面，其接触角为$0°$。这种超亲水性材料已经成功地被用作防雾及自清洁的透明涂层来使用。用普通高分子材料制备类似于碳纳米管阵列的结构，成功地制备了具有超疏水性表面的聚丙烯腈纳米纤维；用双亲性聚合物分子，即聚乙烯醇，所制得的纳米纤维也具有超疏水的特性。在制备聚合物纤维方面在尺寸和性能上都取得了突破性进展，为制备无氟、可控的超疏水材料研究提供了新的理论及实践依据。目前开展了一系列产业化工作，超疏水和超双疏性质已经用于织物的表面处理。超疏水性表面一般是指与水的接触角大于$150°$的表面，它在工农业生产和人们的日常生活中都有着极其广泛的应用前景，例如它可以用来防雪、防污染、抗氧化等。

③ 仿生纤维复合结构设计　木材是自然界中非常典型的复合纤维。木材中的纵向细胞由呈螺旋形的纤维细胞以不同螺旋角度和木质素结合而成。这种木材组织的表面结构和化学成分的自然性对指导我们设计提高复合材料的性能非常有用。木材中大量的纤维片段、密集的纤维隔膜与纤维中呈定向分布的显微纤维相互作用，对提高木材的强度和韧度有非常重要的作用。一些特殊的特征如中空组织和节点的存在（如竹）对于植物利用最少的材料获得最优的坚韧性和稳定性有非常重要的作用。随着节点数的增加，在垂直于纤维方向的破裂强度和拉伸强度大大提高。节点中的脉管束方向与经线轴垂直，拉伸强度在节点处会稍微下降。但是由于节点处的组织胀大的原因，总的承载能力增加了，且保证组织在受到外部压力时不会碎裂。树木由于地向性而竖直向上生长；一旦树干偏离了正常的位置，在高应力区域就会产生附加的组织元素，使树干重新回到正常的位置。树木中的这种应力感应机制的研究至今还未得出定论。

现在人们从这种思路出发研究合成陶瓷和其他复合材料，来得到类似于这种生物材料的微观结构。也可以此来制造具有一定梯度的组织和特性材料，这样连续渐变的材料就替代了大量的连接点。

天然竹材就是典型的长纤维增强复合材料，其增强体——纤管束分布不均匀，外层致密，体内逐步变疏。竹纤维中包含多层厚薄相间的层，每层中的纤维丝以不同的升角分布，相邻层间升角渐变，避免了几何和物理方面的突变，因而相邻层间的结合大为改善。竹材的结构符合以最少的材料，发挥最大效能的原理。通常在厚层中，纤维与轴的夹角为 3°～10°，而薄层为 30°～45°。

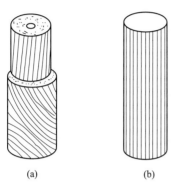

**图 4.21　纤维增强复合材料的仿生模型和传统复合材料中一束纤维模型**

纤维增强复合材料增强体的仿生模型见图 4.21(a)。传统的纤维增强复合材料，纤维通常成束出现，见图 4.21(b)。仿生模型改进之处表现在三个方面：空心柱、纤维螺旋分布、多层结构。由解析计算可知，增加外层厚度能使正向刚度少量降低，但切向刚度大幅度提高，而螺旋纤维复合材料的冲击韧性远高于平直纤维的冲击韧性。

在实验研究人造分形树结构型纤维时，观测到纤维拔出的力和能量随分叉角变大而增高。这一理论模型来自模仿土壤中的树根和草根，正像为了加固河岸和堤坝而植树、种草一样。以这种类型的纤维增强的复合材料比平直纤维增强复合材料的强度和断裂韧性均高。但平直纤维增强复合材料的强度和断裂韧性不可能同时提高。因此该项研究对于指导纤维的设计十分重要。

纤维对复合材料断裂功的贡献为纤维拔出能的平均值，于是纤维的拔出能越大，纤维对复合材料断裂韧性的贡献越大。而纤维的分叉可增加纤维的拔出力和拔出能，因此分形树结构的纤维可以提高复合材料的断裂韧性。

④ 仿骨结构设计　骨是一种生物矿物材料。它由低密度多孔渗水组织材料组成，却有高的力学性能。目前普遍的观点认为骨是一种复合材料，其主体格架为纤维状结构，其中充填了纳米级板状片状的无机晶体，因此它可看作是无机纳米材料增强的有机-无机复合材料。骨的强度比以陶瓷相为主的材料高很多，有机相是增加强度的主要原因，骨的独特的多级结构特征使其具有极其优越的高强度、高韧性等力学性能。所以我们可以根据骨的特殊结构，在无机物框架中填充有机物晶片，增强材料的性能。骨除了具有像竹子的外强里弱的结构外，骨骼的两端都有哑铃状粗大的圆头，经应力分析，端部圆头具有增加抗拉性和与肌肉联结的效能，不仅增加抗拉强度，也增加断裂韧性。试验表明，哑铃状短纤维比平直短纤维复合材料具有更高的抗拉强度与断裂韧性。经理论分析得出：随着端头半径的增大，哑铃状短纤维可以显著减少纤维端部的界面剪应力，使材料的承载性能较少地依赖界面的黏结。

⑤ 仿生陶瓷材料设计　一般材料的强度与塑韧性是相互矛盾的，但是贝壳却达到了强、韧的最佳配合，它又被称为摔不坏的陶瓷，这当然与其独特的微观结构密切相关。珠母贝材料是由"砖"和"泥浆"堆砌而成，"砖"就是多角形霰石（aragonite）平板晶体，主要成分是矿物质——碳酸钙，体积分数约为 95%；"泥浆"是由多糖（polysaccharide）与蛋白质微纤维组成，体积分数只有 5%。贝壳生长过程中，将霰石（碳酸钙）沉淀在有机质基体上，形成层状结构。断裂试验和断裂表面分析表明，这种贝壳的平行于横断面的断裂面呈阶梯状。裂纹的频繁偏转不仅造成了裂纹扩展路径的延长，而且促使裂纹从应力状态有利的方向转向不利方向，从而裂纹扩展阻力明显增大，基体因而得到韧化。同时珍珠层发生变形与断裂时，有机质发生塑性变形，从而降低了裂纹尖端的应力强度因子，增大了裂纹的扩展阻力。它的主要韧性机制是裂纹拐折、纤维拔出和基体桥联。霰石晶体片的滑动与有机体的塑性变形是它的主要塑性机理，它有很好的断裂韧性。根据对珍珠层进一步的研究，我国学者设计了 $Al_2O_3$/芳纶纤维增强环氧树脂叠层仿珍珠层复合材料。材料三点弯曲实验表明，这种仿珍珠层结构的断裂功比对应的陶瓷提高了两个数量级。

鲍鱼的食物只是海水中的碳化钙，而研究人员在电子显微镜下观察发现正是由于这一层层的碳化钙才使鲍鱼具有了极为坚硬的外壳。极有规律排列的碳化钙靠化学键结合起来，决定了鲍鱼壳的坚硬性，而由于这层碳化钙能在有机蛋白质上滑动，所以鲍鱼外壳虽然硬但并不脆，很有韧性，能在变形变态之时也不破裂。研究人员模仿鲍鱼壳的微观结构，将铝分子充满在碳化硼分子之间，已初步研制成功新型的陶瓷材料，除了既坚硬又柔软以外，还可以感测并适应周围环境的变化。

⑥ 仿生纳米材料和仿生涂层材料设计　纳米材料（颗粒直径 1~100nm）以其体积效应和表面效应显著区别于一般的颗粒和传统的块体材料。现在人们通过对生物矿化的研究后得出了一个非常重要的结论，就是有机分子可以改变无机晶体的生长形貌和结构。这个发现提供了强大的工具用来设计和制造新的材料。例如，制备纳米材料的仿生方法可以采用有机分子在水溶液中形成的逆向胶束、微乳液、磷脂囊泡及表面活性剂囊泡作为无机底物材料的空间受体和反应界面，将无机材料的合成限制在有限的纳米级空间，从而合成无机纳米材料。

纳米复合材料广泛分布于生物系统，其中研究最多的是贝壳珍珠层——由文石和生物聚合体相间排列构成的定向涂层。这种纹层结构赋予珍珠层高的强度、硬度和韧性，含 1%（体积分数）聚合物的珍珠层其硬度和韧性分别为原组分的 2 倍和 1000 倍。珍珠层的这种优异特性鼓舞化学家和材料学家们开发仿生纳米材料组装技术。珍珠纹层模板的仿生作用包括 Langmuir 单层结晶作用、自组装单层结晶作用、超分子自组装和连续沉积作用。连续沉积用于制备稳定的无机/有机纳米复合物，但要得到一定厚度的涂层需多次重复沉积。受珍珠层结构的启发，Sellinger 等以二氧化硅、表面活性剂（聚十二烷丙烯酸酯）和有机单分子胶束溶液为原料，用浸涂法完成了自组装过程。方法是先在甲醇/水溶剂中，制备可溶性硅酸盐、偶联剂、表面活性剂（低于胶束浓度）、有机单分子的均相溶液。在浸涂过程中，甲醇首先蒸发，沉积膜中非蒸发相浓度不断提高，当超过临界胶束浓度（$C_{mc}$）时促使胶束形成。连续蒸发使二氧化硅-表面活性剂-单分子胶束相协同组装成表面有机液体-介晶相，与此同时无机及有机前驱体有机化迅速形成纹层状结构。纳米结构内产生伴随无机聚合的有机聚合作用并将有机-无机表面共价联结。

Bunke 等应用仿生涂层技术，模仿牙齿、骨骼和贝壳的生物矿化作用过程，使塑料、陶瓷材料等表面功能化。使其对溶液-衍生陶瓷相沉积具有表面活性。然后在功能化材料表面结晶成核、生长，形成高性能致密氧化物、氢氧化物、硫化物多晶陶瓷薄膜。仿生涂层材料技术的优点是溶胶-凝胶法和蒸气沉积所不能比拟的。仿生涂层材料具有广阔的工业应用前景。自动化工业正在应用高硬度、耐磨涂层于塑料齿轮；将硬的光学涂层用于塑料以取代窗玻璃以减少交通工具重量也引起人们的极大兴趣；铁氧化物（如磁赤铁矿）的定向膜沉积在信息存储材料领域的应用正在开发；仿生成膜的前景在微电子和光电子领域具有较好的应用意义。

钛和钛合金被广泛用于整形外科和牙齿的植入材料。它的表面涂层是现在研究的热点。由于这个原因，钛和钛合金一般通过各种方法被涂上羟磷灰石（HA）用于外科整形，如等离子喷雾或电波辅助离子沉积。但是这些方法很昂贵，且对设备的要求很高。另外由于高温影响，很难控制涂层的成分和晶体结构。最近，一种新的仿生技术能够在钛基体上产生羟磷灰石涂层，且非常简单，效率很高，还能得到不同的涂层成分。这种方法的主要思想是：利用 $NaH_2PO_4$ 制得一种稳定的含有高的钙和磷酸根离子的溶液。通过添加 $NaHCO_3$ 得到一种过饱和石灰溶液。随着 $NaHCO_3$ 的加入，溶液的 pH 值逐渐稳定地提高。经过 24h 的沉浸，在基体上发现了约 $40\mu m$ 厚的规则的涂层。涂层的成分可以调节从羟磷灰石（HA）到 HA/磷酸二钙二水合物。

现在随着人体植入物由人工非生命材料发展到细胞外繁殖长出的组织，利用组织工程进行细胞培养，为制造有机仿生材料和人造器官开辟了光明的前景。

现代医学已经能够用这种技术来制造仿生皮肤。为了组成组织，提供一个这些细胞需要的架构来让它们繁殖，直至它们变成一个立体细胞。整个繁殖皮肤的过程，用了一种叫作透明质酸的物质。透明质酸是在人类组织中可找到的一种多糖。将其化学成分进行改良，改变它成为复杂的生物原料，这提供了一个理想的骨架，来激增"成纤维细胞"，以产生新一代人造皮肤。

现在这类仿生材料亟待解决的问题是找到能够制备出长寿命的第二代矫形体和人工器官的新型材料，最终复制出接近人体组织的生物活性材料。

⑦ 仿生材料结构设计的新思考　许多生物体组织中有很多孔洞，这些孔洞还没有被材料设计者引起足够重视，这些孔洞主要存在于细胞中。如在木材、鹿角和昆虫表皮中，就是通过孔洞诱发机制来提高材料或组织的性能的。在软木如云杉中的木细胞尺寸相当一致，直径约 0.1mm。但是硬质木材的管胞直径约 0.5mm，细胞分布也和云杉一样，却产生了组织的差异性。当木材受压时，细胞也受到挤压。在硬质木材中，管胞和它周围的组织先破碎。更坚韧的木材（山毛榉树、山胡桃树）具有分布更广的管胞而能吸收更多的能量。我们可以在软木中开小孔洞来模拟这个过程。

在鹿角中，细胞组织在骨髓中。这些细胞混合于皮质骨中，形成小梁。正是这些小梁相当于许多杠杆在调节和分配载荷。当鹿角受压时，并不是在顶部、底部和两侧断裂，而这些小梁支撑着骨骼，并使断裂能扩散到更广阔的区域，这样骨骼就能吸收更多的断裂能。

在很多昆虫的表皮中有孔洞，使得局部应力变小。孔洞周围的材料变形比其他地方大，但是由于孔洞周围的纤维定向就不会导致应力集中。所以这些孔洞很安全，并不会因为不当的组织结构而使材料变弱。昆虫一般通过位于孔洞表面上方或下方的弯曲的小盖来监测孔洞的形状，当然我们可以用其他应力装置或材料来做到这一点。

所有这些机制都可用于科学技术。基于这些孔洞的材料会变得很轻，如果对这些问题进行深入研究，必将产生重大的发现，可能是材料设计的一种新的途径。

## 4.5　材料过程能量分析法

材料的制备或加工过程决定了组织结构。了解材料过程的原理和分析方法，才能正确控制所要得到的组织结构。材料的过程表明材料在给定的外界条件下从始态到终态的变化。材料的制备或加工过程有三个共性的问题：方向、途径和结果。即过程是沿着什么方向发生的？过程是遵循什么途径进行的？过程进行的结果是什么？

### 4.5.1　材料过程的基本原理

**（1）材料过程的方向**

热力学第一定律和第二定律都是从大量的事实归纳得到的普遍定律，爱因斯坦给它以高度的评价，认为"在它的基本概念适用的范围内，绝不会被推翻"。合并热力学第一、第二定律，利用焓（$H$）、自由焓（$G$）、自由能（$F$）和内能（$U$）的定义，可以得到材料过程自发进行的方向是：

$$(dU)_{S,V} < 0 \tag{4.10}$$

$$(dH)_{S,P} < 0 \tag{4.11}$$

$$(dF)_{T,V} < 0 \tag{4.12}$$

$$(dG)_{T,P} < 0 \tag{4.13}$$

$U$、$H$、$F$、$G$都是能量。因此从热力学定律得到了自发过程的第一原理，即材料过程进行的方向原理："自发过程总是沿着能量降低的方向进行的。"

应用该原理时，要区分采用什么能量作判据，这就要注意上述公式中的下标。绝热恒容条件下用内能$U$，绝热恒压条件下用焓$H$，恒温恒容条件下用自由能$F$，恒温恒压条件下用自由焓$G$。

**（2）材料过程的途径**

我们可以用归纳法总结自发过程进行途径的规律。在物理界，可以观察到许多物理变化的过程，都是从能量高的状态趋向于能量低的状态，并且易沿着阻力比较小的途径进行。例如，水总是从高处向低处流，降低了位能，而且是阻力比较小的渠道流量比较大，这是"水向低处流"的自然规律。电流过程也是一样，电是从高电位处流向低电位处，而且用欧姆定律来说明电流的大小，电阻低时，电流大；电阻很低时，甚至有"短路"的现象。在几何学中，有光程最短时间原理，即光线采取费时最短的途径传播。在力学中，物体的运动遵循最小作用原理，即物体采取作用最小的途径进行运动。如物体从$P_1$点到$P_2$点的作用为$A$，则

$$\delta A = \delta \int_{P_1}^{P_2} mv\,ds = 0 \tag{4.14}$$

式中，$m$及$v$分别是物体的质量和速度；$s$为距离。如用$P$、$K$及$U$分别表示位能、动能及总能量，则

$$U = P + K = C（常数）$$

所以最小作用原理也可以用下式表示：

$$\delta A = \delta \int_{t_1}^{t_2} (K - P)\,dt = \delta \int_{t_1}^{t_2} (2K - C)\,dt = \delta \int_{t_1}^{t_2} 2K\,dt = 0 \tag{4.15}$$

利用最小作用原理可以导出物体的运动方程。作用$A$的量纲是［能量］×［时间］，因此，这个原理要求［能量］×［时间］为最小值或恒定值。

材料的变形加工、相变等过程也有最小阻力原理或最小自由能原理。

在化学和材料热力学方面，一个重要的问题是化学反应过程的速度和途

径。反应速度 $V$ 与温度 $T$ 之间有著名的阿累尼乌斯（Arrhenius）方程：

$$V = A \exp\left(-\frac{Q}{RT}\right) \tag{4.16}$$

式中，$Q$ 为激活能，是激活态（C）能量与始态（A）能量之差；$A$ 为待定系数。从上式可知，反应速度随温度的升高而加快。在适当的激活能和温度范围，就可以解释温度升高 10℃ 使反应速度增加 1 倍的经验规律；对于不同的反应途径，如 $A$ 值相差不大，则 $Q$ 越小，$V$ 将会越大，即反应趋向于激活能比较小的途径进行。化学动力学的进展，有可能探明化学反应过程中原子、分子及离子的行为，从而了解确定反应产物和反应产物的各种途径。尽管计算比较复杂，但其基本思路仍然是寻求激活能最小的途径为最可能的反应途径。

在冶金工程方面，由于冶金本来就是化学的一个分支，所以阿累尼乌斯方程也经常用来分析冶金过程的反应速度及热处理过程的相变速度。从 $Q$ 的数值去推论过程的机制。研究材料的过程途径时，不管是制备和处理材料的过程，或是材料性能的表现过程，人们都接受了化学动力学的观点，即激活能最小的途径为最可能的反应途径。

材料的变形断裂途径的选择、不均匀形核等，也都是选择阻力最小的路径。从上面的叙述可知，自发过程总是趋向于尽可能快地进行，从而尽可能快地降低能量。因此，它们总是选择阻力最小的途径，阻力最小，则过程进行最快；激活能最小，在一般情况下，也是速度最大，过程进行得最快；速度最快，则所需时间最短，这与光程最短时间原理符合；如能量守恒，又与力学中最小作用原理符合。所以自发过程第二原理，即途径原理为"自发过程总是遵循阻力最小的途径进行的"或是"自发过程总是选择速度最大的途径进行的"。

**（3）材料过程的结果**

生物的进化过程的规律是物竞天择，适者生存。也就是说："在生物界，这种宇宙过程的最大特点之一就是生存斗争，每一种和其他物种的相互竞争，其结果就是选择。这就是说，那些生存下来的类型，总体来说，都是最适应于某一个时期所存在的环境条件的。因此，在这方面，也仅仅在这方面，它们是最适者。"

在合金中，也有不同过程的相互竞争，产生了过程产物适者生存的现象。例如，Al-4%Cu 合金的时效脱溶产物有 $GP_1$、$GP_2$、$\theta'$ 及 $\theta$。曾经有顺序论和阶段论之争，用竞争论可以得到统一。在适当的外界条件下，各种脱溶产物都可能出现。既能由亚稳相转变为比较稳定的相，如 $\theta' \rightarrow \theta$；而较稳定的相也可以独立形核，如 $\theta$ 相在晶界可独立形成。这种竞争论，同样适用于其他环境过程。自然过程总是在特定的条件和空间内进行的。材料科学的进展，使我们对于材料的结构有了逐渐深入的了解，对于过程进行的环境有了逐渐明确的图像。生物学中"适者生存"的观点，在材料科学中也可得到应用，只有那些最适合于环境（即材料的结构）的过程，才是最容易发生的。因此，自发过程的第三原理是："自发过程的结果是适者生存。"

材料过程的这三条原理分别对应于材料热力学、动力学和结构学问题。热力学分析过程的可能性，动力学分析过程的速度和途径，结构学分析过程进行的环境，提出了过程的结果。

以上讨论的材料过程方向、过程途径和过程结果，其原理和规律符合材料的自组织特性，生物界中的自组织现象也同样存在于材料科学和工程的各个过程中。

## 4.5.2　材料过程的能量分析方法

材料的能量既包括材料的内能，也包含材料与环境交换的能量。材料中各种结构的形成和各种转变的过程，都涉及能量的变化。能量对于结构与过程起着控制的作用。能量分析方法贯穿于结构、过程和性能的系统。

**(1) 平衡结构与失稳条件**

在封闭系统中，在绝热恒容、绝热恒压、恒温恒容、恒温恒压的条件下，分别采用 $U$、$H$、$F$、$G$ 作为平衡的判据。为简化计算，令这些能量为 $Y$，所要研究的结构等参量为 $X$，则求解这类问题的步骤为：

① 列出 $Y$ 与 $X$、$P$、$T$ 之间的关系式：

$$Y = f(X, T, P) \qquad (4.17)$$

② 利用平衡条件，即 $Y$ 为最小的条件：

$$dY/dX = f'(X, T, P) = 0 \qquad (4.18)$$

求出平衡时结构参量（$X_e$）与 $T$ 及 $P$ 的关系。

③ 验证 $X_e$ 是否为最小值，即

$$d^2Y/dX^2 = f''(X_e, T, P) > 0 \qquad (4.19)$$

在数学上，这是一个求最小值的典型问题；在物理上需要从理论上推导建立式(4.17)的具体形式。在材料科学中有不少问题是这样处理的。如在合金中的平衡结构问题有：置换固溶体的溶解度、空位浓度、有序固溶体的有序度、晶体中原子间距、应变能、晶界区的浓度、铁磁/顺磁结构的有序度等。

根据热力学理论，在相平衡时，每一组元（$i, j, \cdots$）在各相（$\alpha, \beta, \cdots$）中的化学位相等：

$$\mu_i^\alpha = \mu_i^\beta = \cdots \qquad (4.20)$$

而化学位又是由能量决定的。

恒温恒压的条件下，过程进行的必要条件是 $\Delta G < 0$。例如，金属的液固结晶过程。从图 4.22 可知，只有当晶核达到临界尺寸 $r^*$ 时，进一步长大，才会使 $\Delta G < 0$。对应于 $r^*$ 的 $G$ 值，记为 $\Delta G^*$，称为形核功。固体金属中的第二相析出也有类似的规律。对应于 $r^*$ 有 $G$ 的最大值 $G^*$，必须满足：

$$dG/dr = 0, \quad d^2G/dr^2 < 0 \qquad (4.21)$$

绝热恒容条件下，过程进行的必要条件是 $\Delta U < 0$。例如，单位厚度的薄板具有长度为 $2a$ 的中心穿透裂纹，当拉伸应力为 $\sigma$ 时，储存的弹性应变能 $U_e$ 的释放是推动裂纹扩展的能量：

$$U_e = -\frac{\pi \sigma^2 a^2}{E} \qquad (4.22)$$

式中，$E$ 为杨氏模量。而表面能为 $U_S = 4a\gamma$，$\gamma$ 为比表面能。$U_e$ 及 $U_S$ 如图 4.23 所示。它们的和的曲线有一个最大值，必须满足：$dU/da = 0$，$d^2U/da^2 < 0$。

所以，临界裂纹尺寸 $a_C$ 和裂纹扩展临界能量 $U^*$ 为：

$$U^* = -\frac{\pi \sigma_f^2}{E}\left(\frac{2E\gamma}{\pi \sigma_f^2}\right)^2 + 4\gamma\left(\frac{2E\gamma}{\pi \sigma_f^2}\right) = \frac{4E\gamma^2}{\pi \sigma_f^2} = 2a_C\gamma \qquad (4.23)$$

式中，$\sigma_f$ 为正断抗力。上式可转变为：

$$\sqrt{\pi a_C}\sigma_f = \sqrt{2E\gamma} = K_{IC} = \text{材料常数} \qquad (4.24)$$

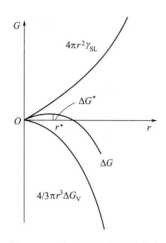

图 4.22　液固结晶的能量变化

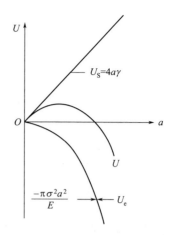

图 4.23　裂纹扩展的能量变化

比较上面两例，可以看出这类失稳问题在数学表达上是一致的。这类问题的共性是：

① 用结构参量（$X$）表示能量参量（$Y$），即 $Y = f(X)$；

② 应用极值条件：$dY/dX = f'(X) = 0$，求临界值 $X_C$；

③ 验证 $Y_C$ 是最大值：$d^2Y/dX^2 = f''(X_C) < 0$。

**（2）过程进度与过程速度**

应用有关能量，可计算过程进行的程度。例如，在化学热力学中，应用平衡常数 $K$ 及反应中反应物及生成物的计算系数 $\gamma_i$，从反应物的浓度，可以计算生成物的浓度：

$$\gamma_1 A_1 + \gamma_2 A_2 \longrightarrow \gamma_3 A_3 + \gamma_4 A_4 \tag{4.25}$$

$$K = \frac{x_3^{\gamma_3} x_4^{\gamma_4}}{x_1^{\gamma_1} x_2^{\gamma_2}} \tag{4.26}$$

式中，$x_1, \cdots, x_4$ 分别是 $A_1, \cdots, A_4$ 的浓度，用摩尔分数表示，而 $K$ 又与化学反应的标准自由焓变化 $\Delta G^0$ 有关：

$$\Delta G^0 = -RT\ln K \tag{4.27}$$

也可以用能量分析方法，计算不同温度下马氏体转变量或残余奥氏体的量。设奥氏体的单位体积内形成新马氏体片的数目正比于驱动力 $\Delta G^{\gamma \to M}$ 的增加，经过推导可得到马氏体的体积分数变化为：

$$1 - f = \exp[V\phi(d\Delta G^{\gamma \to M}/dT)(M_S - T_q)] \tag{4.28}$$

式中，$f$ 为残留奥氏体的体积分数；$M_S$ 为马氏体转变的开始温度；$T_q$ 为淬火冷却温度；$\phi$ 为比例系数；$V$ 是新形成马氏体片的平均体积。在 $0.37\% \sim 1.10\%$ 的碳钢中得到了：

$$1 - f = \exp[-0.011(M_S - T_q)] \tag{4.29}$$

对于合金钢，指数项的指数不一定是 $-0.011$，一般在 $-0.013 \sim -0.008$ 范围内，并且随不同的成分而变化。

对于过程速度可以从驱动力和阻力两方面来理解能量与过程之间的关系。

根据能量转变与守恒定律，系统的能量下降，可转变为动能而使系统的过程速度增加。最简单的例子是物体的自由落体运动。自由落体的过程速度就是物体运动的加速度 $g$。

另外从过程的阻力来考虑。自然过程选择阻力最小的途径，这是自然规律。因为过程的阻力最小，所需要的能量也为最小，这也就是最小自由能原理。在过程进行的途径中，会有各种各样的阻力，这些障碍形成了各种"能垒"，需要克服。在材料科学与工程的领域内，有许多的过程速度与温度之间有着指数函数的关系。例如，扩散系数 $D$ 为：

$$D = D_0 \exp\left(-\frac{Q}{RT}\right) \tag{4.30}$$

式中，$D_0$ 表示扩散常数。所有扩散控制的过程速度，如化学反应、脱溶沉淀、扩散性相变、烧结、蠕变等过程的速度 $V$ 也有类似式(4.16)的数学关系式。激活能 $Q$ 来源于统计物理中的玻尔兹曼因子 $[\exp(-\varepsilon_i/kT)]$（$k$ 为玻尔兹曼常数；$\varepsilon_i$ 为 $i$ 状态下的粒子能量状态）。在热激活的条件下，只有那些具备足够能量的原子，才能越过它所面临的位垒（能垒）参加材料的各种过程。由于指数项一般起着主要的作用，因此作为粗略分析时，一般可用激活能来研究比较过程的速度。

**(3) 过程类型与过程竞择性**

可以从材料过程的能量分析来判断过程的类型、机制和途径。如前面讨论的扩散问题，我们可以根据激活能的大小来判断扩散是间隙型还是空位型，是体扩散还是晶界扩散或表面扩散。如铁中几类溶质原子的扩散系数随温度的变化。作为粗略估计，表面扩散、晶界扩散及晶内扩散的激活能比值大约为1：2：4。表4.4和表4.5列出了某些金属和合金及离子材料的扩散激活能。

表4.4　某些金属和合金中的扩散激活能　　单位：kcal/mol

| 溶剂 | | 扩散物质 | | | | | | | | | | | |
|---|---|---|---|---|---|---|---|---|---|---|---|---|---|
| | | 扩散物质的熔点升高 → | | | | | | | | | | | |
| | | Hg | Sn | Ti | Zn | Ag | Au | Cu | Mn | Ni | Co | Fe | Cr | Nb |
| 溶剂的熔点升高 ↓ | Al | | | | 31 | | | | 29 | | | | | |
| | Ag | 38 | 39 | 38 | 42 | 44 | 48 | 46 | | 55 | 60 | 49 | | |
| | Au | 37 | | | | 40 | 42 | | | 42 | 42 | | | |
| | Cu | 44 | | 43 | 46 | 47 | 50 | 48 | | 57 | 55 | 51 | | |
| | Ni | | | | | | 65 | 61 | | 70 | | 55 | 65 | |
| | α-Fe | | | | | | 62 | | | 59 | 65 | 57 | | |
| | β-Ti | | 69 | | | | | | | 60 | 61 | 61 | 66 | 70 |

表4.5　某些离子材料中的扩散激活能　　单位：kcal/mol

| 扩散原子 | $Q$ | 扩散原子 | $Q$ |
|---|---|---|---|
| Fe 在 FeO 中 | 23 | Cr 在 $NiCr_2O_4$ 中 | 76 |
| Na 在 NaCl 中 | 41 | Ni 在 $NiCr_2O_4$ 中 | 65 |
| O 在 $UO_2$ 中 | 36 | O 在 $NiCr_2O_4$ 中 | 54 |
| U 在 $UO_2$ 中 | 76 | Mg 在 MgO 中 | 83 |
| Co 在 CoO 中 | 25 | Ca 在 CaO 中 | 77 |
| Fe 在 $Fe_3O_4$ 中 | 48 | | |

前面已介绍了材料过程的三个基本原理的概念，即材料过程的方向、途径和结果。这里再结合一些典型的具体例子，来说明材料过程进行所具有的竞择性。

过程必须沿着能量降低的方向进行。但进行的途径和结果一般都有几种可能性。究竟发生什么样的变化过程，主要取决于该变化条件下的热力学和动力学的综合影响因素。了解材料变化过程的竞择性原理对材料的研究和过程设计与控制是非常重要的。材料变化过程的竞择性例子很多。这也是自然界的普遍规律，同时也是社会科学的普遍规律。

例如，铸铁冷却过程中有石墨化和析出渗碳体的竞争。从热力学角度该过程是有利于石墨化的，但从动力学条件来说是有利于渗碳体的析出。在一般情况下，凝固时石墨化和渗碳体析出都会发生。由于成分的不均匀等因素的影响，有些地方石墨化多些，有些地方渗碳体多一些。人们为得到理想的石墨化结果，尽可能地改变其热力学或动力学的条件，也就是改变了材料相变过程途径的竞择性的相对条件。对于高碳钢在高温退火时，渗碳体既有球化以降低界面能的过程，也有分解为稳定的石墨相的过程趋势。所以应适当采取一些措施以抑制碳的石墨化，而要有利于渗碳体的析出球化。如在工艺上避免采用在危险温度保温较长时间的退火，在成分上增加一些降低碳活度（$a_C$）的元素，减少一些提高碳活度的元素，如 Si。反之，在生产石墨钢时，则要采取相反的措施。

例如，高温形变过程中，形变细晶和再结晶长大有竞争。温度高时，再结晶长大占优势；温度低时，形变细晶占优势。板条马氏体在预形变后重新加热奥氏体化时，回复再结晶和奥氏体形核之间也有竞争。硼钢的淬透性比较好，是因为 B 原子的晶界偏聚倾向优于 C 原子的偏聚，而当 C 原子量比较高时 B 原子的作用就大为减弱。

自然过程从始态开始就是在一定的环境中进行的。适应这个环境条件的可有几个平行的过程在竞争。自然过程是物竞天择，选择阻力最小的途径；过程的结果是适者生存。下面再以析出相的存在为例比较详细地讨论材料过程的竞择性规律。

在材料过程中析出相现象是普遍存在的。过饱和固溶体 $\alpha$ 相中析出第二相 $\beta$ 的过程是比较典型的。析出第二相 $\beta$ 的形核功 $\Delta G^*$ 为：

$$\Delta G^* = \alpha \gamma_{\alpha\beta}^3 / (\Delta G_V + \varepsilon_e)^2 \tag{4.31}$$

式中，$\alpha$ 为形状因子，随晶核的形状而变化；$\gamma_{\alpha\beta}$ 为表面能；$\Delta G_V$ 是体积自由焓差；$\varepsilon_e$ 是应变能。从均匀形核理论可以推导出形核速度或脱溶初期速度 $I$ 的表达式为：

$$I = A \exp\{[-\alpha \gamma_{\alpha\beta}^3 / (\Delta G_V + \varepsilon_e)^2 - Q]/RT\} \tag{4.32}$$

下面根据 $\Delta G_V$、$\gamma_{\alpha\beta}$、$\varepsilon_e$ 和 $Q$ 这几项能量参数讨论各种析出相的竞争。

① 析出相类型与成分：材料过程中有些析出相往往是亚稳状态的。亚稳相的数目及中间反应阶段数目随着材料过饱和度的增加而增加。所以根据合金成分就可以初步确定可能的沉淀析出相。这些可能的析出相在过程中有所竞争，为自然条件所选择。例如，高 Cu 的 Al-Cu 合金，过饱和态可以有四种沉淀析出相：GP 区、$\theta''$、$\theta'$ 和 $\theta$，其中 $\theta$ 相是属于相对稳定的相。室温时效时，虽然析出 GP 区的 $|\Delta G_V|$ 小，$\Delta G^*$ 大，但由于晶体中在淬火时形成了大量的空位，降低了 $Q$，GP 区容易形成；在高温时效时，非共格的 $\theta$ 相，借助于晶界，可降低形核功 $\Delta G^*$，因此择优地在晶界处沉淀；而共格的 $\theta'$ 相，则借助于共格降低了相变阻力相界面能，可在晶体内产生普遍沉淀。析出相的类型不同，其成分也不同，即使是相同类型的析出相，其成分也可能不一样。并且在过程进行中，已沉淀的析出相有可能会发生转变，亚稳定相向相对稳定的相转变，或亚稳定相溶解而相对稳定的相析出。如钢的回火过程中各种碳化物的析出与存在就表现出典型的竞择性。在一定的成分等条件下，过程的竞择性主要与具有的能量和界面能及应变能等因素有关。

② 析出相形状与取向：在驱动力一定时，析出相的形状和取向主要取决于应变能和界面能，当然还有各向异性等因素。过程的进行和结果符合最小自由能原理或最小阻力原理：

$$\sum A_i G_i + \Delta G_S = \Delta G_{min} \tag{4.33}$$

式中，$A_i G_i$ 为界面能；$\Delta G_S$ 为应变能。而界面能和应变能又都与溶质、溶剂原子的半径等性质有关。例如，对有色金属合金来说，GP 区形状与原子半径有关，其一般规律是：当原子半径差 $|\Delta r| <$

3%时，以球状析出；当原子半径差$|\Delta r|>5\%$时，以圆盘状析出；处于中间值的，有可能以针状析出。如：Al-Zn合金，$|\Delta r|=1.9\%$，球状；Al-Cu合金，$|\Delta r|=11.8\%$，圆盘状；Al-Mg-Si，$|\Delta r|=2.5\%$，针状。

③ 析出相结构与尺寸：界面能和应变能的相对大小决定了共格相的稳定性。从界面能来说，非共格界面能最大；对形状而言，球形的界面能最小。但从应变能角度来说，共格界面的应变能最大；就形状而言，板条状为最小。不同析出相究竟以什么界面性质和形状存在，取决于界面能和应变能的综合因素，遵循最小自由能原理。

有些析出相在形核、长大过程中，界面性质是变化的，所产生的应变能也是变化的。单从丧失共格的条件来看，在理论上是：

$$V_\beta G_\varepsilon \geqslant A\sigma_{\alpha\beta} \tag{4.34}$$

式中，$V_\beta G_\varepsilon$是析出相β所产生的应变能，$V_\beta$是β相的体积；$A\sigma_{\alpha\beta}$为析出相β所增加的界面能，$A$是β相的界面积，$\sigma_{\alpha\beta}$是单位面积的界面能。

在第二相含量及形状相同的条件下，在相同体积分数时，小粒子的相界面面积比较大，其系统的界面能也比较大。根据能量原理，对于大粒子来说，小粒子是不稳定的，这就会发生大鱼吃小鱼的自然现象。在学术上被称为奥斯特瓦尔德熟化过程（Ostwald ripening process），其概念是：当母相大致达到系统的平衡浓度后，析出相以界面能为驱动力缓慢长大的过程。从理论到实验都证明，这个现象是普遍存在的。根据质量平衡等原理可得到：

$$\frac{\mathrm{d}r}{\mathrm{d}t}=\frac{2D\sigma V_\mathrm{m}C_\alpha^\infty}{RTr}\left(\frac{1}{\bar{r}}-\frac{1}{r}\right) \tag{4.35}$$

式中，$\mathrm{d}r/\mathrm{d}t$是粒子的长大速度；$D$是溶质原子的扩散系数；$\sigma$是析出相的比表面能；$V_\mathrm{m}$是摩尔体积；$C_\alpha^\infty$是系统中溶质的平均浓度；$R$是气体常数；$T$是热力学温度；$r$是粒子半径；$\bar{r}$是系统中平均粒子半径。从上式可以得到如下一些过程进行的规律：

① 当$r=\bar{r}$时，$\mathrm{d}r/\mathrm{d}t=0$；

② 当粒子半径$r<\bar{r}$时，$\mathrm{d}r/\mathrm{d}t<0$，粒子都会溶解；

③ 当粒子半径$r>\bar{r}$时，$\mathrm{d}r/\mathrm{d}t>0$，粒子都会长大；

④ 当$r=2\bar{r}$时，长大速度为最大。$r>2\bar{r}$的质点随$r$的增大而$\mathrm{d}r/\mathrm{d}t$降低；

⑤ 在长大过程中，当$\bar{r}$增大时，所有粒子的$\mathrm{d}r/\mathrm{d}t$都降低；

⑥ 温度升高时，因为扩散系数$D$与温度$T$的关系服从于指数规律，所以温度的综合效果是使$\mathrm{d}r/\mathrm{d}t$增大。

值得注意的是，对于刚开始时长大的粒子，即$r$稍大于$\bar{r}$的质点，它们的长大速度是小于系统中粒子的平均速度。这样的粒子有可能到后来被超越而在后期重新溶解。这和社会科学中很多领域有着相似的自然规律。

对以上过程的认识，在实际应用中有很好的指导作用。在控制析出相长大中，影响最大的参数是$\sigma$、$D$和$C_\alpha^\infty$。这在耐热钢的设计中特别有意义。提高弥散相的稳定性是耐热钢设计的关键之一。①控制弥散相低的界面能$\sigma$。如在Nimonic合金中，Ni-Ni$_3$X具有非常低的$\sigma$（$0.01\sim0.03\mathrm{J/m^2}$），Ni$_3$Al与基体都是面心立方晶体结构，点阵常数也几乎相同。理论上，错配度为 0 时，能获得最佳蠕变抗力。当错配度高时，在高温蠕变的过程中会在相界面处产生大量的位错，其结果是使第二相质点长大聚集加快。保持错配度低的稳定细小的质点，能有效地提高材料的热强性。该理论在高强燃气轮机中得到了成功的应用。②溶质原子的扩散系数 $D$ 要尽可能的小。例如，在 Fe-C 合金中，C 的扩散系数较大，但加入 Cr、Mo、V、Nb 等合金元素后，钢回火过程中析出相长大速度较慢，回火稳定性好。这是因为除了合金元素本身的扩散比较慢外，C 的扩散系数也大大降低了。所以，在低合金耐热钢的设计中，都采用 Cr、Mo、V 等元素作为基本合金化元素。③选择低溶解度 $C_\alpha^\infty$ 的第二相。如 $Al_2O_3$ 在金属中溶解度特别低，本身的结合能又比较高。少量的 $Al_2O_3$ 就可有效地阻止晶粒长大而细化组织。电灯泡灯丝是用氧化钍（$ThO_2$）弥散的钨，能保证在炽热的温度下组织很稳定。在镍基高温合金中也用氧化钍弥散，氧化钍的溶解度仅为 0.02%（质量分数），钍的扩散系数为 $5\times10^{-16}\,cm^2/s$，在 $0.94T_m\times200h$ 的高温长时间条件下，平均质点只有 60nm。

# 第5章　材料使用与环境评价方法

**晶硅太阳能电池**

以单晶硅和多晶硅材料为基础的晶硅太阳能电池为主要部件的光伏电站能够
直接把太阳光的能量转化为电能，可以直接并入电网，或者经过大规模储能
之后，提供给工业和生活使用。光伏电力已经成为人类的重要可再生能源之一

**导读**

　　人类自诞生以来，就开始从周围环境中获取或制造各种生活资料与生产资料所需的材料。受人类生存活动的影响，大自然就必然会不断地发生各种变化，有些变化很大，人类已经感受到，而有些变化暂时还无法预料。材料在整个开发、生产及使用过程中与自然环境和自然资源有着密切的关系，其影响是渐进的，到一定程度会恶化人类生存的地球环境。这里所说的材料环境是广义的，既包括了材料过程对自然环境污染的影响，也包括了地球资源的变化以及所引发的人类生存的能源危机，同时也涉及材料使用过程中与工况环境及自然环境的交互作用。材料的环境问题是世界上最重大的问题之一，也是所有材料工作者和其他科技人员所面临的难题。

# 5.1　材料与环境、资源的关系

## 5.1.1　材料生产对环境和资源的影响

人类社会的发展伴随着能源消耗的增加。世界能源消耗的增长率虽然波动比较大，但总的趋势是保持正增长。根据联合国的有关资料，2020 年初全球人口超过 75 亿，相应能源消费巨大。随着科技进步，单位 GDP 的能耗正在逐步降低。特别是从 2010 年开始，随着技术的进步以及环保意识的增强，全世界所有国家的能耗都在快速降低。

自然资源可分为三大类：取之不尽的资源，如空气、太阳能等；可再生的资源，如生物体、水、土壤等；非再生资源，如矿物、化石燃料等。显然，从生态环境的角度讨论资源短缺，主要是指非再生资源的储量、供应与人类需求的矛盾。早在 1972 年，由一些政治家、经济学家、科学家和教育家所组成的"罗马俱乐部"就出版了《增长的极限》一书，指出了有 5 个因素将影响世界未来的发展，即人口增长、粮食生产、资本投资、环境污染和资源枯竭。自第一次工业革命以来，非再生资源迅速耗减、越来越多的物种濒临灭绝、淡水资源不足、森林资源持续赤字、水土流失加剧，人类所面临的已是一个资源日益短缺、环境逐渐恶化的地球。

目前全球有十大环境问题，包括生物多样性日益减少、全球气候持续变暖、森林面积锐减、酸雨蔓延、大气污染状况不断恶化、水污染、固体废弃物污染不断增加、海洋污染、臭氧层不断被破坏、土地沙漠化趋势增加。联合国提出了：把走可持续发展的道路作为未来长期共同的发展战略。1972 年联合国第一次环境会议上提出了"只有一个地球"的文件；1990 年提出"人类是属于地球的"（而不是地球是属于人类的）；1992 年在巴西里约热内卢会议上，160 多个国家发表了"和平与发展道路"的共同宣言；1997 年，一些国家（不包括美国）签署了《京都议定书》，这标志着世界各国领导人为解决全球变暖问题开始努力尝试；2015 年末，各国齐聚巴黎，共同制订了一项关于碳排放的新计划，旨在限制全球变暖。

由于能源、资源和环境等严重的情况，就产生了新能源和能源材料研究、开发的发展。太阳能、核能、风能、海洋能、地热等一次能源和二次能源中的太阳能、核能和氢能是最有希望在 21 世纪得到广泛应用的能源。新能源的发展一方面要靠利用新的原理来发展新能源系统，另一方面还必须靠新材料的开发与应用才能实现。所以，目前在世界上也产生了新能源材料的研究与开发的热点。

## 5.1.2　生态材料与能源材料

从资源和环境的角度分析，在材料的采矿、提取、制备、生产加工、使用和废弃的过程中，一方面，它推动着社会经济发展和人类文明进步；另一方面，又消耗着大量的资源和能源，并排放出大量的废气、废水和废渣，污染着人类生存的环境。地球是人类赖以生存的共同家园，保护资源、保护环境是全人类的共同使命。人口膨胀、资源短缺和环境恶化是当今人类社会面临的三大问题。这些问题的积累加剧了人类与自然的矛盾，并且已经对社会经济的持续发展和人类自身的生存构成了新的威胁和障碍。

国际材料界在审视材料发展与资源和环境关系时发现：传统的材料研究、开发、生产及使用往往过多地追求优良的使用性能，而对材料的生产、使用和废弃过程中需要消耗大量的能源和资源，并且造成严重的环境污染，危害人类生存的严峻事实重视非常不够。传统的材料科学与工程的定义，即材料的四面体或四要素体系，显然没有考虑材料的环境协调性问题，当然，当时材料环境问题还没有那么尖锐和突出。在 40 年后的今天，已经对材料科学与工程的内涵进行了拓宽、修订和补充。应该更明确地要求材料科学工作者充分地认识到：①在尽可能满足用户对材料性能要求的同时，必须考虑尽可能地节约资源和能源，尽可能减少对环境的污染，要改变传统的片面的观念；②在研究、设计、制备材料以及使用、废弃材料产品时，一定要把材料及其产品整个寿命周期中对环境的协调性作为重要评价指标，改变只管设计生产，而不顾使用和废弃后资源再生利用及环境污染的观点；③材料科学与工程领域的问题涉及多学科交叉，不仅要讲科学技术成果、经济效益，还要讲社会效益和可持续发展。

材料是人类文明进步的物质基础，又是造成资源、能源过度消耗，生态环境恶化的主要责任者之一。材料产业必须走与资源、能源和环境协调的道路才是可持续发展的。材料环境、生态材料和能源材料就是在这样的情况下提出来的，并得到了国际社会的共识。

1990 年，日本学者山本良一提出了环境调和型材料的新概念，后来通常称为生态材料（ecomaterials），其定义为具有良好的使用性能和与环境具有良好协调性的材料。生态材料并不是一种完全独立的材料种类。表 5.1 是目前对生态材料的分类。从某种意义上讲，生态材料的研究是在环境负荷与材料的性能之间寻找合理的平衡点。从目前的研究和发展来看，仅仅有生态材料的概念是不够的。20 世纪 90 年代初，国内外许多学者都提出了生态材料学的概念，指出在材料传统的四大要素基础上，应加上材料的环境指标或环境负荷，并认为材料科学与工程是关于材料成分、结构、工艺和性能以及它们与环境的协调性之间的有关知识的开发和应用的科学。这样又派生出一门新的材料科学分支——生态材料学。这门新学科的最重要特征在于从环境保护的角度重新考虑和评价过去的材料科学与工程学，并指导新材料的研究和开发及传统材料的改造和相关加工和制备技术。

表 5.1　生态材料的分类

| 生态材料 | 分类 | 有关产品 |
| --- | --- | --- |
| 环境相容材料 | 纯天然材料 | 木材、竹材、石材等 |
| | 仿生物材料 | 人造骨、人造关节、人造器官等 |
| | 绿色包装材料 | 绿色包装袋、绿色包装容器等 |
| | 生态建筑材料 | 无毒装饰材料、绿色塑料等 |
| 环境降解材料 | | 生物降解材料<br>可降解无机磷酸盐陶瓷材料 |
| 环境工程材料 | 环境修复材料 | 治理大气污染的吸附、吸收和催化、转化材料；治理水污染的沉淀、中和、氧化还原材料；防止土壤沙漠化的植被材料 |
| | 环境净化材料 | 过滤、分离、杀菌、消毒材料 |
| | 环境替代材料 | 替代氟利昂的制冷剂材料；工业和民用的无磷化学品材料；用竹、木等替代环境负荷大的结构材料等 |

关于生态材料，以下几点已为世界所公认：

① 材料的环境性能将成为 21 世纪新材料的一个基本性能；

② 结合 ISO 14000 标准，用 LCA 方法评价材料产业的资源和能源消耗、三废排放等将成为一项常规的评价方法；

③ 结合资源保护、资源综合利用，对不可再生资源的替代和再资源化研究将成为材料产业的一大热门；

④ 各种生态材料及其产品的开发将成为材料产业发展的方向。

生态材料作为一门新兴的交叉学科，在保持资源平衡、能量平衡和环境平衡，实现社会和经济的可持续发展，将环境性能融入下一世纪所有的新材料开发，完善材料环境协调性评价的理论体系，开发各种环境相容性新材料和绿色产品，以及降低材料环境负荷的新工艺、新技术和新方法等方面将成为 21 世纪材料科学与技术发展的主导方向。

作为一门学科，生态材料科学既是一个研究课题，同时又是一个教育问题。要积极制订和实施生态材料科学的教育计划。在专业教育方面，从大学本科材料专业的课程教育开始，并且在一些有条件的大学试办生态材料学科点，为材料专业开设"生态材料"选修课。通过大学和全民的教育把环境意识引入材料科学与工程学科与领域的所有工作者，把生态材料学融入国家的环境教育体系，逐步建立和健全生态材料专业的研究生学位教育，培养适应 21 世纪的材料科学工作者。

新能源的出现与发展，一方面是能源技术本身发展的结果，另一方面也是由于目前存在的资源和环境等问题而使新能源受到支持与推动。新能源材料也是材料科学与工程的重要组成部分，研究内容也基本相同。结合能源的特点，新能源材料的研究开发重点如下。

① 研究新材料、新结构、新效应以提高能量的利用效率与转换效率。例如，研究不同的电解质与催化剂以提高燃料电池的转换效率；研究不同的半导体材料及各种结构以提高太阳电池的效率、寿命与耐辐照性能等。

② 资源的合理利用。新能源的大量应用必然会涉及新材料所需原料的资源问题。例如，太阳能电池如能部分地取代常规发电，所需的半导体材料要在百万吨以上。所以要研究开发地球上含量高的元素组成的材料，要实现薄膜化以减少材料的用量，也要考虑废料中有价值元素的回收与循环使用。

③ 安全与环境保护。这是新能源材料能否大规模应用的关键。例如，锂电池具有优良的性能，但因为锂性质活泼而容易着火燃烧，在应用中也出现因短路造成的烧伤事件。所以，已研究出用碳素体等作负极载体的锂电池，将成为发展速度最快的二次电池。另外，新能源材料生产过程中也会产生三废及其使用中的废弃物而对环境造成污染，这些都是必须解决的大问题。

④ 材料规模生产与加工工艺。新材料研究成功后，在工程阶段其制造工艺及设备就成为关键的因素。例如，在金属氧化物镍电池生产中开发多孔态镍材的制备技术、电池的电极膜片制备技术等。

⑤ 延长材料的使用寿命。新能源材料的种类很多。具有重大意义且发展前景看好的新能源及材料主要有：新型二次电池材料，如金属氢化物（Ni/MH）镍电池材料，锂离子二次电池材料；燃料电池材料，如碱性氢氧电池（AFC）、磷酸型燃料电池（PAFC）、原子交换膜型燃料电池（PEMFC）和固体氧化物燃料电池（SOFC）等；太阳能电池材料，如单晶硅电池、多晶硅电池、砷化镓基电池、各种化合物组成的薄膜电池；核能材料，核聚变堆材料是核能界公认的技术难点之一。主要有包壳材料、核燃料、聚变堆的第一壁材料以及核废料的处理等。

## 5.2 材料环境协调性评价与设计

### 5.2.1 材料环境协调性评价

#### (1) 环境协调性评价

就是通常所说的 LCA (life cycle assessment) 方法，这是一种评价产品在整个寿命周期中所造成的环境影响的方法。这种方法已经广泛地为国际上研究机构、企业和政府部门所接受，已成为一种重要的产品环境特性的评价方法和企业环境管理的工具。

近几十年来的能源危机使人们认识到，现代人类生产、生活所依赖的物质基础并不是取之不尽、用之不竭的。很多不可再生的重要资源都会在不远的将来被消耗尽。如何有效地节约资源与防止污染一起成为环境保护的主题。环境保护已成为大势所趋。因此，许多企业在产品设计和管理过程中采用了一些类似于 LCA 的方法。这些方法都贯穿着这样的思想：将环境的概念引入到产品的设计、制造、使用、回收和废弃过程中。

在 1993 年的 LCA 定义中，LCA 被描述这样一种评价方法：通过确定和量化与评估对象相关的能源、物质消耗、废弃物排放，评估其造成的环境负荷；评价这些能源、物质消耗、废弃物排放所造成的环境影响；辨别和评估改善环境的机会。LCA 的评估对象可以是一个产品、处理过程和活动，并且范围覆盖了评估对象的整个寿命周期，包括原材料的提取与加工、制造、运输和分发、使用、再使用、维持、循环回收，直到最终的废弃。

LCA 评价产品环境影响的主要思路是：通过收集与产品相关的环境编目数据，应用 LCA 定义的一套计算方法，从资源消耗、人体健康和生态环境影响等方面对产品的环境影响做出定性和定量的评估，并进一步分析和寻找改善产品环境表现的时机与途径。环境编目数据就是在产品寿命周期中流入和流出产品系统的物质/能量流。物质流包含了产品在整个寿命周期中所消耗的所有资源，也包含了所有废弃物以及产品本身。

LCA 评价的技术框架主要有：目标和范围的定义，编目分析，环境影响评估和环境解释。在评价前，必须明确评估的目标和范围，这是以后评估过程所依赖的出发点和立足点。评估范围如产品系统功能、产品系统功能单元、产品系统的边界、采用的环境影响评估方法、数据要求、存在的局限性等等。编目分析是收集产品系统中定量或定性的输入输出数据、计算并量化的过程。这是环境影响评估的基础。环境影响评估建立在编目分析的数据结果基础上，其目的是为了更好地理解编目分析数据与环境的相关性，评价各种环境损害造成的总的环境影响的严重程度。环境解释主要用于寻找和评价减少环境影响、改善环境表现的时机和途径。

LCA 评价的局限性：LCA 并不总是适合于所有的情况，不可能依赖 LCA 方法解决所有的问题。它只考虑生态环境、人体健康、资源消耗等方面的环境问题，不涉及技术、经济等问题。评估范围也不可能包括所有与环境相关的问题。在评价方法上，它既包括了客观因素，也包含了主观的成分，各种主观因素都有可能对评估的结果有影响，另外在理论上还有许多困难，所以它也不完全是一个科学的方法。无论是原始数据还是评估结果，都存在时间和地域上的限制。在不同的时间和地域范围内，会有不同的数据。

**（2）材料的环境协调性评价**

称为 MLCA（materials life cycle assessment），即将 LCA 的基本概念、原则和方法应用到对材料寿命周期的评价中去。而一般产品的环境协调性评价通常称为 PLCA（products life cycle assessment）。材料和环境有着密切的关系，共同组成了一个大系统，如图 5.1 所示。材料与环境联系的基本途径有三条：资源、能源和废弃物。MLCA 概念提出后迅速得到了国际材料科学界的认同。评价材料的优劣时要根据这一背景，建立新的评价体系，补充新的评价内容。其研究范围不断扩大，从传统的包装材料、容器等产品领域转向各种金属、高分子、无机非金属和生物材料，从传统上侧重于结构材料的评价转向对功能材料的评价。

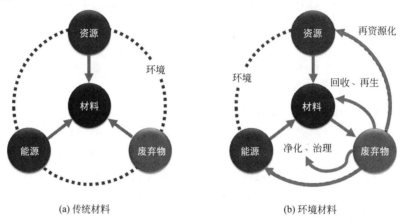

(a) 传统材料          (b) 环境材料

**图 5.1　材料-环境系统**

在很多 LCA 的研究中，单从评估的对象来看，有时是很难区分材料和产品之间的区别，例如各种钢铁、有色金属等型材，塑料制品等。但 MLCA 并不等同于 PLCA。MLCA 的研究应该包括四个方面的内容：①性能要求。要明确对研究目标的材料所要求的性能和为了达到这些性能对材料的加工、表面处理等技术操作的要求以及使用状况对使用寿命的影响；②技术系统。建立与材料对应的技术系统，包括材料的制备、加工成型和再生处理技术以及相应的副产品、排放物的基本情况；③材料流向。着眼于分析资源的使用和流向，特别是作为微量添加元素的使用，因为这些元素很难再循环使用；④统计分析。对技术流程中各阶段的能源和资源的消耗、废弃物的产生和去向进行分析和跟踪。为了建立材料的环境协调性评价体系，需要用计算机数据库的形式，建立相应的资料库，并研究相关的方法，引入相应的指标体系。

世界上与材料相关的环境污染占到了很大的比例，所以充分研究材料与环境之间的关系，进而改进材料的设计、控制材料的生产过程，对于保护环境有着重要的意义。实际上，几乎所有产品的寿命周期都包含了材料生产的阶段。材料环境协调性评价和生态材料的研究代表着材料科学研究的一个新思路和新方向。从事材料研究和生产的人员在工作中应该在传统的材料成分、结构、性能、工艺和成本的考虑中加入对材料环境影响的考虑，尽量不断地降低材料造成的环境负担。

对于材料的评价可以用一个材料三角形来说明，见图 5.2。环境性是一个广泛意义的指标，功能性是指材料的性能或功能指标。在传统材料科学与工程中，主要研究材料的性能与经济性的平衡。而新的评价理论要求材料的功能性、环境性和经济性的平衡，力求材料具有高的功能或性能、低的环境负荷和低的经济成本，即高的性能价格比和高的性能环境负荷比。图 5.2 中：传统材料，较低成本，靠近三角形 C 区；先进材料，较高性能，靠近 B 区；天然材料，与环境协调性好，靠近 A 区；生态材料，较高性能类似于先进材料，较低成本类似于传统材料，与环境协调类似于天然材料，位于三角形 D 区。

图 5.2　材料的功能、环境和经济性三角形

在评价和设计材料时，功能性、环境性和经济性三者应该相互协调，系统地考虑。

### （3）性能环境负荷比

在一般环境条件下，常见金属材料的环境性如表 5.2 所示。这个环境性指标就是金属材料的环境负荷，它是一个无量纲的数，表中还列出了各种材料的性能环境负荷比值。在表 5.2 中，$(\sigma_b/\rho)/ELV$ 为材料的强度环境负荷比，可用它来评价在单位环境负荷时，结构材料的比强度的相对大小；$(\sigma_e^2/E)/ELV$ 为材料的弹性功环境负荷比，可用它来对弹性材料进行环境负荷弹

表 5.2　常见金属材料的环境负荷及其性能环境负荷比值

| 金属材料 | Fe | Al | Ti | Zn | Cr | Ni | Cu | Mn |
|---|---|---|---|---|---|---|---|---|
| 环境负荷(ELV) | 1.33 | 9.04 | 15.48 | 18.19 | 16.73 | 19.41 | 24.00 | 5.04 |
| 比强度($\sigma_b/\rho$) | 4.19 | 4.08 | 9.98 | 1.69 | 4.17 | 5.61 | 2.46 | 6.78 |
| 弹性比功($\sigma_e^2/E$) | 6.68 | 1.25 | 0.25 | 0.39 | 0.47 | 2.91 | 0.18 | 1.29 |
| 标准电位($\varepsilon$) | −0.409 | −1.66 | −1.63 | −0/763 | −0.74 | −0.23 | 0.34 | −1.029 |
| 电阻率($\lambda$) | 9.8 | 2.61 | 39 | 5.45 | 12.9 | 6.2 | 1.58 | 143.5 |
| $(\sigma_b/\rho)/ELV$ | 3.15 | 0.45 | 0.64 | 0.093 | 0.25 | 0.29 | 0.10 | 1.34 |
| $(\sigma_e^2/E)/ELV$ | 5.02 | 0.14 | 0.02 | 0.02 | 0.03 | 0.15 | 0.008 | 0.26 |
| $\varepsilon/ELV$ | −0.31 | −0.18 | −0.11 | −0.04 | −0.04 | −0.01 | 0.01 | −0.20 |
| $\lambda/ELV$ | 7.37 | 0.29 | 2.52 | 0.30 | 0.77 | 0.32 | 0.07 | 28.48 |

注：$\sigma_b$ 的单位为 N/mm² （1N/mm²＝1MPa）；$\rho$ 的单位为 g/cm³；$E$ 的单位为 N/mm²；$\varepsilon$ 的单位为 V；$\lambda$ 的单位为 $10^{-8}\Omega \cdot m$；$\sigma_e$ 的单位为 $10^{-3}N/mm^2$。

性的综合评价；$\varepsilon/ELV$ 为材料的腐蚀性与环境负荷之比，利用它可以评价在单位环境负荷条件下材料的耐蚀性大小；$\lambda/ELV$ 为材料的电阻环境负荷比，可用它来评价材料的导电性或电阻性。环境负荷是一个资源、能源、三废的综合数据。如果仅仅考虑材料生产过程中的气体污染物，则可得到表5.3。材料的功能或性能与其环境性或环境负荷之比是从环境保护角度评价材料性能优劣的一个很有用的判据。

表5.3　各种合金钢的气体污染物及其他数据

| 钢种 | 钢号 | $CO_2$ | $SO_2$ | $NO_x$ | WG | $\sigma_b$ | $\alpha_k$ | $\sigma_b$(WG) | $\alpha_k$(WG) |
|---|---|---|---|---|---|---|---|---|---|
| 锰钢 | 15Mn | 1.09 | 1.05 | 1.52 | 3.66 | 1127 | 39.2 | 307.9 | 10.71 |
| 铬锰钢 | 20CrMn | 1.11 | 1.05 | 1.53 | 3.69 | 1323 | 117.6 | 358.5 | 31.87 |
| 铬钢 | 20Cr | 1.12 | 1.05 | 1.53 | 3.70 | 881 | 19.6 | 238.1 | 5.30 |
| 铬钼钢 | 30CrMo | 1.16 | 1.13 | 1.61 | 3.90 | 1666 | 78.4 | 427.2 | 20.10 |
| 弹簧钢 | 50CrVA | 1.11 | 1.05 | 1.53 | 3.69 | 1862 | 19.6 | 504.6 | 5.31 |
| 奥氏体不锈钢 | 00Cr17Ni14Mo2 00Cr17Ni14Mo3 | 4.01 | 4.65 | 4.52 | 13.18 | | | | |
| 铁素体不锈钢 | Cr17 | 1.79 | 0.90 | 1.89 | 4.58 | | | | |

注：$CO_2$、$SO_2$、$NO_x$、WG 的单位为 kg/t 钢；WG 表示三种废气的总量，$WG=CO_2+SO_2+NO_x$；$\sigma_b$ 表示淬火+200℃回火的拉伸强度，MPa；$\alpha_k$ 表示淬火+200℃回火的冲击韧度，$J/cm^2$。

金属材料各种表面技术的环境影响差别也比较大。在实施表面技术处理技术中涉及表面处理过程中的能源消耗、资源消耗和废弃物排放。寻找具有相对比较低的影响环境的表面处理技术就是要确定哪些表面技术的环境负荷较低。为此，引用环境负荷的概念，即 $ELV=R+E+P$。这是一种等权重系数加和模型。式中，$ELV$ 为环境负荷；$R$ 为表面处理过程中的资源环境因子；$E$ 为能源环境因子；$P$ 为表面处理过程中污染物环境因子。定义参数的物理量单位为 $g/cm^2$，其物理意义为每处理一平方厘米金属表面所涉及的物质质量（g）。同时定义表面处理的综合评价指标为 $HV/ELV$ 和 $D/ELV$。$HV$ 为表面处理的硬化效果（显微硬度），单位为 MPa；$D$ 是表面处理的处理层深度，单位为 mm。$HV/ELV$ 为单位环境负荷时的硬度化效果度量，而 $D/ELV$ 为单位环境负荷时的硬化深度度量。为了便于比较和优化，对不同表面处理工艺尽量选择相同类型的材料，甚至是相同牌号的材料。表5.4列出了29种表面处理工艺的环境影响度量值。表5.5给出了表5.4中各表面处理工艺的环境负荷 $ELV$、表面处理后的显微硬度（$HV$）、表面处理层的深度 $D$ 及 $HV/ELV$ 和 $D/ELV$。从表5.5可知：不同的表面处理工艺具有不同的环境负荷值。表5.5中的环境负荷值是从小到大依次递增排列的。其中电子束表面处理工艺具有最低的环境负荷，而等离子体表面处理工艺具有最大的环境负荷。从保护环境的角度优化工艺时，工艺的环境负荷应该最小或相对比较小。从表中可知，$HV/ELV$ 的排序规律或趋势与 $ELV$ 的基本吻合，与 $ELV$ 相比，$D/ELV$ 的排序波动相对比较大。但无论具体表面处理工艺如何，从总体趋势上说，对于环境影响的强弱而言，按电子束表面处理→电火花表面处理→激光表面处理→加热处理→气体表面渗碳处理→火焰表面处理→离子化学热处理，从弱到强排列。

表5.4　各种表面处理工艺的环境影响特征

| 序号 | 工艺名称 | 资源因子 /(g/cm²) | 能源因子 /(g/cm²) | 废弃物因子 /(g/cm²) | 说明 |
|---|---|---|---|---|---|
| 1 | HY-45 | 455.74 | 1.48 | 456.02 | 45 钢火焰表面处理 |
| 2 | HY-40Cr | 457.33 | 1.48 | 458.21 | 40Cr 钢火焰表面处理 |
| 3 | DH-18/4/1 | 6.01 | 4.58 | 6.00 | W18Cr4V 钢电火花表面处理 |
| 4 | DH-40Cr | 6.02 | 6.87 | 6.01 | 40Cr 钢电火花表面处理 |
| 5 | GP-45-A | 57.48 | 2.68 | 57.48 | 45 钢高频表面处理,GP-60 型 |

续表

| 序号 | 工艺名称 | 资源因子/(g/cm²) | 能源因子/(g/cm²) | 废弃物因子/(g/cm²) | 说明 |
|---|---|---|---|---|---|
| 6 | ZP-45 | 55.8 | 1.91 | 55.8 | 45 钢中频表面处理 |
| 7 | GP-45-B | 65.3 | 3.04 | 65.3 | 45 钢高频表面处理,GP-10 型 |
| 8 | GP-45-C | 88.9 | 3.94 | 88.9 | 同工艺 7(处理表面 100%) |
| 9 | JG-45 | 14.66 | 0.79 | 6.73 | 45 钢激光表面处理 |
| 10 | JG-40Cr | 15.34 | 0.94 | 7.41 | 40Cr 钢激光表面处理 |
| 11 | JG-18/4/1 | 15.34 | 1.00 | 7.41 | W18Cr4V 钢激光表面处理 |
| 12 | DZ-45 | 7.95 | 0.49 | 7.95 | 45 钢电子束表面处理 |
| 13 | DZ-40Cr | 8.68 | 0.54 | 8.68 | 40Cr 钢电子束表面处理 |
| 14 | DZ-18/4/1 | 8.68 | 0.55 | 8.68 | W18Cr4V 钢电子束表面处理 |
| 15 | QT-18Cr | 95.47 | 31.78 | 95.61 | 18CrMnTi 钢气体渗碳(煤油) |
| 16 | QT-18Cr | 95.47 | 25.72 | 95.65 | 同工艺 15(煤油+甲醇) |
| 17 | LT-18Cr | 1131.93 | 34.93 | 1131.35 | 18CrMnTi 钢离子渗碳 |
| 18 | LT-15Cr | 2377.90 | 82.81 | 2377.15 | 15CrMo 钢离子渗碳 |
| 19 | QT-38Cr | 6.11 | 33.63 | 6.0 | 38CrMoAl 钢气体氮化 |
| 20 | LD-38Cr | 834.02 | 78.14 | 834.0 | 38CrMoAl 钢离子氮化 |
| 21 | LD-38Cr | 1110.02 | 104.19 | 1110.0 | 同工艺 20(装炉量 75%) |
| 22 | LD-38Cr | 1662.03 | 156.29 | 1662.0 | 同工艺 20(装炉量 50%) |
| 23 | LD-40Cr | 382.01 | 35.55 | 382.0 | 40Cr 钢离子氮化,LD-50 型 |
| 24 | LD-40Cr-B | 382.01 | 22.62 | 382.0 | 同工艺 23,LD-100 型 |
| 25 | LD-18/4/1 | 100.00 | 8.89 | 100.0 | W18Cr4V 钢离子氮化 |
| 26 | LD-6/5/4 | 231.00 | 21.30 | 231.0 | W6Mo5Cr4V2 钢离子氮化 |
| 27 | QCN-40Cr | 90.28 | 17.64 | 90.35 | 40Cr 钢气体碳氮共渗 |
| 28 | LCN-20CrMnTi | 753.03 | 16.87 | 753.01 | 20CrMnTi 钢离子碳氮共渗 |
| 29 | QT-18CrMn-C | 91.69 | 12.54 | 91.47 | 同工艺 15(连续式渗碳) |

**表 5.5　各种表面处理工艺的环境负荷及其相关参数**

| 序号 | 工艺代码 | 环境负荷/(g/cm²) | 显微硬度/MPa | 硬化深度/mm | HV/ELV | D/ELV |
|---|---|---|---|---|---|---|
| 1 | 12 | 16.39 | 9500 | 0.50 | 580 | $3.05 \times 10^{-2}$ |
| 2 | 3 | 16.86 | 14800 | 0.03 | 878 | $1.78 \times 10^{-3}$ |
| 3 | 13 | 17.90 | 9800 | 0.60 | 547 | $3.35 \times 10^{-2}$ |
| 4 | 14 | 17.91 | 11000 | 0.60 | 614 | $3.35 \times 10^{-2}$ |
| 5 | 4 | 18.90 | 12000 | 0.06 | 635 | $3.17 \times 10^{-3}$ |
| 6 | 9 | 22.18 | 9800 | 0.40 | 442 | $1.80 \times 10^{-2}$ |
| 7 | 10 | 23.70 | 10000 | 0.45 | 422 | $1.90 \times 10^{-2}$ |
| 8 | 11 | 23.75 | 11000 | 0.50 | 463 | $2.11 \times 10^{-2}$ |
| 9 | 19 | 45.74 | 9000 | 0.51 | 197 | $1.11 \times 10^{-2}$ |
| 10 | 6 | 113.5 | 5700 | 2.00 | 50.2 | $1.76 \times 10^{-2}$ |
| 11 | 5 | 117.6 | 5090 | 1.25 | 43.3 | $1.06 \times 10^{-2}$ |
| 12 | 7 | 133.2 | 5280 | 0.50 | 39.5 | $3.74 \times 10^{-3}$ |
| 13 | 8 | 181.6 | 5280 | 0.50 | 29.1 | $6.64 \times 10^{-3}$ |
| 14 | 29 | 195.7 | 7130 | 1.30 | 36.4 | $1.61 \times 10^{-3}$ |
| 15 | 27 | 198.3 | 7540 | 0.32 | 38.0 | $1.61 \times 10^{-3}$ |
| 16 | 25 | 208.9 | 11080 | 0.05 | 53.0 | $2.39 \times 10^{-4}$ |
| 17 | 16 | 216.8 | 7130 | 1.00 | 32.9 | $4.61 \times 10^{-3}$ |
| 18 | 15 | 222.9 | 7130 | 1.00 | 32.0 | $4.49 \times 10^{-3}$ |
| 19 | 26 | 483.3 | 13500 | 0.10 | 27.9 | $2.07 \times 10^{-4}$ |
| 20 | 24 | 786.6 | 5540 | 0.45 | 7.04 | $5.72 \times 10^{-4}$ |
| 21 | 23 | 799.6 | 5540 | 0.45 | 6.93 | $5.63 \times 10^{-4}$ |
| 22 | 1 | 913.2 | 6560 | 2.00 | 7.18 | $2.19 \times 10^{-3}$ |
| 23 | 2 | 917.0 | 5520 | 2.00 | 6.02 | $2.18 \times 10^{-3}$ |
| 24 | 28 | 1523 | 5090 | 0.85 | 3.34 | $5.58 \times 10^{-4}$ |
| 25 | 20 | 1746 | 10620 | 0.40 | 6.08 | $2.29 \times 10^{-4}$ |
| 26 | 17 | 2298 | 7330 | 1.40 | 3.19 | $6.09 \times 10^{-4}$ |
| 27 | 21 | 2324 | 10620 | 0.40 | 4.57 | $1.72 \times 10^{-4}$ |
| 28 | 22 | 3480 | 10620 | 0.40 | 3.05 | $1.15 \times 10^{-4}$ |
| 29 | 18 | 4839 | 7660 | 0.90 | 1.58 | $1.86 \times 10^{-4}$ |

所以，同样的材料在不同表面处理过程中具有不同的环境影响。同时从表中也可知道，在相同工艺、相同参数、相同设备和相同生产效率时，不同的材料也有不同的环境影响负荷值。这些都说明了在材料处理设计时，要尽可能地考虑工艺的环境影响因素。这也是我们从环境意识角度研究材料的表面处理技术和优化这些工艺技术的基础所在。当然，单从某一指标去判断工艺的取舍是不妥的，要根据多指标进行综合评价或优化。

## 5.2.2    材料环境协调性设计

### （1）生态材料设计的原则

材料科学工作者一直努力研究和开发高强度、高韧性、更适宜在严酷环境条件下使用的高性能材料，于是开发出使用合金元素种类越来越多、组成越来越复杂的各种材料，但在材料的制备和开发过程中基本上忽略了节约资源、材料再生循环使用和环境保护等问题。表 5.6 是 2014 年材料相关工业废气排放的统计，非金属矿物制品、黑色金属冶炼及有色金属冶炼相关行业废气排放是比较高的。片面追求高性能和高附加值的设计思想，导致了目前这种大量生产、大量使用和大量废弃的生产方式。从可持续发展的角度出发，要求产品设计要放在尽量减少新材料的使用数量、尽量增加再生产循环材料使用数量的基础上，并同时满足产品的使用要求。为了实现这种新的材料和产品的设计概念，除了研究材料在再生循环过程中的性能演变机理及其影响因素，研究在材料再生循环过程中除去有害杂质的技术和使杂质无害化的技术之外，还要研究组元数少、组成简单、通过控制工艺过程使性能可在大范围内变化的通用性合金和材料以及材料的性能预测技术等。此外，还要在产品和材料的设计中引入环境负荷的指标。

表 5.6    2014 年材料相关工业废气排放的统计

| 行业 | 废气排放量 /亿 m³ | 二氧化硫排放量 /t | 氮氧化合物 /t | 粉尘/t |
|---|---|---|---|---|
| 全国工业 | 694190 | 15845169 | 13162147 | 12685209 |
| 石油加工、炼焦业和核燃料加工业 | 21291 | 787451 | 397680 | 421385 |
| 化学原料及化学制品 | 41783 | 1343554 | 591885 | 658225 |
| 化学纤维制造业 | 2222 | 77049 | 50290 | 32234 |
| 橡胶和塑料制品业 | 3943 | 85322 | 27794 | 38056 |
| 非金属矿物制品业 | 128460 | 2086269 | 2909964 | 2644862 |
| 黑色金属冶炼及压延加工业 | 181694 | 2150358 | 1008939 | 4271819 |
| 有色金属冶炼及压延加工业 | 36166 | 1229750 | 327538 | 384801 |

环境协调性设计（ecodesign）是将 LCA 方法应用到工业产品设计过程中产生的新概念，然后发展到以一切东西为对象。其实质是在产品设计时要充分兼顾其性能、质量、成本和环境协调性。生态材料设计则是将传统的材料设计方法与 LCA 方法相结合，从环境协调性的角度对材料设计提出指标和建议。当然，关于材料环境协调性设计，目前仍然处于初步研究阶段，其相关的理论还不很成熟。下面也仅仅做一些简单的介绍。

### （2）金属材料的环境协调性设计

以前针对不同的用途开发不同的材料，使材料的种类一直在增加。目前在世界上已经正式公布的金属材料及其合金的种类大约有三千多种，仅常用钢就有几百种。这些材料的合金元素类型及其含量是各不相同的。这样，就使材料的废弃物再生循环很困难。这是因为以前设计材料时，基本上不考虑材料的环境性，仅追求材料品种的多元化和用途的专门化。

可再生循环设计已成为钢铁材料设计的一个重要原则。目前钢铁材料再生循环面临两大难题：分选困难和再生冶炼时成分控制困难，根据冶炼过程可将各种元素分成 4 类：①能完全去除的元素，如 Si、Al、V、Zr 等；②不能完全去除的元素，如 Cr、Mn、S、P 等；③全部残存的元素，如 Cu、Ni、Sn、Mo、W 等；④与蒸汽压无关的元素，如 Zn、Pb、Cd 等。

如果从生态材料的合金化原则出发，传统的思路和方法应该更新。从材料的可持续发展考虑，我们应该发展少品种、泛用途、多目的的标准合金系列。所以就出现了通用合金和简单合金的概念。

① 通用合金　又称为泛用性合金。这种通用合金能满足对材料要求的通用性能，如耐热性、耐腐蚀性和高强度等。合金在具体用途中的性能要求则可以通过不同的热处理等方法来实现。目前，由有限数量的元素组成，且可通过改变成分配比在大范围内改变性能的合金系主要有以下几种。

a. Fe-Cr-Ni、Fe-Cr-Mn 钢　通过改变 Fe、Cr、Ni（Mn）的相对含量，可以生产出从铁素体钢到不锈钢的一系列钢种，其组织结构和性能也可以在很大范围内变化。目前各种 Fe-Cr-Ni、Fe-Cr-Mn 钢应用很多，研究开发也有很大进展。

b. Ti 合金　改变 Ti、Al、V 的相对含量，可使合金的组织与性能发生很大的变化。钛合金由于其优良的性能，将是 21 世纪大力发展和使用的材料。钛合金依合金元素的种类和加入量的不同，可以分别得到 α 钛合金、α＋β 钛合金和 β 钛合金。其中 α 钛合金具有良好的耐热性和焊接性，α＋β 钛合金具有良好的综合力学性能和塑性加工性，β 钛合金则具有高强度和优良的冷成形性。并且可以通过成分设计来预测合金的组织与性能。有可能通过调整成分配比开发出性能更加优异、附加值更高的再生材料。

c. Cr-Mo 钢　高温蠕变强度主要和铁素体基体中的置换固溶元素 Cr、Mo 的固溶量成正比，与 C 的固溶量成反比。而碳化物的沉淀强化作用与置换元素的固溶强化作用相比，对材料的整个断裂寿命影响很小。所以这种合金成分设计方法既保证了耐热钢的持久蠕变强度，又减小了合金生产过程中的环境负荷。

d. 超级通用合金　生态材料学特别关注对组成变化不太敏感的合金材料。一般希望是固溶体合金，通过对相图的重新认识发现，固溶强化与合金组元浓度之间的变化关系比较平缓和连续。所以在再生循环过程中，混入杂质和成分变动等因素对合金性能的影响比较小。当合金废弃后容易实现再生循环。而相变强化的合金则受化学成分变化的影响大，再生循环后比较难保证材料性能的稳定性。目前正在研究固溶合金种类和含量对合金中短程有序度的影响，热处理参数、冷却速度以及与加工制造的关系，从而希望实现对其结构与性能的有效控制。

② 简单合金　组元组成简单的合金系就叫作简单合金。简单合金在成分设计上有几个特点：合金组元简单，再生循环过程中容易分选；原则上不加入目前还不能用精炼方法除去的元素；尽量不使用环境协调性不好的合金元素。在这种设计思想下，研究开发合金时应遵循两个原则：a. 在维持合金高

性能的前提下，尽量减少合金组元数；b. 获得合金高性能时，以控制显微组织作为加入合金元素的替代方法。这种设计合金的思路叫省合金化设计或最小合金化法。简单合金的主要用途是代替大量消费的金属结构件材料。

　　不含对人体及生态环境有害的元素，不含枯竭性元素的低合金钢 Fe-C-Si-Mn 就是目前重点开发的一种普通的简单合金。在 Fe-C-Si-Mn 系钢中，利用 Si 和 Mn 作为主要的合金元素，这两种元素在地球上的储量相当大，并且容易提取。该钢的主要成分为：$W_C = 0.10\% \sim 0.16\%$，$W_{Si} = 0.4\% \sim 1.0\%$，$W_{Mn} = 1.2\% \sim 1.6\%$，其余为 Fe。日本开发了 SCIFER 钢（Fe-0.15C-0.8Si-1.5Mn、Fe-0.10C-1.0Si-1.2Mn），其合金元素总量不超过 2.5\%，可通过形变强化来提高强度，日本神户钢铁公司已经将其商品化。该钢可以通过各种热处理制度来获得不同的组织结构，如铁素体＋珠光体、铁素体＋贝氏体、贝氏体＋马氏体、贝氏体、马氏体等，从而可得到不同强度、塑性配比的性能，以满足各种要求和用途。通过形变热处理，其典型的显微组织为严重形变的铁素体基体加上其间均匀分布的细纤维状马氏体，其强度可以达到 500MPa。该强度指标高于普通的低合金超高强度钢，例如 35Si2Mn2MoV 钢（合金元素总量约 6\%）或 40CrNiMo 钢（合金元素总量约 5\%）。为了评价材料的力学性能和环境负荷之间的平衡关系，对 Fe-C-Si-Mn 系钢提出了一个环境评价指数：

$$X = \sigma_0 \delta / W_{CO_2}$$

　　式中，$\sigma_0$ 为抗拉强度，MPa；$\delta$ 为伸长率，\%；$W_{CO_2}$ 为寿命周期中的 $CO_2$ 排放量，kg。$X$ 是钢的环境协调性设计的依据之一，是环境负荷和性能指标结合起来的一种综合评价指标。图 5.3 给出了几种工业用钢的评价结果。从图中可知，Fe-C-Si-Mn 系钢的环境负荷要低于其他工业用钢。

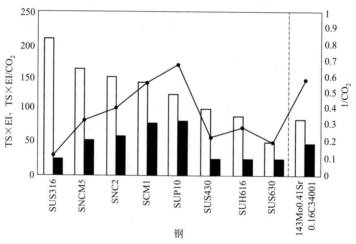

图 5.3　几种工业用钢的评价结果比较

□—TS×EI；■—TS×EI/CO₂；——1/CO₂；TS—强度；EI—伸长率

　　图 5.4 是两个合金体系的抗拉强度与 $CO_2$ 排放量的比较。一个合金体系是 Fe-0.16C-0.41Si-1.43Mn，另一个合金体系是 Fe-0.15C-1.0Ni-1.0Cr。通过不同的热处理方式可以调整其显微组织，则这两个合金体系的抗拉强度指标都可在比较宽的范围内变化，并且其变化范围相当。但是 Fe-C-Si-Mn 系的 $CO_2$ 排放量总是低于 Fe-C-Ni-Cr 系的 $CO_2$ 排放量。当 Fe-0.16C-0.41Si-1.43Mn 钢的成分被作为基本成分，显微组织以贝氏体组织为基准时，图 5.5 给出了合金元素的浓度变化对其抗拉强度和 $CO_2$ 排放量的影响规律。合金元素的增加将使材料的抗拉强度增加。而其 $CO_2$ 排放量下降。这是因为钢中含 C 量的增大意味着固溶强化效果增强，同时意味着炼钢过程中的脱 C 量将减少，则相应的 $CO_2$ 排放量降低。从钢的强化效果和环境保护的综合角度说，Si 作为合金元素应当优先选用。

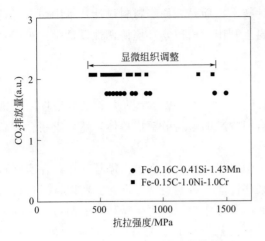

**图 5.4　抗拉强度与 $CO_2$ 排放量的关系**

从左到右材料的组织是逐渐变化的，即从

铁素体→珠光体→贝氏体→马氏体

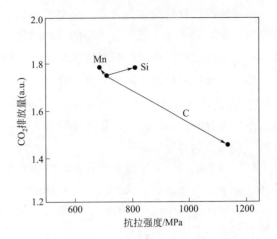

**图 5.5　合金元素质量分数对钢的抗拉强度和 $CO_2$ 排放量的影响**

$W_C$：$0.16\%$→$0.56\%$；$W_{Mn}$：$1.43\%$→$2.43\%$；

$W_{Si}$：$0.41\%$→$1.41\%$

比较图 5.3 和图 5.4 可以发现，当合金组元质量分数都为 1% 左右时，对于 Si、Mn、Cr、Ni 等合金元素而言，Si、Mn 对 $CO_2$ 排放量影响小于 Cr 和 Ni。进一步的研究和分析表明，与其他钢种相比，例如 34CrNiMo、50CrMnVA、0Cr17Ni11Mo、12CrNi2 等钢，Fe-0.16C-0.41Si-1.43Mn 钢的 $CO_2$ 排放量是比较小的。因此，Fe-C-Si-Mn 系钢是一个有前途的生态材料系列。在汽车薄板和冲压件上得到了广泛的应用。根据美国金属学会报道，我国宝山钢铁公司自 2002 年起向全球市场供应 Fe-C-Si-Mn 系双相钢薄板。

另外，与此相关的是计算机辅助设计与控制钢材生产技术。定量地确定显微组织、轧制工艺与钢材性能之间的关系，将用户需求、材料设计与制备以及实时测控集成于一个系统，就产生了智能化的现代材料工程。热轧钢材在生产中仍然占有重要地位，随着钢材组织控制技术的进步，由化学成分、冷却工艺、预测微观组织及其比例，并推断其力学性能的技术日趋完善。使所生产的材料既具有良好的力学性能，又有好的再生循环性。

环境协调性合金的成分设计原则之一是尽量不使用环境协调性不好的合金元素。所谓环境协调性不好的元素是指地球中即将枯竭性元素和对生态环境特别是对人体有比较大的毒害作用的元素。合金元素中对人体毒害作用比较大的元素有 Cr、As、Pb、Ni、Hg 等，如表 5.7 所示。含有这些元素的材料废弃后，会造成空气、少量土壤的污染，直接危害人体或通过生物链对人体造成毒害。因此，在材料设计过程中就要考虑到材料对生态环境的影响，其中无铅钎焊合金的研究开发就是典型的例子。

**表 5.7　某些金属元素对人体的毒害作用系数**

| 金属 | 空气中 | 水中 | 土壤中 |
| --- | --- | --- | --- |
| As | 4700 | 1.4 | 0.043 |
| Cd | 580 | 2.9 | 7.0 |
| $Cr^{6+}$ | 47000 | 4100 | 130 |
| Co | 24 | 2.0 | 0.065 |
| Cu | 0.24 | 0.020 | 0.0052 |
| Fe | 0.042 | 0.0036 | |
| Pb | 160 | 0.79 | 0.025 |
| Mn | 120 | | |
| Zn | 0.033 | 0.0029 | 0.0070 |
| Hg | 120 | 4.7 | 0.15 |
| Mo | 3.3 | 0.29 | 0.70 |
| Ni | 470 | 0.057 | 0.014 |

环境协调性材料设计并非完全脱离了原来的材料设计技术，而是在原来材料设计技术中引入可持续发展的概念，更多地考虑生态环境的保护和资源的循环再生利用。所以，环境协调性设计是一种相对的概念，这与生态材料概念的相对性完全是一致的。

**（3）非金属材料的环境协调性设计**

① 有机聚合材料的可再生循环设计　塑料的再生循环技术大致可以分为两类：一类是将回收废旧塑料作为原材料使用，称为材料再生循环法；另一类是将回收废旧塑料分解成单体，然后重新合成新的材料，称为化学再生循环法。

材料再生循环法的思路是：在塑料功能丧失前，将废塑料作为原料多次再生循环使用。在实际再生循环过程中，由于杂质混入及加工过程的影响，塑料的某些性能不可避免地要退化。所以，经过材料再生循环法制成的再生塑料，存在一个降级使用的问题。回收塑料作为原料再生循环只能制造性能要求比较低的制品，多次回用，直到不能再循环利用为止。在材料最初设计时就要考虑到材料的再生循环性。材料再生循环设计要点：一是要考虑材料的相容性，二是要考虑如何评价回收塑料的老化程度。评价和掌握材料在使用过程中的老化程度，对于充分利用回收材料有着重要的意义。如果建立了评价塑料老化程度的可靠方法，就可以将回收废旧塑料纳入有效的再生循环系统中去。装修材料也要求有不同的性能，所以也使用不同的聚合物树脂。回收塑料中混杂了不同的聚合物树脂，在很多情况下其相容性都不好，从而使再生塑料的性能明显下降。设计阶段必须考虑到材料的再生循环性并限制使用材料的种类，研究开发出能够同时满足多种性能要求的材料及相应的加工工艺。目前正在研制的这类聚合物有尼龙6/ABS系、聚烃类和PET/ABS系聚合物。材料再生循环法的典型实例是汽车保险杠的再生循环利用。废旧汽车保险杠回收后，经过清除涂料膜、底漆和粉碎细化后可以重新作为制造汽车保险杠的原料。目前，日产公司研制的有机溶剂分解和剥离漆层的技术，丰田公司研制的水热法水解涂层膜的技术，富士重工业研究所研制的清除涂层膜和粉碎废塑料的技术都已接近实用阶段。这些技术一旦成熟推广使用，则废旧汽车保险杠就可以作为制造新保险杠的原料而得到充分的再生循环利用。

化学再生循环法的基本思路是将回收塑料作为资源，以石油或单体形式利用。将回收塑料通过水解或解聚，分解成原始材料的单体或低聚物，然后重新合成为塑料初级产品，或者返回到石油状态以便再生利用。例如，在材料再生循环法中对已经多次循环使用的塑料，由于功能降低而不能再进行材料再生循环时，则可采用化学再生循环法处理。化学再生循环法由于还原成了原料，使再生塑料变成了新材料，因此是一种完全的再生循环法。化学再生循环法不仅适用于热塑性塑料，而且也适用于热固性塑料及有机高分子复合材料。真正的再生循环利用，可望通过化学再生循环法来解决。

化学再生循环法的实例是分馏回收技术。如日本电线综合研究中心研究的将交联聚乙烯电线、橡胶绝缘电线的塑料和橡胶成分加热分解、分馏回收的技术。德国塑料包装材料废弃物再生利用协会研究的技术，是将家庭废弃的各种塑料包装材料混合物放入煤分馏装置加热分解，作为石油回收处理来获得制造塑料的原料。日本工业技术院北海道开发试验所则开发从废塑料中回收煤油和柴油成分的技术。

② 有机复合材料的可再生循环设计　作为有机材料的代表，塑料以其轻、柔、韧等特点而广泛使用。但大多数塑料的力学性能比较低，不能作为要求较高强度的结构材料使用。另外，玻璃纤维、碳纤维等无机材料强度高，具有作为结构材料的良好基础性能，但其脆性大，黏结性差。因此，把这两类材料复合成兼有二者优点的复合材料，则有可能发展成为环境协调性复合材料。这类复合材料的典型代表是玻璃纤维增强塑料（GFRP）和碳纤维增强塑料（CFRP）兼备轻质和高强度特点的纤维增强塑料，其具有广泛的应用前景。如美国研制的 HiMAT 飞机，GFRP 用量大约占 4%。用 GFRP 作为车身等结构件的汽车，质量可减轻 51.5%，可大大降低油耗。预计在未来宇航器中，CFRP 的用量会高达 60%。但要真正使纤维增强塑料发展成为环境协调性材料，则必须做到容易再生循环利用。例如，在再生循环

过程中，要先粉碎废旧材料，然后再熔融成形。但在粉碎过程中，作为复合增强的碳纤维和玻璃纤维也一起粉碎了。当再生原料制成产品时，已经失去了原来复合增强的作用。为了解决这一问题，目前正在研究开发叫作塑料合金的高聚物复合材料。即将两种以上的高聚物混合，做成具有新功能的材料。如将液晶聚合物（LCP）和工程塑料复合，做成兼有轻质、高强度特点的并且容易再生循环的材料，则有可能取代纤维增强塑料。例如将尼龙、工程塑料和维克托莱等液晶聚合物共混使之复合，经过注射成型可以得到与纤维增强塑料相当强度且再生循环时强度几乎不降低的复合材料。

其再生循环性非常好的机理是：液晶聚合物加热时变成兼具固液二者特性的液晶态，这是一种流动性很好的热塑性材料。液晶相温度下降时发生纤维化，成为轻质高强纤维。这一特点在共混复合化之后也可以发挥出来，如图5.6所示。液晶聚合物在高温下熔化形成均匀层，复合材料成形后温度下降时，液晶聚合物便分散在工程塑料基体中，形成微小的原纤维，发挥出与玻璃纤维相同的增强效应。在复合过程中，通过调节成形温度和混合状态，使原纤维的生长条件最优化，可以使液晶聚合物弥散分布在塑料基体中。用该方法获得的复合材料必须设法提高基体和纤维之间的结合力，以免成形过程中切应力使液晶聚合物纤维断裂，丧失增强作用。加入环氧树脂可以改善塑料基体和液晶聚合物纤维的相容性。与非强化的尼龙相比，这种复合材料的抗拉强度和弹性模量都有大幅度的提高。复合材料在再生循环过程中，即使原纤维被粉碎破坏，在成形过程中又可复原。因此，这种复合材料经过再生循环后性能变化不大，被认为是一种循环性能优异的环境协调性材料。

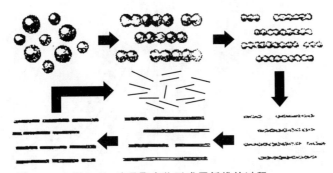

图5.6　液晶聚合物形成原纤维的过程

**（4）环境协调性产品的设计**

对产品设计的环境协调性，这里不做详细的讨论，仅介绍设计中涉及材料的问题。对于大部分机械、电子等产品的设计，模块化设计特别重要。模块化设计时不应只考虑一种型号或一代产品的部件模块化设计，而应考虑到整个产品系列中各代产品零部件的模块化和通用性。产品在其技术寿命完成后，要经历再生循环过程。在再生循环过程中生产出来的材料和再利用的零部件一起返回制造厂重新生产新产品。为了提高部件的再利用率和材料的再生循环率，设计者除了要使产品模块化以外，还要尽量降低再生循环过程的成本，减少原材料的使用，减少能耗和废弃物的排放。其中材料的选择是可再生循环设计和模块化设计中的关键因素。设计者应当考虑由不同材料系统制造的零部件的易分离性，以免在材料粉碎后再应用材料分离技术。典型的例子是惠普喷墨打印机。惠普公司生产 10 种以上型号的喷墨打印机，每种型号打印机的更新换代时间大约是 2 年。打印机使用许多种材料，范围从热固性塑料到昂贵的特殊用途合金。惠普公司在美国萨克拉门托附近建立了再生循环工厂，可以处理所有型号和产品的打印机。下面重点讨论汽车轻量化设计中的材料环境协调性问题。

汽车大量消费矿物燃料和大量排放气体污染物。汽车排放的废气占运输行业废气排放量的大部分，造成了全球温室效应及酸雨，见表 5.8。所以研究和生产环境协调性汽车就成为汽车工业实现可持续发展的主要手段。研制环境协调性汽车，除了开发使用代替矿物燃料的新型能源汽车（如电动汽车、太阳能汽车以及以酒精、天然气和液氢为燃料的汽车）外，对传统燃料的汽车，开发各种节油技术也是研究的主要方向之一。降低汽车油耗的技术有两类：一是减少行驶阻力，包括减轻车体重量；二是提高机械效率，包括提高发动机效率。如图 5.7 所示，节油技术中最有效的技术是减轻车体质量和提高发动机效率。从图 5.8 可以看出，降低 10% 车体重量可以降低油耗 10%。因此，从这个意义上来说，汽车的环境协调性设计就等于模块化设计（统一零部件）＋可再生循环设计＋轻量化设计＋替代能源技术。

**表 5.8　全世界运输业排放到大气中的废气量**

| 排放气体 | 排放量/×$10^6$ t | 运输业在排放气体总量中所占的比例/% |
| --- | --- | --- |
| $CO_2$ | 1505.5 | 15 |
| $SO_x$ | 3.0 | 3 |
| $NO_x$ | 28.6 | 42 |
| HC | 21.2 | 40 |
| CO | 106.2 | 60 |

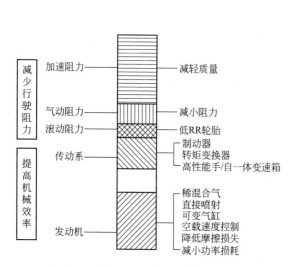

图 5.7　降低油耗的各种技术

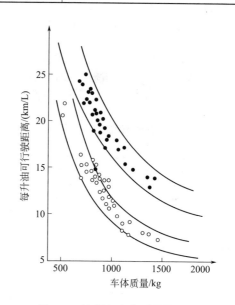

图 5.8　油耗与车体质量的关系
●—60km/h；○—10km/h

车体轻量化的措施包括：①采用高强度钢；②采用轻质材料，如塑料、铝等；③改变零部件形状（减薄、空心结构、小型化、集成化等）；④减轻发动机中高速往复或旋转运动零部件的质量。这些措施主要与材料选择有关。高强度车身钢板可以做得很薄。目前已经开发了成形性很好的各种高强度钢板，如含磷钢、复合钢板、高残余奥氏体钢和无间隙原子钢等，可根据车身不同部件的成型条件及性能要求灵活选用。目前高强度钢板的使用量约占车身质量的 25%。

目前汽车中铝合金用量仅占整车质量的 4%～8%，大部分是铸造铝合金。家用轿车的铝合金用量仅占整车质量的 4%～5%，而大中型汽车和赛车的用铝量也不超过 16%。限制铝材在汽车中大量应用的因素主要是价格。如将车身材料由钢板换成铝合金板，可使车体质量大幅度降低。1991 年，日本汽车厂商开始销售全铝材车体赛车，铝材使用率占整车质量的 31%，车体质量减少 13%。在近十年，铝合金发动机箱体、铝合金轮毂等已在汽车中大量使用。

铝基复合材料的基体一般采用铝硅合金，常用的增强剂有陶瓷纤维、颗粒等。铝基复合材料的弹性模量和硬度比基体铝合金提高 20%～100%，具有良好的高温强度、耐疲劳性能和耐磨性能，热膨胀系数比较低、尺寸稳定性好。从 20 世纪 80 年代起，铝基复合材料已经被广泛地用于活塞、发动机连杆、汽缸套、车轮、驱动轴等零件。近年来工程塑料在汽车上的应用明显增加。现在每辆普通小客车的塑料用量已达到 60kg 以上。美国已经生产出外部面板全部采用合成材料的汽车。重量比钢结构车减轻 50%。

# 5.3　材料环境适应性评估

材料一般都在大气、土壤和水等环境介质或自然环境中使用，即工况环境和自然环境。材料在与环境介质的交互作用过程中，发生能量或物质交换而失效，如金属材料的腐蚀、磨损、断裂，高分子材料的老化等。材料适应性评估技术（fitness-for-service technology，FFS 技术）是对材料继续运行的安全性进行定量工程评定的技术。这是近几年发展、完善，并广泛被接受而形成规范标准的一项新技术。

材料环境适应性是衡量材料质量的重要属性。根据材料所处的环境，可以将材料环境适应性分为工况环境适应性和自然环境适应性。从发展过程和特点看，这两方面各自相对独立，但在方法论上又非常相似，发展过程也非常相似。材料工况环境适应性评估技术目前侧重于带压工程设备，而材料工况环境适应性评估技术侧重于材料或制品在自然环境中产生缺陷后，带缺陷材料剩余承载能力或剩余寿命、缺陷尺寸和材料性能常数之间的关系。

## 5.3.1　材料工况环境适应性评估

工况环境适应性评估技术的发展有三个阶段：孕育期，从断裂力学诞生到 1990 年，即方法论的形成阶段；生长期，从 1990 年到 1996 年有关 FFS 技术规范的制定，即实际技术的形成过程；发展应用期，从 1996 年至今。

**（1）材料工况环境适应性评估技术的孕育期**

数十年来，断裂力学的发展，为工业界提供了除强度设计思想和评定方法以外的断裂韧性设计思想和缺陷评定方法。世界上许多国家，如美国、英国、日本等都在标准中规定，压力容器等设备必须用无损检测的结果对制造过程中的缺陷进行评定后，才能投入使用。我国工业中的压力容器、管线和储罐也都有类似的标准规范。

断裂力学的发展不仅为含缺陷的承压材料服役提供了验收和检验标准，也为设备在服役过程中产生的各种缺陷提供了理论分析工具。当然，这一阶段的工作比较简单，材料的力学性能值往往只是近似，缺陷的在线检测技术不很完善，应力分析的水平也不高。因此，工程中对缺陷的评定方法和处理方法并没有结合起来。一旦发现缺陷，通常处理的方法是消除缺陷、补焊或整体更换设备的某一部分。这往往不是最好的办法，甚至出现越焊越裂的情况。美国几家石油公司投巨资对有关设备产生的缺陷进行维修时就得到了这样的结果。同时也发现了这样的事实：即对某些尺寸比较小的缺陷，可以不经任何处理继续运行。这一经验与断裂力学的理论分析是一致的。1984 年，美国合成氨塔发生了爆炸，这一严重事故促进了 FFS 技术的发展，特别促进了更加有效和灵敏的在线检测手段和方法的完善，如超声、磁粉和射线等方法的广泛应用。这样就能更加有效地发现服役中产生的各种缺陷或环境敏感断裂，使得原来未知的一些问题变得突出了，如检测发现腐蚀，特别是点蚀速度已经超过了面腐蚀速度，甚至有的局部壁厚减小到最小设计壁厚以下，这使得对设备继续服役的安全性问题变得更加重要。由于没有现成的处理方法和规范，越来越多的石油公司开始发展 FFS 技术，以确定缺陷是否需要维修。从断裂力学在石化设备安全评定中开始应用到 1990 年，是 FFS 技术的孕育期。人们在 FFS 工作中逐渐认识到，要建立完善的 FFS 技术，首先必须建立完善的在线检测规范和方法、材料性能劣化数据库和强大的力学分析工具，这将是一个复杂而又庞大的系统工程。

**（2）材料工况环境适应性评估技术的方法论**

到 20 世纪 90 年代初，在认识到建立 FFS 技术的重要性和必要性后，开始致力于发展这种技术。但由于这种技术的复杂性，人们首先从方法论的角度对它进行了广泛的研究。从 1990 年开始，美国金属性能委员会（metal properties council，MPC）在国际范围内分别组织了两方面的队伍，即原子能工业材料方面和石油工业方面，发展适应性评估技术。在石油工业方面，在国际范围内组织了 25 家大石油、石化和相关公司，每年进行两次会议，讨论建立 FFS 的方法。这一工作计划称为 MPC-FFS 计划，目的在于建立完善的 FFS 方法，构建 FFS 技术的框架，包括对体缺陷和面缺陷的评定与计算以及相关检测方法等。并且在方法论的发展过程中加强在各企业中的应用，以对其有效性进行评价。在这一时期，有关材料缺陷在线检测方法、标准和规范发展很快。在这些标准中，FFS 方法完全建立在经验之上，尚未形成方法论，其应用范围有限，还不能给所有的典型缺陷提供指导准则。原子能设备的线安全评定技术标志着材料 FFS 方法论的初步形成。该方法论主要包括 7 个方面：

① 检测。体缺陷和面缺陷的尺寸及形状的确定。使现有的声发射、超声波和磁粉等无损检测方法更加完善地应用。

② 材料性能。广泛地收集整理有关设备材料的力学性能，建立在石化环境条件下材料性能的数据库，重点是建立高温性能数据库和断裂韧性数据库。

③ 应力分析。主要是提供缺陷区域所受的准确应力，即缺陷区域的应力计算，获得包括复杂形状在内的应力强度因子表达式，用有限元方法对断裂过程进行分析。应力分析是 MPC-FFS 计划的难点所在。

④ 失效分析。综合以上各步骤，确定失效原因。

⑤ 环境交互作用评价。主要工作是失效模型的建立。大部分石化设备的失效都是与环境交互作用

的结果，其中包括腐蚀、应力腐蚀各种氢致开裂和材料损伤。完整的 FFS 方法应该搞清楚在服役条件下损伤的原因，以便决定是否继续服役或阻止损伤进一步发生。

⑥ 安全系数。建立了计算面缺陷安全系数的方法。在计算机程序中输入以下变量中的任意 5 个，就可计算出安全系数：a. 主应力；b. 次应力；c. 温度；d. 韧脆转变温度；e. 断裂韧性；f. 基体金属性能；g. 焊头性能；h. 缺陷尺寸。

⑦ 有效性。主要工作是对缺陷的压力容器进行爆破试验和用文献中的失效事例与现有标准进行论证。

**（3）材料工况环境适应性评估技术的发展应用**

20 世纪 90 年代，FFS 方法逐渐成熟，为 FFS 技术的应用打下了良好的基础。无论是脆性断裂、均匀腐蚀减薄、局部腐蚀减薄、点蚀、面缺陷，还是对焊接缺陷、高温损伤和蠕变损伤，FFS 的评价过程都是相同的。第 1 步是对已经产生的缺陷特征、环境条件进行定义和分类；第 2 步是对其可应用性和范围进行定义，确定评估所需的理论；第 3 步是寻求评估过程需要的数据，包括原始设计数据、管理和服役历史数据、FFS 评估过程数据、检测方法及相关数据、评价方法和可接受的评价标准；第 4 步是剩余寿命评估。FFS 技术给出了建立在三种水平上的三级剩余寿命评估方法：一级是倾向于用最少的检测和设备数据在较为保守的判据下进行；二级是利用与一级水平相同的检测数据，但在比一级保守性要小的判据下进行且评估过程要复杂一些，这级评估需要厂级或公司级工程师操作；三级是最高水平和最复杂的评估，这级评估要利用保守性最小的判据，并要利用最为详细的检测信息和设备服役数据，整个过程完全建立在定量分析的基础上，如应力计算采用有限元方法。

## 5.3.2　材料自然环境适应性评估

材料自然环境适应性评估技术是指材料或制品在大气、土壤和海水等自然环境中服役产生缺陷后，带缺陷材料或制品剩余承载能力或剩余寿命、缺陷尺寸和材料性能等常数之间的关系。其技术流程如图 5.9 所示。把各类材料按照国际与国家标准制备成试件，在实验室进行长期的现场试验，应用多种技术手段对环境因素和试件材料在环境作用下发生的变化进行长期的观察和检测或进行室内模拟试验；同时按不同材料的不同试验周期定期取样进行测试分析，获得原始性数据（即环境腐蚀性的评估数据和材料在环境中的腐蚀率数据）；通过数据评价、数据处理和综合分析，获得不同材料在不同自然环境中的腐蚀规律，在此基础上，建立剩余承载能力或剩余寿命、缺陷尺寸和材料性能等常数之间的关系。其技术体系包括自然环境实验、室内外加速实验、失效机理研究、检测技术、评估模型建立，材料性能常数数据库和有效性能等几个方面。目前的重点在自然环境实验、室内外加速实验、失效机理研究、检测技术等方面。所以从总体上看，材料自然环境适应性评估技术的发展落后于工况环境适应性评估技术。

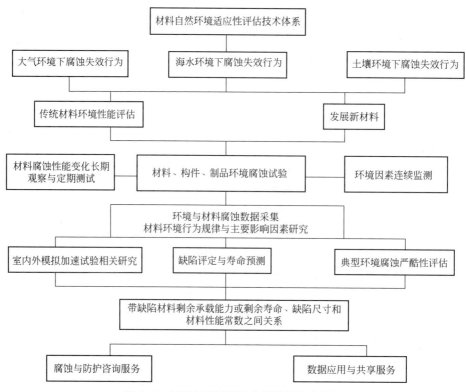

**图 5.9　材料自然环境适应性评估技术流程**

**（1）国外材料自然环境适应性评估技术的发展**

工业发达国家十分重视该领域的基础数据积累工作，早在 20 世纪初期，美国通过材料在本国自然环境中的长期暴露试验（大气 25～35 年，海水 20～25 年，土壤 40～45 年）的系统研究，积累了大量的腐蚀数据，为工程防腐升级、发展各种耐腐蚀材料、延长设备和工程的使用寿命，为制定材料防护的规范和标准提供科学的依据。

由于工业发展带来的环境污染，引起了各工业国家的关注。1986 年国际标准化组织（ISO）发起并组织了一个多国联合行动，采用 4 种金属材料（低碳钢、锌、铜、铝），统一制成板状和丝状标准试样，在全世界 64 个大气站进行为期 10 年的暴露试验，测定各地的大气污染的腐蚀性成分，为制定国际大气腐蚀分类标准提供依据。

1979 年，联合国欧洲经济组织通过了一项有关超国界空气污染检测的协议，从 1985 年开始，欧洲、北美 16 个国家联合，采用四类常用材料（结构金属、建筑石料、有机涂层、电接触材料）共 14 种在 39 个大气试验站进行为期 8 年暴露试验，进行大气污染物（硫、氮化合物等）对常用材料大气腐蚀影响的研究，为制定控制大气污染的政策和标准提供依据。

目前环境试验是材料自然环境适应性评估技术中最重要的一方面，它包括自然环境试验和人工加速试验。20 世纪 70 年代，环境试验进入成长期，新方法、新标准、新设备大量出现，并且与研究相结合，形成了现代环境试验技术。20 世纪 80～90 年代，环境试验向高技术、多品种、多样化发展，并且与其他技术相结合，开始孕育材料自然环境适应性评估技术。随着科学技术的进步，经济的快速增长和社会的不断进步，材料与制品的环境腐蚀等问题对科技进步、社会经济发展和人民生命财产安全的重要影响已经逐渐为人们所认识，并得到科技界和各级政府的普遍关注。主要体现在两个方面：世界工业发达国家已相继建立了各种防腐蚀立法，使重大工程设计与建设服从于防腐蚀立法；国际上先后出现了材料环境腐蚀试验研究中心，进行长期的材料腐蚀数据的积累、数据库及数据中心建设与规律性研究。这些材料环境腐蚀试验基地的建立，都是基于认识到世界各国每年生产出大量工业材料及制品，在使用环境中受自然和人为因素的影响，质量功能降低、使用寿命缩短、损耗率增加。因此，要把握材料及制品的时效变化而带来的耐候性，耐蚀试验及数据积累工作显得十分重要且不可缺少。

　　国际上材料环境腐蚀试验研究工作的发展趋势是：①试验环境全球化，例如为了开拓市场产品，ATLAS公司除了在美国的两大暴露场外，在全球其他8个国家还设立了11个特殊环境的暴露场。②试验方法标准化，为了提高材料耐腐蚀性和耐老化性能，以及环境腐蚀性的可比性，试验研究工作从暴露方法到检测手段都采用统一规范、统一标准。③试验服务市场化，世界各国的环境腐蚀数据中心服务于社会，也得益于社会。④材料自然环境适应性评估技术开始形成，材料环境腐蚀数据中心在大量数据积累和数据库建设的基础上，逐步向预测预防和快速评价的方向发展，根据数据的规律性建立模型，进行预测预防；根据材料性能与环境因素的相关性建立加速腐蚀试验方法，已经成为材料环境腐蚀数据中心直接推广应用的两个主要方面。

**(2) 国内材料自然环境适应性评估技术的发展**

　　我国材料自然环境腐蚀试验研究工作开始于20世纪50年代，由国家科委组织、中国科学院及有关部门参与，作为国家第2个五年计划的重要科技任务之一。1958年建立了全国大气、海水、土壤腐蚀试验网站。"六五"期间投入腐蚀试验六大类（黑色金属、有色金属、混凝土、高分子材料、保护层、电缆光缆）353种，九万多个试件，通过4个周期的试验，现已积累材料大气、海水腐蚀8～16年的数据；中碱性土壤腐蚀30～35年的腐蚀数据库和子库共20个。数据已在国家建设中得到了应用（如三峡水利枢纽建设工程），获得了显著的社会效益和经济效益；研究总结了投入试验的各类材料在不同自然环境中的耐腐蚀特性与腐蚀规律，为我国材料自然环境腐蚀科学的建立与发展做出了贡献；经过多年的研究工作，培养与建立了一支科技骨干队伍，坚持长期的材料腐蚀基础数据积累和基础试验研究工作。

　　几十年长期积累的大量基础数据，经过加工和总结，逐步以专题研究报告、科技论文、数据资料汇编、试验方法标准、计算机数据库系统以及数据应用软件等多种形式体现出来。目前已积累的数据和阶段试验研究成果在国家重大工程防腐设计与选材、防腐规范与标准制定、企业材料生产工艺的改进、产品质量的提高以及新材料的研究开发等方面发挥了作用。在我国，向数据资料网络化、试验方法标准化、建立适应性评估技术方向发展，已经势在必行。与国外相比，我国在这方面的研究工作还有一定的差距，应该发展我国特色的材料环境适应性评估技术。

　　从国际、国内的环境试验发展趋势看，环境试验技术正在向适应性评估技术方向发展，环境试验技术本身的发展以及与其他多种学科协同、渗透和交叉，正在形成系统而又完善、科学而又实用的材料环境适应性评估技术。

# 第6章 材料(计算)设计与方法

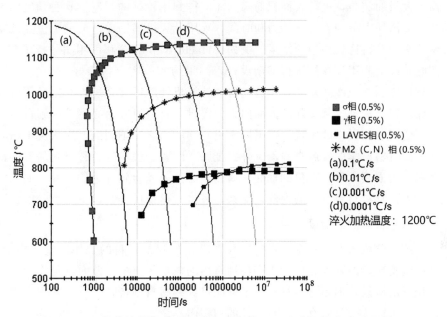

**采用 JMatPro 软件计算得出 Ni50Cr50 合金的 *TTT*（时间-温度-相变）图**
利用该图，可以查看合金中的相组成、制定合理的热处理工艺等。为镍基合金靶材的
开发提供了数据基础和科学指导，极大地推动了产品的研发进度，降低了研发成本

**导读**

　　有人给材料设计下的定义是"按照科学原理制备预先确定性能目标的材料"，该定义显得很苛刻。目前，人们所进行的工作离此定义距离太远了。谢佑卿等认为对待材料设计，也要和对待材料科学一样，应以历史发展的观点来看待。为此给材料设计下了一个比较宽松的定义：材料设计是依据积累的经验、归纳的实验规律和总结的科学原理制备预先确定目标性能材料的科学。早期的一些名词有：数量冶金学、计算金属学、合金设计、计算机模拟、计算机分析与模型化等。目前在国际上基本都认可了"计算材料学""材料设计学"。

# 6.1 材料（计算）设计概述

## 6.1.1 材料设计发展的历史

长期以来，材料研究在大多数情况下是先试制出系列材料，然后根据用途选择材料。这种研究要依赖于大量的实验，进行大面积的筛选才能得到比较好的材料。这种研究方法有很大的盲目性和偶然性，并且要消耗大量的人力、物力和时间。采用计算机辅助设计或模拟仿真试验进行材料设计，可以用比较少的实验获得比较理想的结果。例如：Hachiro Ijuin 等利用相图分析了三元合金的液相外延生长机理，在此基础上利用计算机进行辅助设计，结果与实验吻合得很好。东京大学 Makishima 等利用玻璃材料的数据库和知识库开发了一个玻璃材料计算机辅助设计系统。利用计算机技术，材料科学的发展走材料设计之路，从理论到实际两方面向人们提供了材料研究由必然王国到自由王国的可能。

任何一门科学的发展，在不同历史时期的内涵是不同的，它取决于该时期社会生产力和科学技术的水平。材料科学的发展也并不例外。金属、陶瓷、塑料等各种材料的发展都经历了简单到复杂、宏观到微观、表面到本质、盲目到理性、偶然到必然、经验到理论的过程。如果把它们的发展历程和研究开发都认为是具有材料设计的内涵，那么，可将材料设计分为以下几个阶段：

**（1）材料的经验设计阶段**

这一阶段人们是根据积累的经验来研究和制备材料的，如调整钢中的成分以制造锋利的刀剑等工具；调整矿砂的种类和比例生产各种特性的玻璃等。虽然此时材料作为一门科学还尚未形成，还处于经验积累的阶段，但是这种具有预定性能目标的材料制备，尽管是在很大程度上还带有盲目性和朦胧的意识，也可以认为是具有了材料设计的初期内涵。

**（2）材料的科学组织设计阶段**

自从金相显微镜被用于观察材料的组织形貌后，发现材料的性质与组织密切相关，宏观热力学和溶液理论成为解释组织与成分和工艺关系的理论基础，这时材料科学进入了金相学阶段。从此，人们有目的地通过调整材料的成分，改进制造生产工艺，以获得特定的组织来保证材料的性质符合预定的要求。式（6.1）表示了组织设计的内涵：

$$Q_k = \sum X_{kp}(Q_{kp} + \Delta Q_{kp}) \tag{6.1}$$

式中　$Q_k$——材料的总体性质；

$\quad Q_{kp}$——材料的各项性质；

$\quad X_{kp}$——$k$ 种材料 p 相的浓度；

$\quad \Delta Q_{kp}$——相的形状、大小和分布及组元浓度的函数。

$Q_k$ 并不是性质 $Q_{kp}$ 的简单相加，而是在简单加和式中加入一个相的相关修正函数。要进行定量的组织设计必须知道各相的性质 $Q_{kp}$ 以及各相的相对含量 $X_{kp}$ 和 $\Delta Q_{kp}$。然而在组织设计的初级阶段，这些条件都不能满足，当时对 $Q_{kp}$ 和 $\Delta Q_{kp}$ 只有定性的了解，所以也只能进行定性的材料设计。

**（3）材料的相结构设计阶段**

20 世纪初，英国物理学家 W. H. Bragg 和 W. L. Bragg 父子俩首次应用 X 射线衍射方法测定了 NaCl 的晶体结构，开创了 X 射线晶体结构分析的历史，建立了现代晶体学。使人们对材料的结构认识由组织结构层次向相的结构层次深入。随之，材料设计也进入了相结构设计阶段。

晶体学的形成，使人们对材料相结构认识得到了深化，从而大大丰富了材料科学的内容，也增加了为获得预定性能目标而进行材料设计的手段。例如，为了提高合金的强度可以采用固溶强化、弥散强化、细晶强化等多种方法。位错理论所揭示的现象促进了合金的塑性变形、加工硬化、回复再结晶等理论的建立和发展。合金强度的理论计算获得了很大的进展，材料设计朝着定量化的方向迈出了重要的一步。

在合金相中，组元浓度可在比较大的范围内变化，原子的排列服从一定的统计规律，为了反映合金相中原子排布的特征，促使宏观热力学向统计热力学发展，人们选取适当的原子排布模型求得的 Gibbs 自由能、生成热等热力学性质随浓度的变化。合金统计热力学的建立促使对合金设计具有重要意义的相图由实验测定向理论计算方向发展。

统计热力学、晶体学、位错理论等材料科学中的理论是合金相结构层次设计的理论基础。合金相结构性质的一般关系式：

$$Q_{kp} = \sum X_{kpa}(Q_a + \Delta Q_{kpa}) \tag{6.2}$$

$$q_{kp} = \sum X_{kpa}(q_a + \Delta Q_{kpa}) \tag{6.3}$$

式中　$Q_{kp}$——p 相的摩尔性质；

$\qquad q_{kp}$——p 相的平均原子性质；

$\qquad X_{kpa}$——p 相中 a 组元的浓度；

$\qquad Q_a$——a 组元单质的物质的量性质；

$\qquad q_a$——a 组元单质的平均原子性质；

$\Delta Q_{kpa}$——原子相关修正量，它是原子空间排布的几何特征、化学环境及浓度的函数。

纯单质的性质是由实验确定的，反映了原子相关性影响的能量和体积的修正量，可用由统计热力学导出的关系式来描述，但其中待定的相互作用参数仍需要由实验确定。这表明即使根据科学原理进行材料设计，也并不意味完全不依赖实验，只是减少了实验工作量而已。

**(4) 原子结构层次设计阶段**

20 世纪初，原子结构被揭示和量子力学理论的建立使人们对材料结构的认识由相结构层次向原子结构层次深入，材料设计随之向原子结构层次设计发展。

自由原子的电子结构研究揭示了元素周期表的结构本质，从而进一步发挥了元素周期表在新材料设计开发中选择组成元素的指导作用。材料的原子结构层次设计的基础，也是材料设计走向定量化的前提。其主要任务是在自由原子的电子结构已知的情况下预计同类原子聚合时，原子外层相互作用所引起的电子空间分布和能量状态的变化，进而由变化后的电子结构预计纯单质的晶体结构类型、晶体结构参数和性质。最后预计异类原子的电子结构的变化所引起的相结构和性质的变化。

材料科学的发展是依赖于实验技术的发展和学科理论水平的提高。材料科学按照从宏观到微观的结构层次顺序不断地深化，材料设计也是沿着相应的四个结构层次顺序而发展的。

材料科学理论和材料实验是材料设计的基础。材料科学的发展方向决定了材料设计的方向。材料科学中现有的理论大多数是从单一的结构层次和单一性质出发建立的。材料中各结构层次间是相互联系的，而结构又决定了性质。因此，不同结构层次和不同性质的理论必将互相沟通，逐步形成有机联系的知识系统。材料科学也必将发展成为材料系统科学。材料单一结构层次的设计也必将向材料设计系统工程发展。

材料计算设计始于 20 世纪 50 年代末 60 年代初。苏联开展了关于合金设计及无机化合物的计算机计算预报；70 年代美国首次用计算设计方法开发了镍基超合金。80 年代材料设计在理论和应用上都取得了重大的进展。所涉及的材料范围也日益扩大：无机材料、有机材料、金属材料、核材料、超导材料和各种特殊性能材料等。日本文部省组织了材料设计工作的综合研究软课题。在玻璃、陶瓷、合金钢等材料的数据库、知识库和专家系统方面开展了很多工作，取得了不少成果。1985 年日本东京大学三岛良绩编写出版了材料设计的第一部专著《新材料开发和材料设计》，标志着材料设计工作进入了一个新的阶段。1990 年、1992 年分别召开了以计算机辅助设计新材料开发为主题的第一、第二届国际会议。同时，有关材料设计的国际性期刊也应运而产生。如英国物理学会的 "Modelling and Simulation in Materials Science and Engineering" 和荷兰 ELSEVIER 出版公司的 "Computational Materials Science"。在日本的某些大学材料系开设了材料设计的有关课程。美国的橡树岭国家实验室、美国国家标准和试验研究院、美国麻省理工学院、卡耐基-梅隆大学在新材料设计方面作出了重大的贡献。我国虽然起步较晚，但一直很重视。在国家重点基础研究发展计划（973 计划）中设立了专题研究方向，2000 年国家把材料计算设计的研究作为重大基础研究项目，正式列入了计划。现在，国内很多单位都设立了该研究方向。

今后材料设计的特点：

① 经验设计和科学设计并存与兼容。从长远的观点看，各结构层次的理论将构成具有指导材料设计功能的知识系统。然而不管这一知识系统发展到何等程度，总存在大量尚未被理性化的经验和实验规律，它们将会在材料设计中得到充分的应用。完全不依赖经验和不进行探索性实验的材料设计在相当长的时期内是不可能实现的。人们不可超越材料科学的水平，对材料设计提出不切实际的要求，而应该一步一步地攀登。

② 材料设计将逐渐综合化。随着材料系统科学的逐步形成和发展，单一的结构层次的材料设计必将逐步被多结构层次设计所代替。单纯的结构设计必然转化为结构和性质相结合的综合设计。例如在复合材料的设计中，除了考虑单一材料的形态、大小、分布和相对比例对相关性修正项 $\Delta Q_k$ 的影响外，还需考虑复合后单一材料的边界结构对 $\Delta Q_k$ 的影响。甚至在许多情况下边界的结构成为影响 $\Delta Q_k$ 的主要因素。

③ 材料设计将逐步计算机化。计算机科学和材料科学将是材料设计的两大支柱。人们可根据材料科学的知识系统将大量丰富的实验数据和结果存储起来，形成数据库，如合金系相图、合金系的热力学性质、晶体结构参数和力学物理性质等。随着材料科学准确性的提高，又将出现基础合金系的相结构参数图、相的主要性能图等。具有实用性的各种专门材料设计系统将会相继出现。

## 6.1.2　材料设计范围与层次

材料设计范围：材料的制备、材料的组织与性能、材料的使用如图 6.1 所示。设计的主要工作及其相互关系如图 6.2 所示。

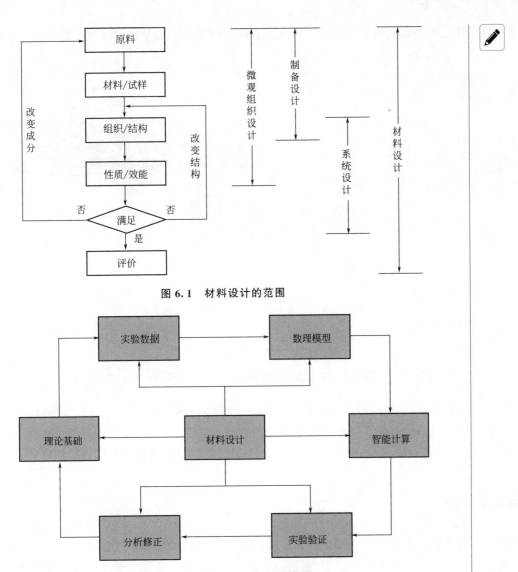

图 6.1 材料设计的范围

图 6.2 材料设计主要工作关联图

材料计算设计是多学科交叉结合、相互渗透的新兴领域。材料设计一般分为微观、介观、宏观三个层次，或称为微观层次、连续模型层次、工程应用层次。

微观设计层次：空间尺度约 1nm 数量级，是电子、原子、分子层次的设计。

介观设计层次：典型尺度约 $1\mu m$ 数量级，材料被看作是连续介质，是组织结构层次的设计。

宏观设计层次：尺度对应于宏观材料，涉及大块材料的成分、组织、性能和应用的设计研究，是工程应用层次的设计。

不同层次所用的理论及方法是不同的，不同层次间常常是交叉、联合的，不同层次的目的、任务及应用也不尽相同，见图 6.3。各层次的研究关键是根据基础理论和数据能否发展出符合实际的解析与数理模型，解决不同层次间计算方法的选择与整合。材料设计在宏观上是一个系统工程，建立成分、工艺、组织、性能及可靠性之间的数理模型是整个系统优化和控制的基础，也是实现计算机智能化设计材料的前提。

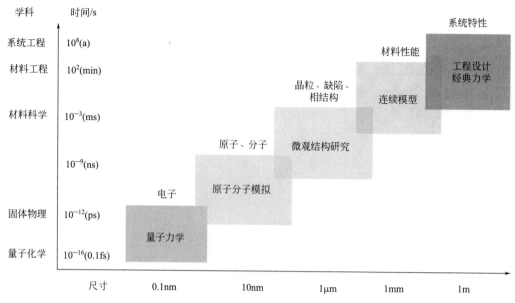

图 6.3   材料设计方法与空间、时间尺度的对应关系

材料科学将发展为材料系统科学，材料设计也必将是系统设计。不同结构层次与不同性质间的理论需要沟通，逐步形成有机联系的知识体系。单一层次的设计必将被多层次设计所代替。多层次设计必须要建立多尺度材料模型（multiscale materials modeling，MMM）和各层次间相互关联的数理模型。

### 6.1.3   材料设计的任务

许多国家的知名研究单位、公司、大学都在争夺材料科学研究某个方面的领先地位，这些国家都加大了材料理论与计算设计方面研究的人力和财力的投入。美国在计算材料科学方面一直处于领先水平。自 20 世纪末以来，在美国已有一些公司开发材料计算的软件，例如 MIS 公司比较早地开发了有关材料光、电、磁、热等性质的计算软件。美国专门成立了"计算材料科学实验室"。自从 20 世纪 60 年代摩尔定律提出以来，一直到 21 世纪初，该定律在微电子领域依然有效，但是之后的发展，器件的微小化和价格降低的速度略微低于摩尔定律的预期，因此要加紧在理论和计算的指导下设计和开发新的材料和器件。日本在材料计算设计科学研究方面开展得比较早，从政府到大学、公司、研究单位都很重视。在"从头算起"（ab initio）、数据库、专家系统等方面取得了不少的成果。

根据我国自然科学发展战略调研报告的精神，材料设计方面的主要任务是：

① 材料设计为国民经济和尖端技术服务   要结合国民经济建设和高技术项目开展材料设计工作。例如，要在厚壁压力容器材料、原子能应用材料、航空与航天用超高强度材料、高温合金、低温材料、电子信息材料、各种特殊功能材料等。

② 从分层次到多层次进行材料计算设计   分层次研究的弱点是不同学科互相分割，难以取得系统的合效果；特别是微观层次（电子、原子）的设计离开预报、设计实际材料还有很大的距离，难以解决工程实际问题。国内外很多有识之士提出了多层次综合的设计思想。

③ 多学科的交叉、融合是必然的趋势   材料计算设计科学是材料、物理、化学、数学和计算机等

多学科的交叉研究领域，鼓励材料科学和系统科学结合。整体化已成为当今科技发展的重要趋势，多层次和跨学科正是计算材料学的特点和本质。

④ 数理模型的建立和实用化是关键 材料设计系统主要依赖于数理模型。师昌绪曾说过：各层次研究的关键是根据基础数据能否发展出符合实际的解析与数理模型，解决不同层次间计算方法的选择与整合。

⑤ 材料计算设计科学的基础研究必须加强 我国材料设计或计算材料学的兴起落后于国外十余年，并且在观念、思维上也没有跳出国外现有的思路，有的还比较偏激。有关基础理论的工作比较多：各层次的接口问题；大量的实用性数理模型的建立；一些共性问题的解决；材料性能的优化设计和可靠性设计等，特别是新材料的设计开发基础研究工作则更多。

开展材料计算设计的研究有很大意义：可促使材料科学与工程从定性描述走向定量预测的新阶段；为高技术新材料的研制提供理论基础及优选方案；加速建立我国的"计算材料科学"这门崭新的交叉学科。

目前材料计算设计的研究内容主要是：计算方法的发展。要提出新概念、发展新理论，建立描述真实过程的数理模型。发展材料设计中的多尺度分析方法；材料组分、结构与性能关系的预测。如位错运动对力学性能的影响，表面、界面的结构问题，缺陷间交互作用等；新材料的计算设计。材料计算设计的关键问题是：建立描述真实结构与过程的关键量及数理模型；解决不同层次间计算方法的选择与整合。

我国近几年来在材料计算设计方面取得了很大的进展。1996年成立了"国家高技术研究发展计划（863计划）新材料模拟设计实验室"，开展原子级水平的模拟计算，也建立了数据库基础上的专家系统。在非线性光学晶体的分子设计、半导体材料的设计、低维材料的开发、有机聚合物的设计、半经验方法的材料设计系统、材料界面问题等方面开展了大量的研究。

## 6.2 材料设计的主要途径与方法

### 6.2.1 从相图角度进行设计

在金属材料领域，这是大家比较熟悉的途径。例如，根据 Sn-Pb 二元状态图来设计锡铅焊料；根据 Cu-Sn、Cu-Zn 相图设计青铜及黄铜；根据 Al-Si-Mg 相图来设计铸造铝合金。在热力学计算相图方面，如高温合金中评价 $\sigma$ 相的生成条件也有比较好的进展。

材料的研究与开发离不开相图。无论是实测相图还是计算相图都是材料研究的基础。而计算相图又是人工智能材料设计的重要组成部分。很显然，合金设计的过程首先是确定多相相平衡成分的过程。世界上进行合金相图的研究已有120多年的历史，编辑合金相图集也有半个世纪的历史。由于合金相图的特殊性和重要性，研究工作发展很快，并且由实验实测发展到利用热力学数据计算相图。但实测相图仍然是获得有实用价值相图和获得有关数据的基本方法。到目前为止，除了 Hansen 编辑的二元合金相图和后来的补充外，各种专门金属的合金相图集已出版很多。自 20 世纪 70 年代末成立国际合金相图委员会以来，除继续实测和建立各种热力学模型进行相图计算以外，国际上相图研究工作的显著特点是从实测相图和热力学两个方面进行综合评估。并出版了大约 20 多部经过专家评估过的合金相图专著。根据各种渠道所获得的热力学参数，开发相平衡计算程序系统曾经是国际上的热点。目前，许多国家已经开发出了多种这样的系统软件，如美国的 NBS/ASM、Matlabs 数据库，加拿大的 FACT 数据库，欧洲的 SGTE 数据库和瑞典的 THERMO-CALC 相平衡计算与数据库等程序系统。相图工作尽管取得了很大的进展，但迄今为止，其相图的数量仍然远远不能满足要求，特别是三元系以上的相图更少。所以，根据相图来进行合金的设计有比较大的限制，困难也比较多。

## 6.2.2　从数量冶金学角度进行设计

从材料工程应用的角度，这是比较切实可行的。所谓数量冶金学，是建立在材料科学与工程基本模型的基础上，以材料科学与工程的知识、技术为主体，融合计算机技术、应用数学、现代科学方法论等学科所组成的一个交叉学科领域。其基本任务是进行金属与合金设计、工艺过程及其质量控制等方面的工作。简单地说，就是进行金属材料科学与工程中各个环节的定量化工作。

从金属材料的现状来看，金属材料已有上万种牌号。这是多少年来材料工作者工程经验和研究探索的结果。由于受到科学和技术进步的限制，过去进行金属与合金材料的研究以及开发的新材料，通常都是用"试错法""加减冶金法"等。这些方法是利用人们积累的经验来进行研究的，其缺点是费工、费时，成本高，而且准确性差。尽管如此，这些工作深化了人们对金属材料的认识，为合金设计提供了大量的资料，这是现在进一步开展研究的宝贵财富。

目前的合金设计常常是利用回归分析、主成分分析等数学方法以多项式的形式来表示的。有两种方式：一种是通过实验实测数据经过统计处理，借助于理论分析进行外推，由外推的优化结果进行实验，再将数据处理成数学模型；另一种是根据经验或理论分析，按照正交设计、回归正交试验和旋转设计等试验设计方法，把试验结果处理成数学模型，由此找出最优范围构成新材料设计的基础。以上方法已经把材料的成分—工艺—组织—性能—可靠性等要素联系起来。这样，在进行材料成分设计的同时，还必须优化加工工艺过程，以达到控制组织、性能的目的。成分和工艺是不能分割的，两者的共同作用决定了组织，从而也就决定了材料的最终使用性能，再加上服役条件（即环境因素），则内外因综合作用决定了零件的功能及其使用寿命。

从已开展的合金设计工作来看，基本上是按演绎和归纳两种思路进行的。

① 科学归纳法，简单地说，是寻求事物因果关系的方法。科学归纳法又分为求同法、求异法、同异并用法、剩余法等。从材料科学研究角度来说，归纳法是从实验出发，以已知的事实、经验和知识为基础，总结出为获得符合要求的材料所采取的方法。

② 演绎法是从已知的某些原理、定理、法则、公理或科学概念出发，推论出某些事物或现象具有某种属性或规律的结论的一种思维方法和科学研究方法。简单地说是指从一般到个别的逻辑理论思维和推理方法。在材料科学中，演绎法是利用材料的物理、化学等方面的理论成果，借助计算机进行计算设计材料的有关性质的方法。

演绎法和归纳法存在对立统一的辩证关系。两者相互联系、相互依赖，又相互补充和渗透。归纳是演绎的基础。演绎中包含归纳，演绎也离不开归纳。演绎又为归纳提供一般原理的指导，所以归纳中也包含了演绎。演绎和归纳的矛盾双方在一定的条件下会互相转化。

单纯从理论出发进行计算设计能提供许多有用的线索，但实际材料的复杂性使人们往往对归纳法予以优先考虑。目前的发展趋势是两者结合起来。

材料设计的成功取决于材料数据和知识的积累、整理和分析，其关键是在此基础上建立系统的数学、物理模型。合金化的目的在于提高和改善材料的性能。为了正确地设计合金，必须了解各种不同的强韧化手段，掌握一定的材料科学理论。具体内容在后面的章节会做介绍。

## 6.2.3　基于量子理论的设计

这是在材料物理科学的基础上进行设计的。又称为第一性原理计算，或"从头算起"。基本方法有固体量子理论和量子化学理论。特别适用于原子级、纳米级工程的材料，超小型器件用材料，电子器件材料等方面的计算设计。

由于多粒子量子力学的计算，需要引入许多边界条件，所以难以得到满意的结果。计算机的发展，可处理数十个粒子的系统，但这和实际应用还有很大的距离。尽管如此，从材料科学的角度进行材料设计的研究，可以从中引出许多材料设计的课题。例如：二元合金的配合。从物理化学角度解释合金的配合，并用电负性和电子空位浓度来说明金属间化合物的存在范围。上海大学陈念贻教授研究了金属间化合物的形成规律。根据化学键参数函数以元素电荷-半径比 $Z/r_k$ 和电负性 $\Delta X$ 之间的关系，或由最后电离势 $I_z$ 及 Slater 价电子位能函数 $(Z-\sigma/h)^2$ 代替 $Z/r_k$，得出了二元系形成金属键的分界线近似方程。

20 世纪 80 年代以来一些新材料不断地被发现，如高温超导材料、超硬材料、纳米材料、人工低维量子结构材料等。而理论研究和计算设计在开发这些新材料中起了重要的作用。主要是应用了第一性原理计算设计的方法，如局域密度近似（LDA）、GW 准粒子近似、分子动力学方法、新赝势法、紧束缚（TB）总能量法等。

表面与界面的计算设计研究是随着材料在原子水平上的合成及纳米工程的兴起而提出的。主要的任务是：揭示发生在材料表面、界面上各种现象的物理内涵。如何利用第一性原理的方法来计算设计表面和界面的物理、化学和动力学过程等问题。

人工薄膜生长过程也是由原子水平上的物理学所主宰的。许多现象涉及非平衡过程中所遇到的问题。目前最有力的理论手段是分子动力学模拟和蒙特-卡洛模拟，关键的计算技术在于原子间相互作用势的准确计算。

关于复合材料、陶瓷、聚合物的设计问题，在理论上首先应设计好作为构建单元（building blocks）的介观实体（entities）。这种介观实体由几十到几千个原子组成，其结构和特性是多变的，有比较强的可装配性。因复合材料设计的复杂性，目前仍有赖于经验模型。

### 6.2.4　基于物理、数值模拟的设计

计算机模拟技术是材料设计科学中的一个分支。在 20 世纪 80 年代就进行了材料淬火过程的计算机模拟并建立了 METADEX 数据库。在材料加工的各个过程都取得了比较大的成功。在国外，高强度微合金化钢薄板的生产全程由计算机模拟控制。目前在材料计算设计领域中，主要进行了新材料开发过程中的一些现象的计算机模拟。

对材料结构和性能的计算机模拟一般由两部分组成：①材料本身的模型化，它的结构要受到两个因素的制约，即结构要尽量接近实验观察到的形态和受到计算机内存和计算时间的限制。②对实验观察到的物理性质及有代表性的特征进行模拟计算。

分子动力学计算机模拟是研究复杂的凝聚态系统的有力工具。由于纳米材料的晶体尺寸在纳米量级，运用分子动力学计算机模拟纳米材料的性质是很有希望的。分子动力学研究不受样品制备和测试技术的限制，因此分子动力学计算机模拟能够找出反映纳米晶体微观结构和力学性质之间的内禀本质，有助于人们对纳米材料结构与性能之间关系的深刻理解。分子动力学的研究是对实验研究做出理论解释、补充和弥补实验的不足，为纳米材料的研究奠定理论基础。所以，分子动力学计算机模拟在纳米材料科学研究中得到了广泛的应用。

在对纳米材料进行分子动力学模拟时，不仅要选择正确的势函数，而且要选择合适的晶粒数和晶粒尺寸。模拟纳米材料的总原子数一般要在 $10^4$ 个以上。目前，分子动力学计算机模拟已经成功地被用来模拟纳米纯金属（如 Cu、Ni、Fe、Pa）、非金属（如 Si）、合金（如 Ni-Al）、陶瓷等。模拟的内容包括：晶格畸变、晶体生长、弹性模量、应力-应变关系、蠕变行为、高温变形行为、扩散、沉积、烧结等，都取得了比较满意的结果。

### 6.2.5　多尺度材料模型与计算设计

多尺度材料模型（multiscale materials modeling，MMM）一般是由三个不同尺度的模型组成，即连续介质和介观层次（模型直径大于 $10^{-4}$ m）、微观层次（大约 $10^{-6} \sim 10^{-4}$ m）及原子层次（约 $10^{-10} \sim 10^{-6}$ m）材料模型。材料的性质，特别是力学性能，通常与多种尺度的过程相关联。各个尺度间强烈的相互关系形成了材料所表现的各种宏观行为，所以这些行为的物理本质就具有多尺度性。而且也只有从微观到宏观的系统研究，才可能真正地揭示材料过程的本质，从而达到控制与设计材料的目的。大约三四十年前人们就认识到必须从多层次上采用系统科学的方法来研究材料的性质和行为。但多尺度材料模型的定义、目标及可行性是近几年才正式提出，并开展研究的。尽管时间短，但已经成为一个新的跨学科的研究领域。MMM 实验室也在世界各个大学和研究所迅速成立。

建立多尺度材料模型的目的在于跨越不同层次的模型及模拟方法间存在的不连续性，在传统的单一尺度模型研究的基础上，实现低尺度的物理细节，例如原子和电子层次，与连续介质模型的关联。目前，多尺度材料模型主要集中在对塑性形变及断裂过程的研究，因为一定应力状态下真实材料的形变与断裂过程贯通了宏观、介观、微观和原子多个尺度，是典型的多尺度现象。由于原子尺度的各种过程的竞争性，例如晶面解理、晶界解理、位错形核与运动等，最终导致材料破坏的宏观结果。

多尺度材料模型的研究是跨学科的。如对材料形变及断裂过程的 MMM 研究，电子区通常采用紧束缚（tight binding，TB）原理研究裂纹尖端原子键的破裂，属于化学领域；原子区则运用原子模拟方

法描述系统的统计力学规律，属于物理范畴；微观层次对缺陷效应的研究属于材料学领域；而介观层次的有限元方法则属于传统的工程研究方法。这些不同层次的方法有机地结合在一起，已经成为研究材料性质的强有力的工具。

目前，尽管已经有许多的多尺度材料模型研究方法，但每一种方法都有其优点和缺点，还没有实现理想材料模型的大跨越。由于新的数学计算方法的发展和计算机技术的进步，原子模拟方法在材料多尺度模型研究中正在发挥重要的作用，大尺度原子模拟方法成为近期多尺度材料模型研究的热点之一。原子模拟方法与有限元耦合技术是一种比较灵活的多尺度结合技术，基于内部完全的原子区与外层有限元区的直接耦合。材料动态形变及断裂过程也引起了人们的兴趣，例如位错动力学模拟，就是一种很有前途的探索大量位错演化并能结合连续介质力学与微观尺度模拟的有力工具。由微观过程到传统的连续介质模型的清晰路径还有待于进一步建立，应更加注重单个尺度模型和方法的改进，探索更合理、可行的多尺度关联方法和耦合技术。相关的实验工作因为能引导和验证理论计算结果，也是多尺度材料模型研究不可缺少的部分。

## 6.2.6 材料（计算）设计的主要技术

### （1）材料数据库和知识库技术

数据库是随着计算机技术的发展而出现的一门新兴技术。材料数据库和知识库是以存取材料知识和数据为主要内容的数值数据库。数据库一般应包括材料的性能及一些重要参量的数据，材料成分、处理、试验条件以及材料的应用与评价等内容。知识库主要是材料成分、组织、工艺和性能间的关系以及材料科学与工程的有关理论成果。它是实现人工智能的基本条件。实际上知识库就是材料计算设计中的一系列数理模型，用于定量计算或半定量描述的关系式。

数据库中存储的是具体的数据值，它只能进行查询，不能推理，就像仓库一样。而知识库中存储的是规则、规律，通过数理模型的推理、运算，以一定的可信度给出所需的性能等数据；也可利用知识库进行成分和工艺控制参量的计算设计。利用数据库和知识库可以实现材料性能的预测功能和设计功能，达到设计的双向性。

日本在建立数据库方面成绩很突出。利用大型知识库和数据库进行材料设计的一个典型例子是日本三岛良绩和岩田修一等建立的计算机辅助合金设计（computer-aid alloy design，CAAD）系统。在大型计算机中存储了各种与合金设计有关的信息，包括各种元素的物理化学数据、合金相图、各种经验关系式、各类合金体系的实验数据、各种合金的性能等。CAAD 系统的初步成功显示了这类合金设计是有希望的。

### （2）材料设计专家系统

材料设计专家系统是指具有相当数量的与材料有关的各种背景知识，并能运用这些知识解决材料设计中有关问题的计算机程序系统。传统的专家系统主要有下列几个模块：优化模块、集成化模块、知识获取模块。最理想的专家系统是从基本理论出发，通过计算和逻辑推理预测未知材料的性能和制备方法。但由于影响材料的组织结构和性能的因素极其复杂，这种完全演绎式的专家系统还难以实现。目前的专家系统是以经验知识和理论知识相结合为基础的。

材料设计专家系统主要有三类：

① 以知识检索、简单计算和推理为基础的专家系统；

② 智能专家网络系统。这是以模式识别和人工神经网络为基础的专家系统。模式识别和人工神经网络是处理受多种因子影响的复杂数据集、用于总结半经验规律的有力工具。材料设计中的两个核心问题是结构-性能关系和工艺-结构关系。这两类问题都是受多种因素制约，所以可用模式识别和人工神经网络从已知实验数据集中总结出数学模型，并据此可预测材料的性能和达到此性能的优化成分和工艺等。

③ 以计算机模拟和计算为基础的材料设计专家系统。在对材料的物理、化学基本性能已经了解的前提下，有可能对材料的结构与性能关系进行计算机模拟或用相关的理论进行计算，以预测材料性能和工艺方案。

**(3) 材料计算设计中的计算机模拟**

计算机模拟是利用计算机对真实的材料系统进行模拟"实验"，提供实验结果和指导新材料研制，是材料设计的有效方法之一。计算机模拟对象遍及从材料研究到使用全过程，包括材料的合成、组织结构、性能及使用等。人们往往把材料的某一过程、某一层次上物理现象的基本性质比较准确地转化为数学模型，这些数学模型一方面可以由计算机来求解计算，另一方面可以描述或预测某些可观察的材料性能。这是计算机模拟的基本方法。从模拟尺度可分为三类：原子尺度模拟计算、显微尺度模拟计算、宏观尺度模拟计算。

**(4) 基于数据采掘的半经验材料设计**

材料结构与性能关系和材料制备或加工过程控制是材料研究开发的共同问题。由于这些问题涉及的体系非常复杂，所以用解析方法是很难得到解决的，而相似理论、量纲分析和无量纲参数往往有用武之地。材料科学中的各种数据和结果很多，并且正在以惊人的速度积累。这些实验数据是人类的宝贵财富，如何从数据的"宝藏"中"采掘"有用信息为人类作贡献，是一个非常有价值的工作，但目前还没有得到足够的重视。陈念贻教授创立了基于数据信息采掘的半经验材料设计方法，发展的一套数据信息采掘方法已经在国内外推广使用。他们开发了以多种模式识别新算法为基础，结合人工神经网络、非线性和线性回归、遗传算法的综合性材料设计软件"Materials Research Advisor"和"Complex Data Analyzer"。该软件主要的计算方法是：

① 尽可能根据理论知识设计出能描述研究对象的多个无量纲数或参数，以其为坐标轴张成多维空间，作为研究半经验规律的工具；

② 将大量的实测数据或经验知识记入上述多维空间，考查多维空间中数据样本分布规律，建立数学模型，并用以预测未测领域、解决实际问题。

利用这些软件可以预测合金相，预报材料性能和合金相图特征量，可以优化材料制备工艺，进行辅助实验探索和辅助智能加工等。

# 6.3  数学方法在计算设计中的应用

数学是科学技术中一门重要的基础性学科，在长期的发展过程中，它不仅形成了自身完美、严谨的理论体系，而且成为研究其他科学技术必需的手段和工具。随着科学技术的飞速发展，数学的科学地位发生了巨大的变化。现代数学在理论上更加抽象，方法上更加综合、更加精细，应用上也更加广泛。数学与材料科学交融产生了许多新的生长点，数学直接为材料科学中非线性现象的定性和定量分析提供了精确的语言，有利于我们从理论的高度研究材料的内在规律。现代数学方法的科学严谨的特点将为材料优化设计、热应力计算、断裂分析、数值模拟以及结构表征、缺陷分析等许多方面提供强有力的研究工具，也为材料科学目前遇到的大量无规律、非线性的复杂问题提供解决办法的新思路，今后将会得到更为广泛的应用。

## 6.3.1　有限元法

有限元法是 20 世纪 50 年代以来逐步发展起来的一种新的数值方法，由于计算机技术的不断发展，有限元法的应用范围和应用水平都得到了很大的拓展和提高。在许多领域中已成为科学研究和工程分析的一种重要分析方法和手段。有限元法的基本思想是将结构物质看成是由有限个划分的单元组成的整体，以单元结点的位移或结点力作为基本未知量求解，按照基本未知量的不同，可分为位移法、力法和混合法。位移法选取结点位移作为基本未知量，力法选取结点力作为基本未知量，而混合法则选取一部分结点位移和一部分结点力作为基本未知量。在实际研究中，根据研究对象的不同，选取的方法也不同，在材料研究中，多数采用位移法。

有限元法对于研究材料的力学分析特别是内应力、热应力及残余应力等是非常有效的方法。采用此方法研究了二相粒子复合陶瓷中的内应力，取得了比较好的效果。随着航空航天工业的发展，为了适应超高温环境中的工程应用，日本学者新野正之等提出了梯度功能材料（FGM）。典型的金属-陶瓷梯度功能材料的主要设计思想是：材料的一端是耐高温、耐冲刷、耐腐蚀的陶瓷材料，而另一端是导热性好、强度高、有韧性的金属材料。材料的组成从陶瓷向金属是连续过渡的，从而使材料内部的热应力能够得到缓和、减小甚至消除。因此，掌握热应力的大小和分布是 FGM 制造和成分设计的关键。采用有限元法研究 FGM 中的热应力时，应首先建立 FGM 的成分分布函数，然后建立有限元模型，利用混合律等法则确定材料的物理性能参数（如热导率 $k$、线胀系数 $\alpha$、弹性模量 $E$、泊松比 $\nu$ 等），再采用计算机程序计算。采用这种方法研究了 Ti-Ni 梯度功能材料的组成分布与热应力最大值之间的关系。结果表明，当成分分布指数 $P=1.3$ 左右时，FGM 板内最大拉应力最低。由于金属的抗拉应力能力远高于陶瓷，综合考虑，$P=1.0$ 为成分分布指数的最佳值。在 $Al_2O_3$-Ti 系 FGM 的组成分布与应力关系的研究中发现，$P=0.75$ 时为最佳成分分布指数，最佳梯度中间层数 $n=8$。当成分梯度指数 $P=0.75$ 时，残余热应力分量降低至最低点。成分曲线由上凸（$P<1$）转变为下凸（$P>1$）过程中，纯 $Al_2O_3$ 层中的径向应力也由压应力转变为拉应力。因此，采用有限元分析方法，可以优化设计梯度中间层的厚度、层数及最佳成分分布情况。

对于实际的非均匀介质，要得到热应力分布的解析解几乎是不可能的，特别是对于三维的问题和非线性情况，有限元法是解决问题最有效的方法。利用有限元分析方法计算了 $ZrO_2$ 陶瓷和 Ti-6Al-4V 金属组成的梯度功能材料在受到板上、下表面处加热、冷却时的瞬态温度场分布情况。研究结果表明，计算结果和采用摄动法计算结果是一致的，而且计算方法比摄动法简单。

有限元方法在材料加工过程的数值模拟技术中得到了广泛的应用，但是当网格高度畸变时，有限元方法有着一定的局限性。无网格方法是最近几年兴起的一种与有限元方法相类似的数值方法。无网格方法中常用的近似理论主要有核估计、移动最小二乘近似、重构核近似和单位分解。按照其出现的先后顺序，有代表性的有：光滑粒子法 SPH、扩散单元法 DFM、无网格伽辽金法 EFGM、重构核粒子法 RKPM 和单位分解法 PUFEM。研究表明，移动最小二乘近似与重构核近似具有相同的本质，核估计是重构核近似的特殊形式，而核估计、移动最小二乘近似、重构核近似都具有单位分解的特点。无网格方法材料加工数值模拟关键技术主要有：

① 无网格方法的离散化方案  配点法和伽辽金法是无网格方法中两种主要的离散化方案。光滑粒子法 SPH 中主要采用配点法，配点法可以直接实现离散化，其求解速度比较快，但其稳定性和收敛速度不太理想；无网格伽辽金法 EFGM 和重构核粒子法 RKPM 等主要采用伽辽金法实现离散化，对于比较复杂的材料加工过程的数值模拟，伽辽金法往往需要计算大量的数值积分，从而使求解过程复杂化。

② 本质边界条件的处理  由于无网格方法的形函数一般不具有常规有限元和边界元形函数所具有的插值函数的特征，因此本质边界条件的处理成为无网格方法实施中的一个难点。在初边值问题的变分方程中，本质边界条件一方面可通过拉格朗日乘子法和罚函数法引入，另一方面也可采用与有限元耦合的无网格方法来实现，还可通过在变分方程中运动许可试函数的适当选择来实现，如完全变分法、混合变分法等。

③ 材料不连续性的处理  材料不连续性的处理主要采用可视性准则、衍射法则和透射法等。可视性准则是处理无网格计算中场函数不连续性最简单的方法，在构造核函数时，物体的边界及内部的不连续面都被看成不可穿透的界面；衍射法则适用于中心对称的核函数，它可以使影响区域绕过不连续线的尖端；透射法通过在不连续区域的尖端通过透射的概念对函数施以不同程度的光滑来实现。

无网格方法是一种不需要划分单元，只需要节点参数信息的数值计算方法。一方面它与有限元有相似之处，另一方面它又克服了有限元方法的某些不足，在计算精度、前后处理过程、局部特征描述和自适应实现等方面具有其独特的优点。虽然近年来无网格方法越来越成为国内外的研究热点，但在材料加工数值模拟方面的研究还刚刚开始，随着无网格方法的进一步发展，它在材料加工过程的数值模拟中将大有作为。

### 6.3.2  遗传算法

遗传算法（genetic algorithm，GA）是借鉴生物界自然选择和群体进化机制形成的一种全局性参数优化方法。它最早由美国科学家 J. H. Holland 提出。由于其思想的新颖性，该算法已渗透到许多领域，并且成为解决各领域中复杂问题的有力工具。近年来，遗传算法被引入材料研究领域，也取得了较大的进展。

遗传算法不对优化问题的实际决策变量进行操作，所以应用该方法首先需要将问题空间中的决策变量通过一定的编码方法表示成遗传空间的个体，它是一个基因串结构数据。最常用的编码方法是二进制编码，即用二进制数构成的符号串来表示个体。其编码串长度由决策变量的定义域和优化问题所要求的搜索精度决定。在遗传算法中，以个体的适应值大小来确定该个体被遗传到下一代中的概率。为计算这一概率，要求所有个体的适应值是非负的。此外，遗传算法一般要求将最优化问题表示为最大化问题，所以在实际应用中需要对目标函数 $f(X)$ 进行相应转换。遗传算法的三个主要操作算子是选择、交叉和变异。选择用来实施适者生存的原则，即把当前群体中的个体与适应值成比例的概率复制到新的群体中，构成交配池（当前代与下一代之间的中间群体）。选择的作用效果是提高群体的平均适应值。选择是不产生新个体的，所以群体中最好个体的适应值不会因为选择操作而有所改进。交叉操作可以产生新的个体，它首先使交配池中的个体随机配对，然后将两两配对的个体按照某种方式相互交换部分基因。变异是将个体的某一个或某一些基因值按某一较小概率进行改变。从产生新个体的能力方面来说，交叉操作是产生新个体的主要方法，它决定了遗传算法的全局搜索能力；而变异只是产生新个体的辅助方法，但也必不可少，因为它决定了遗传算法的局部搜索能力。交叉和变异相配合，共同完成对搜索空间的全局和局部的搜索。

遗传算法与传统的优化算法相比具有如下的优点：不是从单个点，而是从多个点构成的群体开始搜索，具有本质的并行计算特点，所以搜索过程不容易陷入局部最优值；在搜索最优解过程中，只需要由目标函数值转换来的适应值信息，而不需要导数等其他辅助信息，这使得遗传算法可以解决许多用其他优化算法无法解决的问题，如目标函数的导数无法求得和目标函数不连续时的优化问题。

在实际应用中，许多材料设计问题都归结为一个优化问题，如工艺参数优化、成分和结构的最优化设计等。由于材料的结构、成分、工艺及性能之间常常存在复杂的非线性关系，而且这种关系的存在形式又多种多样，所以用通常的优化方法不容易求得这类优化问题的解。而遗传算法在求解这类复杂优化问题时却有其独到之处。

**（1）在复合材料优化设计中的应用**

复合材料的选择与普通材料的选择不同，它涉及基体的选择、增强体的选择、增强体形状的选择、增强体排列方式和体积分数的选择等。所以针对某一性能要求，从大量组合中选择一种合适的材料是非常困难的事情。目前已有一些专家系统帮助设计者进行选择，但这些专家系统有许多限制，如专家系统是针对某一问题的，不具有通用性；不同的设计者可能使用不同的基于启发式规则的专家系统，无法统一等。可以用遗传算法来解决其中一些问题：按照一定的性能要求，从材料数据库中优选出一种最符合条件的材料；在保证材料其他性能的基础上，从数据库中选出合适的材料，使其某一性能达到最优值。

Sadagopan 等将遗传算法用在复合材料设计中，取得了很好的效果。在他们的研究中，将基体材料与增强体材料的性质（如弹性模量、热导率、热膨胀系数等）及经过模型化处理后的增强体的形状、排列方式和体积分数看作决策变量。针对上述两类问题，借助材料模型库中的相关模型构造相应的适应值函数，通过遗传操作，给出满足设计要求的材料复合形式。将这样的材料设计方法应用于两个实际问题。一个是设计一个纵向和横向弹性模量分别为 $E_X=30\text{GPa}$、$E_Z=51.5\text{GPa}$，纵向和横向热导率分别为 $k_X=3\text{W}/(\text{m}\cdot\text{K})$、$k_Z=8\text{W}/(\text{m}\cdot\text{K})$，密度 $\rho$ 为 $1.94\text{g}/\text{cm}^3$ 的材料。按照该方法设计的结果为：S-玻璃纤维增强的环氧树脂材料，纤维的体积分数为 57%。其性能分别为：$E_X=20\text{GPa}$、$E_Z=53.71\text{GPa}$，$k_X=2.04\text{W}/(\text{m}\cdot\text{K})$、$k_Z=3.95\text{W}/(\text{m}\cdot\text{K})$，密度为 $2.34\text{g}/\text{cm}^3$。由此可见，基本能达到设计要求。另一个是设计一个集成电路的衬底材料，要求纵向的弹性模量、热导率和线胀系数分别满足下列条件：$E_X\geqslant100\text{GPa}$、$k_X\geqslant150\text{W}/(\text{m}\cdot\text{K})$、$\alpha_X\leqslant3\times10^{-6}\text{K}^{-1}$，同时希望密度最小。其优化设计结果是：该材料的性能分别为 $E_X=101.21\text{GPa}$、$k_X=188.52\text{W}/(\text{m}\cdot\text{K})$，$\alpha_X\leqslant2.55\times10^{-6}\text{K}^{-1}$，密度为 $2.72\text{g}/\text{cm}^3$，设计结果能很好地满足设计要求。

**（2）在功能梯度材料设计中的应用**

功能梯度材料（FGM）的残余热应力的大小与材料的使用性能密切相关。功能梯度材料的残余热应力因组成参数（如组成配比和厚度等）的不同而不同。为了能使制备出的功能梯度材料具有最优性能，在制备前对其进行合理的热应力缓和设计是非常必要的。目前使用的方法大多是利用有限元分析法（finite element method，FEM）对具有不同组成参数的功能梯度材料的残余热应力进行预测，即找出残余热应力与组成参数的对应关系。由于功能梯度材料组成参数的不连续性，用有限元分析法获得的热应力与组成参数的对应关系也是不连续的。从这样的关系出发，用通常的优化方法是无法求解热应力最小时的组成参数问题的。而遗传算法在求解最优化问题时不要求函数的连续性，可以用来解决这类问题。Shimojima 等开发了一个有限元分析法结合遗传算法的材料设计系统，用于 Mo-MoSi$_2$ 系的功能梯度材料。他们将层数为 $n$ 的梯度材料的组成参数（即组成配比 $x_1$，$x_2$，…，$x_{n-1}$，$x_n$ 和厚度 $y_1$，$y_2$，…，$y_{n-1}$，$y_n$）编码为一个基因型串结构数据。在随机产生一个种群后，用有限元模型对各个体进行评估，按照评估结果进行选择、交叉和变异操作，直至找到该材料热应力最小时的组成参数。

**（3）在合金设计中的应用**

合金的热力学和动力学等宏观性质可以通过模拟微观结构和运动，并在此基础上用数值运算统计求和的方法，如分子动力学法来估算。但是，对于一个多组分体系，由于计算量太大，完全通过分子动力学法来设计合金相组成几乎是不可能的。Ikeda 等提出了一种分子动力学模拟与遗传算法相结合进行合金设计的方法，并用于镍基超合金的设计中。为了能获得 $\gamma$ 相和 $\gamma'$ 相的最佳组成，将镍基超合金两相中的组成表示成遗传算法种群中的个体。该个体由三部分组成：$\gamma$ 相、$\gamma$ 相中 Ni 亚晶格位和 Al 亚晶格位。其中每一部分又是由 Al、Ti、V、Cr、Co、Ni、Mo、W、Re 等元素在该相中或该亚晶格位上的实际原子数的二进制编码所组成。百分数总和不等于 100%，所以这里采用各组分的实际原子数而不是摩尔分数来表示合金的组成。对于达到平衡状态的合金，其各组分在各相中的化学势应该相等。可通过分子动力学方法求得各组分的化学势，并用来构造适应值函数以反映对上述相平衡基本原理的满足程度。在此基础上进行遗传操作就可求得对这一原理满足程度最大的合金相组成，即相平衡组成。Ikeda 等将该方法用于 Ni-Al-Cr-Mo-Ta 系和 Ni-Al-Cr-Co-W-Ti-Ta 系的合金设计中，其设计结果与实验结果吻合得很好。

**（4）在工艺参数优化中的应用**

在大多数的材料工艺研究中，常常是仅有成分、工艺和性能之间的相关数据，而其间的内在规律还不很清楚，还无法建立完整精确的理论模型。以往人们都是借助回归实验数据来获得一些经验公式以满足工艺优化的需要。由于不满足于回归法解决复杂问题的能力，近年来人们将人工神经网络应用于材料工艺设计研究中，利用其自学习能力，从已有的工艺数据中自动总结规律。目前人工神经网络已广泛应用于材料工艺研究中，并且成为一种有效的研究手段。

用人工神经网络建立材料制备工艺过程模型后，常常需要寻找合适的工艺参数（网络输入），以使材料的性能（网络输出）达到最大或最小，这是一个材料工艺参数优化问题。由于人工神经网络不能给出确定的函数关系，所以通常的优化方法不能用来求解此类工艺参数优化问题。用遗传算法可以有效地解决这一问题，将每组工艺参数按个体进行编码，并利用已训练好的神经网络模型将每组工艺参数所对应的输出值换算成适应值，设计 $m$ 组输入构成遗传算法的种群，进行选择、交叉和变异。当完成规定的遗传代数后，从种群中选出适应度最大的个体解码，即得到最优工艺参数。

人工神经网络与遗传算法相结合的思路已在有些研究工作中得到了应用，我国在这方面做了比较多的工作。用人工神经网络建立了描述 7175 铝合金工艺与其性能间关系的模型，在此基础上结合遗传算法对该制备工艺进行了优化。有人用人工神经网络研究了 1Cr18Ni9Ti 不锈钢激光表面熔凝工艺参数与腐蚀性能间的关系，并用遗传算法优化该工艺以提高材料的腐蚀性能。也有人应用人工神经网络对反应烧结 $ZrO_2$-SiC 材料制备工艺参数与原位反应 SiC 颗粒生成量的关系进行模拟，并结合遗传算法优化出了最佳制备工艺。用人工神经网络与遗传算法相结合的方法应用于无 Co 高强韧钢的优化设计中，也取得了很好的效果。

遗传算法与现有的一些材料研究方法，如材料数据库、有限元分析法、分子动力学模拟和人工神经网络相结合，解决了材料设计中的许多优化问题，并已应用于复合材料优选、功能梯度材料设计、合金设计和工艺参数优化中。随着研究的深入，遗传算法会在材料研究中得到更广泛的应用。

## 6.3.3　分形理论

分形是由 IBM 公司研究中心物理部研究员和哈佛大学数学系教授 Benoit B. Mandelbort 在 1975 年首先提出来的。Mandelbort 教授面对天上的星星分布、雪松树等自相似构型体，通过灵感创造性地提出非整数维的分形几何理论（fractal geometry）。它与耗散结构理论、混沌理论被认为是 20 世纪 70 年代科学上的三大发现，是非线性科学研究中的重要成果。分形理论的研究对象是自然界和社会活动中广泛存在的无序而又自相似性的系统。分形是指各个部分组成的形态，每个部分以每种方式与整体相似；它既可以是几何图形，又可以是由"功能"或"信息"构成的数理模型，也就是说，它既可以同时具备形态、功能、信息三方面的自相似性，也可以是某一方面的自相似性，这种自相似性可以是严格的，也可以是统计意义上的，其有着层次结构和级别上的差异。这些特性对曲折不平的海岸线、粗糙无规的表面形貌、处于不断分裂和凝聚过程中的超微粒子以及裂纹随机分叉等现象的定量表征，是一个准确而严谨的数学方法。分形理论借助相似性原理，洞察隐藏于混乱现象中的精细结构，为人们从局部认识整体、从有限认识无限提供了新的方法。

目前对分形还没有严格的数学定义，只能给出描述性的定义。粗略地说，分形是对没有特征长度但具有一定意义下的自相似图形和结构的总称。将分形看作具有如下所列性质的集合 $F$：①$F$ 具有精细结构，即在任意小的比例尺度内包含整体；②$F$ 是不规则的，以至于不能用传统的几何语言来描述；③$F$ 通常具有某种自相似性，或许是近似的或许是统计意义下的；④$F$ 在某种方式下定义的"分形维数"通常大于 $F$ 的拓扑维数；⑤$F$ 的定义常常是非常简单的。

分形既可以是几何图形，也可以是由"功能"或"信息"等构成的物理模型，并且它们都具有自相似性和标度不变性。所谓自相似性是指某种结构或过程的特征从不同的空间尺度或时间尺度来看都是相似的，或者某系统或结构的局域性质或局域结构与整体相似。所谓标度不变性是指在分形上任选一局域，对它放大，这时得到的放大图又会显示出原图的形态特征。为更好地理解分形的概念，给出一个数学上的分形例子——科赫（Koch）曲线，如图 6.4 所示。它是通过一个简单过程得到的：在一单位长度的线段上，第 1 步对其三等分，将中间段换成一个去掉底边的等边三角形，变成曲线 1［图 6.4(b)］；第 2 步再在每条线段上重复第一步操作变成曲线 2［图 6.4(c)］；如此进行下去直到无穷，得到分形曲线 $F$［图 6.4(e)］。从科赫曲线可以看出，当用放大倍数不同的放大镜去观察它时，所看到的曲线都是一样的，而与放大倍数（尺度）无关；在从大到小的各种尺度上具有相同的粗糙度。这就是说，它除了本身的大小外，不存在能表示其内部结构的特征尺度。没有特征尺度，就必须考虑从大到小的各种尺度，这正是用传统几何语言描述它的困难所在。但它在不同尺度上表现出的不变性即无标度性，正是解决问题的关键所在。分形维数给出了自然界中复杂几何形态的定量描述。

分形维数是定量刻画分形特征的参数，在一般情况下是一个分数，它表征了分形体的复杂程度，分形维数越大，其客体就越复杂。

欧氏几何中的维数 $D$ 可以用以下公式表达：

$$D = \ln K / \ln L \tag{6.4}$$

式中，$K$ 为规则图形的长度、面积或体积增大（缩小）的倍数；$L$ 是指规则图形的每个独立方向都扩大（缩小）的倍数。例如，将直线段的长度增至原来长度的 2 倍（$L=2$），所得到的线段长度为原来线段的 2 倍（$K=2$），所以直线是一维的；如将正方形每边长都增至原来的 2 倍（$L=2$），所得到的正方形面积将增至原来的 4 倍，所以正方形是二维的；如将立方体的每边长都增至原来的 2 倍（$L=2$），所得到的立方体的体积将增至原来的 8 倍（$K=8$），所以立方体是三维的。

相反的，如把一个图形划分为 $N$ 个大小和形状完全相同的小图形，则每个小图形的线度是原来图形的 $r$ 倍，此时分形维数 $D$ 为：

$$D = \ln N / \ln(1/r) \tag{6.5}$$

以上述科赫（Koch）曲线为例来讨论有规分形维数的计算。在这里当 $r=(1/3)^K$ 时，$N=4^K$，其分形维数：

$$D_{\text{Koch}} = \ln 4^K / \ln 3^K = 1.26286 \tag{6.6}$$

对于无规分形，其自相似性是通过大量的统计抽象出来的，而且它们的自相似性只存在于所谓的"无标度区间"之内。因此其分形维数的计算要比有规分形维数的计算复杂得多。目前还没有适合

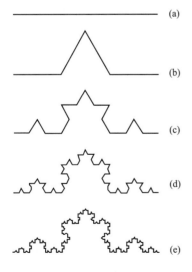

图 6.4　科赫（Koch）曲线
各阶层结构

计算各类无规分形维数的方法。实际测定分形维数的方法有以下 5 类：①改变观察尺度求维数；②根据测度关系求维数；③根据相关函数求维数；④根据分布函数求维数；⑤根据频谱求维数。计算分形维数的具体方法有多种。用来计算曲线分形维数的方法有量规法（divider）、周长-面积法、变量法（variation）；用来计算平面分形维数的方法有网格法、Sandbox 法、半径法、密度-密度相关函数法；面积分形维数的计算方法有表面积-体积法、相关函数与功率谱分析法。

材料表面层的腐蚀、催化剂表面的反应活性、半导体表面的导电特性都与其表面状况密切相关。而固体的表面是非常复杂的，存在成分的变化、结构上的重构、台阶和弛豫等现象，同时还有物理和化学吸附发生。用分形理论来分析表面是由 Mandel-Bort 首先推动的，人们正在将分形与表面的腐蚀、磨损机理、催化剂催化机理、导电机理等相联系，并取得了一定的成果。例如，在催化剂作用机理研究中表明，催化剂表面分形维数 $D_f$ 介于 $2\sim3$ 之间作用比较好。用分形维数的方法来量化磨损后的铜表面，发现分形维数随铜表面抛光度的增加而增大。对复相陶瓷磨损表面形貌特征作定量的研究和分析，从理论上推导出了计算公式，实验结果和理论计算相一致。研究粗糙表面的分形特征结果表明，分形粗糙面双站散射的角度性与分维数有近似的线性关系。通过测量双站散射的旁瓣斜率有可能推知粗糙面的分维数。这为材料表面光、磁、声性能的研究打下了基础。梯度功能材料界面存在分形，采用分形法，通过电镜（SEM）图片，利用分维计算程序对 Mo/β′-Sialon 与 Ta/β′-Sialon 系梯度功能材料界面的分形维数进行了计算，计算出 Mo/β′-Sialon 与 Ta/β′-Sialon 系梯度功能材料界面的分形维数分别为 1.518 和 1.521，而实验也证实了其界面存在扩散现象，而且烧结过程为扩散所控制，分形维数的计算结果与实验结果是一致的。

分形还可以用来研究材料的结构。例如，高分子的分形结构有两种模型来描述：无规行走模型（NRW）和自回避无规行走模型（SAW）。另外，人们在材料研究中发现了准晶态，从而进一步发现准晶中的分形结构。所谓准晶态是指介于晶态和非晶态之间的新的凝聚态。研究表明，准晶态的形成是受分形规律的制约而构成分维结构的。

在薄膜的生长过程中，人们发现了分形结构，从纳米 Si 薄膜的生长过程的动力学分析出发，提出了扩散与化学限制凝聚模型（DCLA），认为成膜过程中，反应粒子的扩散运动与化学刻蚀反应同时存在，正是由于化学刻蚀作用才使晶粒的生长受到限制而形成纳米晶粒。在薄膜沉积初期，形成不均匀结构，形态很不规则，枝杈结构少且枝杈曲率大，所以在薄膜生长初期分维数比较高。研究了 Au/α-Ge 不同退火温度下薄膜中形成的分形结构的分维值。在半导体纳米 Si 薄膜的分形结构研究中指出，分形结构的形成对应于薄膜物性的突变和局部的有序化过程。分形理论还可用于薄膜裂纹的研究中，研究者利用有关公式计算了薄膜产生裂纹的分形结构分维数，并指出存在着分维的不确定性。

材料的断裂面具有某种随机的或统计意义上的自相似结构。近年来材料断裂方面的研究一直关注着应用分形理论研究材料断裂表面形貌与其力学性能之间的关系。对大多数材料的断裂研究结果表明，断裂表面的分维值越大，则材料的断裂面越粗糙，材料的断裂韧性就越好。通过对引入纳米颗粒前后陶瓷材料的韧性断裂进行研究，结果表明，加入纳米颗粒后陶瓷材料的断裂面分维值较低，这说明纳米化效应对增韧的贡献不是十分理想。在同样的条件下，引入长柱状颗粒对陶瓷的增韧效果将优于引入纳米颗粒后的效果。通过对各种陶瓷的断裂面分维值、断裂韧性、临界裂纹扩展力等的理论计算值与实际值相比较，研究结果表明，在大多数情况下理论计算与实际值相符。

## 6.3.4　其他方法

### （1）小波分析法

在材料研究中，可以根据研究对象建立相应的数学函数，这往往和物理学相联系。为了研究该函数，常常用同一个多项式或函数或幂级数近似代替。传统的方法是利用傅立叶变换，例如研究固体的能带及求解薛定谔方程。但是傅立叶变换在处理局部问题时显得十分粗略。Carbor 在 1946 年首先提出用 Carbor 变换来对信号作局部化分析，后来发展为窗口傅立叶变换。但是在进行信号分析时，经常需要同时对信号的时间域（或空间域）和频率域上实行局部化，这是傅立叶变换无法做到的。小波变换就应运而生。所谓小波是指由一个满足条件 $\int_R h(x)\mathrm{d}x = 0$ 的函数 $h$（mother wavelet）通过平移和放缩后产生的一个函数 $h_{a,b}$，$h_{a,b}(x) = |a|^{-1/2}h[(x-a)/a]$，$a,b \in R$，$a \neq 0$。小波分析是探测信号奇异性的有效手段。因此在材料的缺陷探伤及裂纹探测分析上有广泛的应用。根据噪声、机械杂波、裂纹回波、楞边回波等在 $C^a$ 空间中 Lipschitz 常数的差异提出了在不锈钢堆焊层下裂纹的超声检测信号模型，经采样且模型化信号的小波变换模极大值因 $\alpha$ 值的不同而随分辨尺度 $j$ 的变化关系不同，通过小波分析实现了裂纹楞边回波的检测；利用小波分析研究了铸件中的缺陷；利用计算机图像纹理小波分析方法研究了钒催化剂表面活性微区分布及特性，计算了催化剂表面的 SEM 图像对像素的奇异强度值，结果表明奇异强度值在 3.0~4.0 范围内为催化剂表面活性区。由此导出活性区占 15%~18%，非活性区占 1.8%。这为研究材料表面活性机理、合成新材料提供了新的思路。

### （2）拓扑学

拓扑学是研究图形在拓扑变换下不变性质的科学。包括点集拓扑学、代数拓扑学等分支。拓扑学研究几何图形的性质，在晶体结构描述上有重要的应用前景。18 世纪，欧拉就对多面体的面数 $t$、棱数 $e$ 和顶点数 $v$ 提出了欧拉关系：$t - e + v = 2$。利用欧拉定律，可以对阿基米德半规则多面体情况进行讨论，这是组合拓扑学在晶体科学上应用的一个范例。20 世纪 70~80 年代分子拓扑学的出现为研究晶体结构提供了更为有利的工具。通过以每个顶点代表分子中的一个原子，每条边代表原子之间形成的化学键，可以将分子结构抽象为一个图 $G(V,E)$，其中 $V = \{V_1,\cdots,V_n\}$ 为顶点集，$E = \{e_1,\cdots,e_n\}$ 为边集，其中 $e = [V_i, V_j]$ 是两个顶点 $V_i$ 和 $V_j$ 之间的连线，这样构成的图形称为分子图。分子图的各种拓扑不变量称为分子拓扑指数。目前有拓扑指数、分子连通指数和分子信息拓扑指数等。近五年来，人工晶体的研究一直是材料研究的热点之一，而研究人工晶体离不开分子动力学，分子动力学中一个重要的概念是势能面。近年的研究表明，势能面是一种多维空间的超曲面，具有拓扑特性，从而代数拓扑学中的基本群的理论、微分拓扑学中关于临界点的理论，都成为研究人工晶体势能面的有力工具。

## 6.4 材料计算设计实例

### 6.4.1 复合材料计算设计

复合材料设计是一个复杂的系统性问题，它涉及环境负载、设计要求、材料选择、成型工艺、力学分析、检验测试、安全可靠性及成本等许多因素。从复合材料的宏观、介观和微观结构角度来看，可将复合材料分为图 6.5 所示的几种类型。

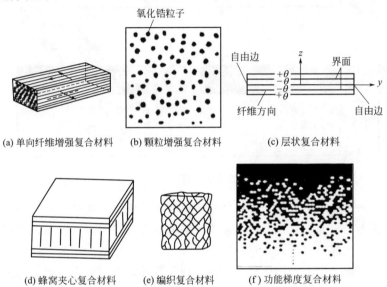

**图 6.5 典型复合材料结构**

#### （1）复合材料的可设计性与研究方法

复合材料在弹性模量、线胀系数和材料强度等方面具有明显的各向异性。复合材料的各向异性虽然使分析工作复杂化了，但也给复合材料的设计提供了一个契机。人们可以根据不同方向上对刚度和强度等材料性能的特殊要求来设计复合材料及结构，以满足工程实际中的特殊需要。复合材料的不均匀性也是其显著的特点。复合材料的几何非线性及物理非线性也是要特殊考虑的。复合材料的可设计性是它超过传统材料的最显著的优点之一。复合材料具有不同层次上的宏观、介观和微观结构，如复合材料层合板中的纤维及纤维与基体的界面可视为微观结构，而层合板作为宏观结构，因此可采用介观力学理论和/或数值分析手段对其进行设计。设计的复合材料可以在给定方向上具有所需要的刚度、强度及其他性能，而各向同性的传统材料则不具有这样的设计性。

复合材料设计涉及多个变量的优化及多层次设计的选择。复合材料设计问题要求确定增强体的几何特征（连续纤维、颗粒等）、基体材料、增强材料和增强体的微观结构以及增强体的体积分数。要想通过对上述设计变量进行系统的优化是一件比较复杂的事情。数值优化技术对材料设计问题提供了一种可行的替代方法。例如，对复合材料的层合板进行设计，为使其强度达到要求，可利用有限元法并结合适当的强度准则及本构模型对其进行材料及结构参数的优化；对复合材料壳体进行设计，为使其稳定性达到要求，可利用有限元法并结合相应的失稳模式及准则对其进行系统优化。一般来说，复合材料及结构设计的基本步骤如图6.6所示。

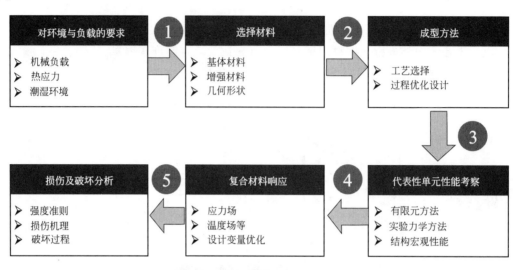

**图6.6　复合材料设计的基本步骤**

在传统材料的设计中，均质材料可以用少数几个性能参数表示，比较少地考虑材料的结构与制造工艺问题，设计与材料具有一定意义上的相对独立性。但是复合材料的性能往往与结构及工艺有很强的依赖关系。因此，在复合材料产品设计的同时必须进行材料结构设计，并选择合适的工艺方法。复合材料的设计，其材料—工艺—设计必须形成一个有机整体，形成一体化。另外，在对复合材料结构进行设计的同时也应对其性能进行适当的评价，以判断产品结构是否达到预期的指标。所以，复合材料的材料—设计—制造—评价一体化技术是21世纪发展的趋势，它可以有效地促进产品结构的高度集成化，并且能保证产品的可靠性。

目前软科学理论发展十分迅速，已渗透到各个科学领域，出现了许多新学科，如工程软设计理论、结构软设计理论等，计算机模糊控制也已起步。近年来已有人进行了复合材料可靠度方面的研究，并且也取得了很多成果。实际上"可靠度"就是软科学理论的一个分支。复合材料也将向软科学方向发展，其原因有以下几点：

① 软科学方法可以克服传统设计中的缺陷。强度允许范围有模糊性和随机性。如果某一个次要构件的应力稍大于许用应力，只要总的方案可行，仍然可采用。按照以往的设计方法，尤其是计算机计算时，任何约束条件被轻微破坏，整个方案就被否定。因此有可能错过非常优秀的设计方案。这个矛盾只有用软科学手段来解决。

② 复合材料及其结构自身有不确定因素。一般来说，复合材料性能受许多方面的影响：组分材料的性能，增强体的尺寸、体积分数及分布，界面形态性质，成型工艺等。这些影响因素存在较大程度的不确定性、模糊性。此外，由于认识的局限性，人为地造成了许多不确定因素。这需要用软科学手段来解决。

③ 复合材料及其结构使用工况有不确定因素。由于使用过程中环境负载的不确定性，使得复合材料结构所承受的负载和响应很难用数据或函数关系准确地表示出来，具有随机性、模糊性和未知性，这

也需要用软科学手段来解决。

复合材料介观力学的核心任务是了解复合材料的宏观性能同其组分材料性能及介观结构之间的定量关系和机理。目前除了预报复合材料有效性能的介观力学体系比较完善外，复合材料的强度及断裂韧性等性能预报的介观力学方法相当广泛，但还未形成完备的理论体系。在建立正确的介观力学模型时，应首先针对所研究的材料进行大量的定性或半定量的宏观性能及介观机理的实验工作；在此基础上，建立预报宏观性能的介观力学模型。由于组分材料性能（如纤维的强度）往往具有比较大的统计分散性，因此导致了材料破坏过程的复杂性，已经断裂的纤维无疑会影响尚未断裂纤维的完整性，这种相互作用是复合材料介观强度力学模型的复杂所在。如果能考虑到组分材料性能和介观结构的随机性以及它们之间的破坏相关性，建立耗散结构的统计模型，则可以正确预报材料的宏观性能，揭示复合材料介观结构的变化规律及机理。

对于图6.5所表示的具有不同介观、微观结构形式的复合材料，需要采用不同的分析方法和理论进行研究。对短纤维或颗粒增强复合材料的有效刚度确定，可采用等效夹杂理论或自洽理论；对于复合材料层合板的宏观刚度确定，可采用经典层合板理论；对多向编织复合材料的整体刚度确定，可采用介观计算力学方法。一般来说，从复合材料宏观、介观、微观结构的特征尺度来看，目前的分析手段主要有两种：介观力学分析方法和宏观力学分析方法。介观力学分析方法的目的是建立起介观、微观结构参数及各组分材料特性与复合材料宏观性能的定量关系；宏观力学分析方法是将复合材料均匀化，然后将其作为一个整体来进行宏观分析，研究它们的宏观平均应力场、动态响应等。对一些简单的介观、微观结构和宏观几何形状，可采用介观力学方法确定复合材料的宏观弹性模量、强度、热膨胀系数及介电常数等，以作为宏观分析的基本参数。对于复杂的介观、微观结构和宏观几何形状，利用现代实验技术测出复合材料的宏观响应参数，为复合材料的宏观分析提供必要的输入参数。例如，在分析层合板结构力学响应之前，需要通过介观力学方法或实验测量技术首先确定单层板的基本性能参数；然后利用经典层合板理论或有限元方法来研究层合板的宏观力学性能。通常以均匀化的宏观性能为基础的力学理论，就是复合材料宏观力学。复合材料的宏观力学的理论基础是建立在实验、数值计算和理论分析基础上的。

**(2) 复合材料的宏观、介观及微观设计**

Maxwell（1873）和 Rayleigh（1892）是最早对含夹杂复合材料进行有效传导系数计算工作的研究者。后来 Eshelby、Hill、Hashin 等又进行了开拓性的工作。目前，有关复合材料有效特性的研究方法很多，这里仅简单介绍代表性的工作。另外，由于复合材料的热膨胀性质、热传导与电传导性质等在数学上具有相似性，在介绍时也给予适当的关注。

① 复合材料的有效弹性模量　有效特性就是复合材料在宏观上表现的整体特性。一般情况下它依赖于复合材料的所有介观、微观结构参数和每一相材料的物理特性。对其求解只能在一些近似假定条件下进行。复合材料的有

效弹性模量 $C^*$ 和柔度 $S^*$ 可写成：

$$\overline{\sigma_{ij}} = C^*_{ijkl}\overline{\varepsilon_{kl}}$$
$$\overline{\varepsilon_{ij}} = S^*_{ijkl}\overline{\sigma_{kl}}$$

$$(6.7)$$

式中，$\overline{\sigma_{ij}}$ 和 $\overline{\varepsilon_{ij}}$ 分别为复合材料体内的平均应力场和应变场；$\overline{\sigma_{kl}}$ 为平均应变场所对应的平均应力场；$\overline{\varepsilon_{kl}}$ 为平均应力场所对应的平均应变场。根据此定义，对含夹杂复合材料的有效特性及其上下限进行研究，研究方法主要有如下几种。

a. 自洽理论　自洽理论的思想最初是由 Bruggeman 在研究热传导问题时引入的。后来一些研究者采用该方法研究了多晶体的弹性性能。真正将自洽理论用于复合材料有效弹性模量求解的是 Hill 和 Budiansky。自洽理论的基本思想很简单，如图 6.7 所示，自洽模型是由夹杂与有效介质构成的，而夹杂周围有效介质的弹性模量恰好就是复合材料的弹性模量。利用这一模型，Hill 证明了含夹杂复合材料有效弹性模量和剪切模量的上下限范围。Budiansky 导出了含球夹杂多相复合材料的有效弹性模量、剪切模量和泊松比的三个耦合方程。Chou 计算了单向短纤维增强复合材料的有效弹性模量，有人研究了椭球夹杂随机取向的复合材料。由于自洽模型仅考虑了单夹杂与周围有效介质的作用，所以当夹杂体积分数或裂纹密度比较大时，这一模型预报的有效弹性模量则过高（硬夹杂）或过低（软夹杂）。因此，Kerner 提出了广义的自洽模型，但在求解时做了不必要的假设。后来 Smith 给出了正确的有效剪切模量。

广义自洽模型是由夹杂、基体壳和有效介质构成，如图 6.8 所示。夹杂与基体壳外边界所围成的体积恰好是复合材料的夹杂体积分数。与自洽模型一样，有效介质的弹性模量与复合材料的相同。采用该模型，研究者分别计算了含球夹杂和单向圆柱夹杂复合材料的有效剪切模量。与自洽模型相比，广义自洽模型要合理一些。主要原因是广义自洽模型放宽了相之间的界面约束。但自洽模型比广义自洽模型在实际使用中具有更大的灵活性。

☒夹杂　▨有效介质

**图 6.7　自洽模型**

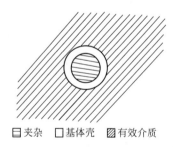

☐夹杂　☐基体壳　▨有效介质

**图 6.8　广义自洽模型**

b. 相关函数积分法　对于含夹杂复合材料的有效弹性模量，当夹杂的体积分数比较小时，目前的理论还是能满足实际要求的；但当夹杂的体积分数比较大时，由于传统理论没有充分考虑复合材料的介观、微观结构特征，因此它们不能很好地预报复合材料的有效弹性模量。在考虑了夹杂的形状、几何尺寸和分布的情况下，吴林志导出了复合材料有效弹性模量的计算表达式。

复合材料的有效弹性模量和夹杂与基体的弹性模量、夹杂的体积分数、夹杂的形状、尺寸及分布有关。从图 6.9 中可发现，当夹杂体积分数比较大时（如 0.5），相关函数积分法（实线 3）所给出的结果与实验数据点仍然很接近，但自洽模型（虚线 2）的结果却偏差比较大，图中点划线 1、4 是 Hashin 等给出的上、下限。

影响复合材料有效弹性模量的因素可分为两类：一类是复合材料中每一组分材料的弹性性能，如夹杂和基体的弹性模量和泊松比。另一类为复合材料的介观、微观几何参数（如夹杂的形状、几何尺寸以及在基体中的分布）。因此，在对复合材料进行设计时应充分加以考虑。

② 复合材料的强度与结构设计

a. 复合材料的强度设计　复合材料的强度一直是研究的热点之一。由于强度问题非常复杂，所以这一领域的研究进展比较缓慢。下面介绍一些典型复合材料结构的强度问题。

i. 单向连续纤维增强复合材料的拉伸。对单向纤维增强复合材料的拉伸强度，Kelly 和 Davies 给出了一种简单模型。在模型中，假定所有纤维具有相同的强度，并且纤维的变形控制了材料的破坏，即假定纤维比基体脆。图6.10 表示了纤维与基体的应力-应变曲线，对于说明确定复合材料强度是有用的。当单向连续纤维增强复合材料受到沿纤维方向拉伸时，假设纤维与基体间界面结合完好，并且二者具有相同的拉伸应变，这时复合材料的极限强度为：

$$\sigma_{c,max} = \sigma_{f,max} V_f + (\sigma_m)_{\varepsilon_{f,max}} (1-V_f) \tag{6.8}$$

式中　$\sigma_{f,max}$ 为纤维的最大拉伸应力；$(\sigma_m)_{\varepsilon_{f,max}}$ 是基体的应变等于纤维最大拉伸应变时的基体应力；$V_f$ 是纤维的体积分数。该公式是在纤维体积分数大于某一特征值的条件下得到的。

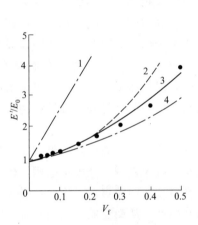

图 6.9　有效弹性模量与球夹杂
体积分数的关系

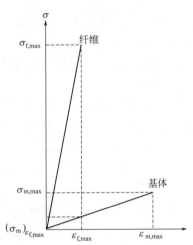

图 6.10　纤维和基体的应力-应变曲线

实际上，纤维的强度不可能完全相同，通常符合某种数学分布形式，如 Weibull 分布或正态分布等。由于纤维的强度具有一定的分散性，许多比较弱的纤维在载荷较低，甚至在加工过程中就已经断裂。这样在断裂点附近的纤维就会承担较大的载荷，产生了应力集中。如果能正确地描述断裂点附近的纤维承担的载荷，就能正确地确定材料的损伤演化过程和预报材料的强度。这是一个方法复杂而困难的事情。

ii. 单向短纤维增强复合材料的强度。短纤维复合材料由于纤维的不连续性以及尺寸、分布等随机性影响，应力分布非常复杂。这也决定了短纤维复合材料具有比连续纤维复合材料低得多的强度特性。短纤维复合材料的强度与短纤维的长度也存在着一定的关系。短纤维的长度不同，其破坏机理也不同。当纤维很短时，裂纹总是在纤维端部萌生，然后裂纹绕过周围纤维而导致复合材料的断裂，这过程并不导致纤维的断裂，即纤维并没有起到增强的作用。当纤维比较长时，纤维端部的微裂纹将导致周围纤维的断裂，进而导致材料破坏。为了反映短纤维长度及应力集中的影响，有人将复合材料的拉伸强度公式修改为：

$$\sigma_{cu} = V_f \sigma_{fu}/K + (1-V_f)\sigma'_{mu} \tag{6.9}$$

式中，$\sigma_{cu}$ 和 $\sigma_{fu}$ 分别表示复合材料的拉伸强度及纤维的拉伸强度；$\sigma'_{mu}$ 为对应于复合材料破坏应变时基体所承担的应力；$V_f$ 是纤维的体积分数；$K$ 为最大应力集中因子。当复合材料中纤维随机分布时，复合材料的宏观强度与单向纤维增强复合材料有较大的不同。这时引入纤维方位因子 $C_0$ 的概念，所以混合律公式可以写成：

$$\sigma_{cu} = V_f \sigma_{fu} F(\ell_c/\bar{\ell}) C_0 + (1-V_f)\sigma'_{mu} \tag{6.10}$$

式中，$F(\ell_c/\bar{\ell})$ 是纤维平均长度与纤维临界长度比值的函数。随着新材料的出现，其破坏机理也将与前面所述材料的破坏机理不同，因此建立模型所必须考虑的因素也不尽相同。

b. 复合材料结构设计　复合材料的结构设计涉及结构形状、所受环境载荷、边界条件及初始条件、连接情况、结构的功能和特点、承载能力和破坏机理与准则、可靠性及安全性、材料的选择、性能数据、成本等一系列问题。实际上，影响复合材料及结构设计的因素都是相互关联的。人们无法确定每一设计程序的先后顺序。

夹层结构可使结构刚度大和重量轻，因此有利于提高屈曲载荷与固有频率，减小变形，有利于隔声和减振。夹层结构适用于承受分布载荷而不适用于集中载荷。采用加筋的结构形式就可承受集中载荷。

复合材料的加筋结构也是一种结构效能比较高的常用结构形式。由于筋条的存在，可以明显提高结构的整体刚度和局部刚度。在结构重量给定的前提下，采用大而稀的筋条能明显提高结构的整体刚度，但局部刚度比较低；采用小而密的筋条，可显著提高结构的局部刚度，但整体刚度比较低；也可采用两者折中的方案。与夹层结构相比，在同样重量的要求下，加筋结构刚度要差些。另外，加筋结构的局部和整体应力、变形、稳定性和振动问题也比夹层结构复杂。

随着现代航空、航天等高技术领域的不断发展，对结构材料的性能要求也不断提高。经过研究和比较，发现传统层合复合材料虽然是理想的轻质高强材料，而且在航空、航天领域已经大量应用，但作为结构材料，它在剪切强度、损伤容限、抗冲击性、断裂韧性等方面都有致命的弱点，其应用也受到很大的限制。多向编织复合材料由于纤维之间相互联结，显示出很强的整体性，从而克服了层合复合材料的一些弱点。一般来说，三维编织复合材料具有一系列优点，例如提高了剪切强度、断裂韧性和损伤容限，也提高了抗冲击性等。因此，这种结构多用于导弹弹头、火箭发动机喉衬、装甲车辆、火炮构件、空间结构等。

c. 复合材料的虚拟设计　20世纪50年代以前，对大型宏观结构主要是在物理模型上先进行仿真实验。模拟仿真的方法技术利用相似理论将实际结构模型化后做实验。而复合材料结构的许多性能都是非线性的，因此仅仅靠比例模型是无法给出能反映实际复合材料结构的性能。通常，复合材料结构具有很强的尺寸效应，需要结合先进的实验技术和数值分析方法对其进行认真的研究。

模型是仿真的基础，数学模型是数学仿真的基础。现代计算机技术的进步，使数学仿真在仿真技术中占有特殊重要的地位。数学模型是在特定的目的支配和假设条件约束下，关于真实系统的科学抽象和映射。用科学抽象的方法建立数学模型是对实际系统的近似描述，它不可能是无所不包的，也不可能是完全精确的。复合材料分析模型包含了许多问题，目前有些特殊问题已基本解决，如材料的刚度问题。然而，绝大多数问题还没有得到满意的解答。

建立数学模型后进行虚拟实验，通过计算机仿真模拟找到最优方案，而让物理模型实验作为验证用。例如，美国在研究200℃以上温度使用的航空材料时，复合材料的黏结剂、结构形式、实验测试等都是通过在地面模拟实验和计算机模拟完成的。

复合材料的设计主要有功能设计、结构设计和工艺设计三大部分。另外还要求对设计的合理性和可靠性加以评价。如对于复合材料的结构设计来说，根据复合材料结构性能、可靠性、安全性及维修性的要求，甚至是更多的目标函数的要求，对材料和结构形式进行设计方案的优化和参数的设计。最近，又提出了复合材料一体化制造系统的概念，复合材料一体化制造系统是根据材料设计、结构设计、工艺及可靠性评价平行发展的概念，这是一个系统工程。图 6.11 是复合材料一体化系统的流程框图。

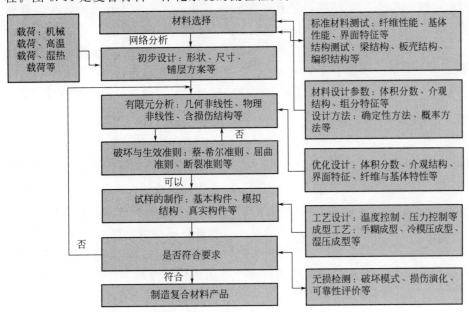

**图 6.11　复合材料结构的一体化模拟设计与制造流程**

## 6.4.2　超硬材料计算设计

### （1）超硬材料体积弹性模量

材料的硬度是一个复杂的性质。它既取决于材料的微观结构，也取决于材料的宏观结构。因此，材料硬度的标度问题很复杂，不同的测量方法得到不同的硬度。通常选用的 Mohs 经验标度方法得到了广泛的应用。从根本上说，材料的硬度取决于微观性质。对于完整的晶体，材料的硬度用定义的体积弹性模量 $B$ 来标度，即

$$B = -V \left( \frac{\partial p}{\partial V} \right) \qquad (6.11)$$

式中，$V$ 和 $p$ 分别表示体积和压力；$B$ 的单位用 GPa 表示。固态惰性能气体的 $B$ 值大约为 $1 \sim 2 \mathrm{GPa}$，离子固体为 $10 \sim 60 \mathrm{GPa}$，主族金属为 $2 \sim 100 \mathrm{GPa}$，过渡族金属为 $100 \sim 300 \mathrm{GPa}$，共价键晶体为 $100 \sim 443 \mathrm{GPa}$。因此，人们把超硬材料设计方向瞄准在共价键固体上。

对于金属固体，基于自由电子气模型，由式(6.11) 可得到：

$$B = \frac{2}{3} n E_{\mathrm{F}} = \left(\frac{6.13}{r_{\mathrm{S}}}\right)^3 \qquad (6.12)$$

式中，$E_{\mathrm{F}}$ 是费米能级；$n$ 是电子密度；$r_{\mathrm{S}}$ 是容纳一个电子的球半径。应该指出，上式并不适用于共价键材料。在共价键材料中，如相邻原子对之间用八个价电子成键并以四面体构型形成固体，则称为四面体共价键材料。根据 Phillips-Van Vechten 方法，四面体共价键材料 $B$ 值的经验公式是：

$$B = \frac{1972 - 220I}{d^{3.5}} \qquad (6.13)$$

式中，$d$ 为键长；$I$ 为离子性。式(6.13) 表明，键长 $d$ 越短，$B$ 值越大；离子性越大，$B$ 值就越小。离子性用经验参数 $I$ 表示。对于 IV-IV、III-V 和 II-VI 族固体，$I$ 分别是 0、1 和 2。

在目前已知的材料中，金刚石的 $B$ 值（443GPa）最大。在 Mohs 的标度中，认为金刚石的硬度是不可超越的极限。问题是我们有没有可能从量子化学的理论计算中设计出硬度接近甚至超过金刚石的超硬材料。这种理论设计不依赖于包含待定参数的经验公式，仅仅应用组成材料的原子的原子序数、原子质量等信息来进行第一性原理的计算。

**（2）β-Si₃N₄ 的电子结构**

β-$Si_3N_4$ 属于 $C_{6h}^2$ 空间群，具有层状结构（图6.12），以 AAA…方式堆积，局部几何构型表明 Si 和

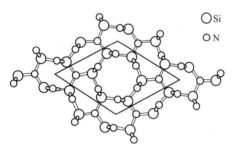

○ Si
○ N

**图 6.12    β-Si₃N₄ 晶体 a-b 平面的结构**

N 原子分别以 sp³ 和 sp² 杂化轨道成键。Si 原子以 $SiN_4$ 四面体通过共顶点连接成网络。β-$Si_3N_4$ 是一种高新技术材料。它具有高强度、高硬度、高分解温度和耐腐蚀、耐磨损等特征，作为高温结构材料被广泛应用在切割刀具等部件中。特别是它优良的强度质量比，被用来代替金属，作为轻质、低惯量部件。虽然 $Si_3N_4$ 有这些结构上、热学上和化学上的优良性质，但是它对于杂质、颗粒大小、多孔性以及材料加工过程都很敏感。然而对于理想晶体来说，这些性质仅取决于材料的电子结构和成键性质。因此，研究这一材料的电子结构可以对设计新材料，特别是对设计超硬材料提供有用的信息。

Cohen 等应用赝势法和局域密度近似方法计算了 β-$Si_3N_4$ 的晶体轨道和结合能。用 Murnaghan 和 Birch 的态方程拟合计算的结合能，得到的晶格常数 $a$、体积弹性模量 $B$ 和结合能 $E_{\mathrm{coh}}$ 列于表 6.1 中。计算的 β-$Si_3N_4$ 的平衡晶格常数与实验值符合得很好。计算的体积弹性模量 $B$ 与实验值偏差小于 4%，在计算和实验的不确定度范围之内。这些结果表明 Cohen 所用的理论方法的可靠性。

**表 6.1    β-Si₃N₄ 和 β-C₃N₄ 的晶格常数 a、体积弹性模量 B 和结合能 E_coh**

| 参量 | | $a$/nm | $B$/GPa | $E_{\mathrm{coh}}$/(eV/晶胞) |
|---|---|---|---|---|
| β-Si₃N₄ | 计算值 | 0.761 | 265 | 74.3 |
| | 计算值 | 0.7568 | 282 | 74.8 |
| | 实验值 | 0.7608 | 256 | |
| β-C₃N₄ | 计算值 | 0.644 | 427 | 81.5 |

对 β-$Si_3N_4$ 进行计算的结果表明，Si—N 键长 0.174nm，比 N 原子（sp²）和 Si 原子（sp³）的原子共价半径和来得短，原因被认为是 Si 和 N 之间的电荷转移，即 Si—N 键部分离子化。由于这一离子性，在 $B$ 的经验公式(6.12) 中，离子性因素在 0~0.5 范围内。由式(6.12) 计算的 β-$Si_3N_4$ 的 $B$ 值偏离第一性原理的计算值 10%。

$\beta\text{-Si}_3\text{N}_4$ 的体积弹性模量（实验值 256GPa，计算值 265GPa）小于金刚石的 443GPa。由式（6.13）可看出，缩短键长 $d$，减小离子性 $I$，可以提高共价材料的 $B$ 值。从理论上分析，应选用 C 代替 $\beta\text{-Si}_3\text{N}_4$ 晶体中的 Si，以形成 C—N 共价键。由于 C 原子共价半径小于 Si 原子共价半径，而且 C 和 N 的电负性差别小于 Si 和 N 的电负性差，因此可以预计 C—N 共价键比较短，而且离子性小于 Si—N 键，$\beta\text{-C}_3\text{N}_4$ 将是超硬材料。

### （3）$\beta\text{-C}_3\text{N}_4$ 的计算设计与开发

$\beta\text{-C}_3\text{N}_4$ 是一种理论设计的材料，具有类似 $\beta\text{-Si}_3\text{N}_4$ 的晶体结构。计算方法和过程与 $\beta\text{-Si}_3\text{N}_4$ 相同，计算的 C—N 键长为 0.147nm，确实比 Si—N 键的 0.174nm 短（表 6.1）。第一性原理计算的 $\beta\text{-C}_3\text{N}_4$ 总能量随晶胞体积变化见图 6.13。能量曲线最小值出现在 $0.087\text{nm}^3/$ 晶胞的附近，$B$ 值为 427GPa，非常接近金刚石的 443GPa。因此，$\beta\text{-C}_3\text{N}_4$ 很可能是一种优质的超硬材料。

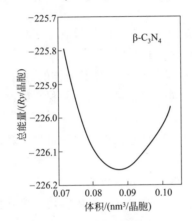

**图 6.13　计算的 $\beta\text{-C}_3\text{N}_4$ 总能量与单胞体积的关系**

自从 1989 年 Cohen 等在理论上预见共价固体 $\beta\text{-C}_3\text{N}_4$ 材料的存在及结构和超硬性能之后，很多实验室都试图制备这一新的超硬材料。这些实验包括 $\text{CH}_4$ 和 $\text{N}_2$ 的等离子分解方法、含 C—N—H 有机物的热解、用冲击波压缩有机 C—N—H 前驱体、离子注入法等技术。1993 年，Lieber 等报道了他们制备 C—N 薄膜的过程。他们在不锈钢真空容器内，用脉冲 Nd:YAG 激光剥离纯石墨靶，被剥离下来的石墨碎片对准被加热的 Si（100）基片。应用 RF 放电方法产生的原子氮气流在基片上与剥离的石墨相遇，得到了 C—N 薄膜。制备过程用 Rutherford 背散射光谱（Rutherford backscattering spectroscopy，RBS）测定产物的化学组成，通过控制原子氮气流和基片温度，可以得到 $\beta\text{-C}_3\text{N}_4$ 固体薄膜。Lieber 应用 X 射线光电子能谱验证了薄膜的化学组成，并且表明 C—N 是非极性共价键。产物的结构是采用电子衍射方法测定的。研究表明，得到的固体就是 $\beta\text{-C}_3\text{N}_4$。它可能是最稳定 C—N 固体中的一种，并且是一种可利用的超硬材料。Lieber 用实验证实了理论预见的超硬材料 $\beta\text{-C}_3\text{N}_4$ 的存在，展现了新材料计算设计的美好前景。目前，可用于体积弹性模量和硬度的直接定量测量的 $\beta\text{-C}_3\text{N}_4$ 晶体样品尚未得到。但 $\beta\text{-C}_3\text{N}_4$ 固体薄膜已在实际中得到了应用。

### 6.4.3　工程应用层次的材料计算设计

工程应用层次的计算设计是以现有材料科学各种理论为基础，但也必然会更重视材料实验数据和结果的积累、分析与整理。同样，成分—组织结构—性能之间的关系是关键。建立数理模型是纲，数据处理方法是实现计算设计的重要手段。

**（1）低温奥氏体钢的开发与应用**

超导、超低温等高技术发展很快。自从发现了超导现象后，超导技术已取得了突破性进展，$T_c$ 温度已大于 77K。超导电机、大型超导磁体等技术在日趋成熟。

受控热核聚变最终会解决人类的能源问题。它必须要使用强磁场的大型超导磁体。HT-7U 超导卡马克核聚变装置是国家"九五"重大科学工程，其中放电真空室及构件的结构材料至关重要。

在交通运输方面，超导磁悬浮列车、高速无噪声的船舶推进装置均需要超导磁体。采用超导磁场的磁分离技术也有了迅速的发展。

另外，在石油化工、煤化工的低温泵阀、低温容器，低温海洋设备等许多方面都需要高性能的无磁结构钢。无磁结构钢在国防上也应用很多，如猎潜艇、扫雷艇等。

为制造以上这些装置、容器、零部件，必须要有在不同低温下工作的具有优良性能的低温奥氏体钢。由于各种低温技术的温度、应力等服役条件不同，因此对所需结构材料的性能要求也不同。所以需要开发各种系列用途的低温钢。

根据笔者的研究基础，选择低温奥氏体钢为对象，研究工程层次的材料计算设计系统。

① 系统设计思路

设计关键：边界条件要清楚，如各种相变临界点；力学性能随温度、成分、组织的变化规律的定量计算；形变、断裂的机理与规律，使用的安全可靠性。以上三大块内容均需建立相应的数理模型，这是设计系统的核心。

基础工作：采用使用、整合、发展和新建等方法建立数理模型；收集、分析、整理各种实验数据和实验结果；试验研究，补充有关数据；研究奥氏体钢在低温下的各种相变、形变、断裂、冷疲劳机理和规律。总体思路见图 6.14。

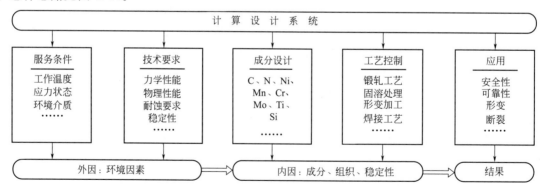

**图 6.14　低温奥氏体钢计算设计总体思路**

② 设计要素与系统框架　奥氏体钢计算设计目标是建立"材料—设计—制造—评价"一体化设计的系统。主要涉及热力学参量的变化规律、工艺参数的控制、力学性能和可靠性等问题。该计算设计系统由数据库和知识库支撑，要实现双向设计功能。根据需要可提供多种重要信息，这些信息可以图、表或数据结果等形式显示给出。奥氏体钢计算设计要素及系统框架如图 6.15 所示。

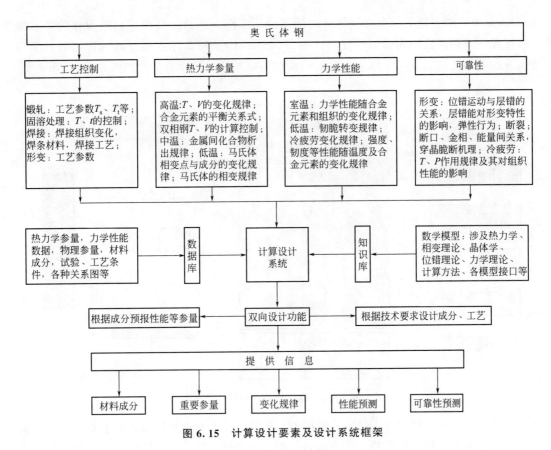

图 6.15 计算设计要素及设计系统框架

③ 计算设计原理与数理模型 对奥氏体钢来说，合金元素影响了奥氏体的各种特征参量和微观组织结构，从而又决定了宏观的相变和力学性能的变化规律及形变断裂的特征。从而又决定了宏观的相变和力学性能的变化规律及变形断裂的特征。不同合金元素对相变驱动力的作用不同，合金元素的作用决定了合金的相变热力学参数，如低温马氏体相变温度、高温铁素体转变温度。奥氏体结构的层错能是一个重要参量，层错能性质取决于合金元素。在研究中发现了一个新的材料参数，奥氏体相变结构参数 $S(\gamma_{sf}/\sigma_{sb})$。参数 $S$ 决定了相变临界分切应力，同时也影响了相变类型。在宏观上合金元素的作用表现为对奥氏体组织稳定性的影响，高温铁素体相变、中温化合物析出和低温马氏体相变均有热力学和动力学计算设计问题。奥氏体组织结构的特性决定了合金的形变断裂特性和各种力学性能，这是材料设计的重要目标之一。所以，建立宏观-微观上的数理模型是奥氏体钢计算设计关键的基础工作，其研究成果可参考文献 [49]。

工程应用层次的材料计算设计系统主要是要解决成分、工艺、组织、性能和可靠性之间的定量计算关系，并且又应在微观、介观层次上进行有机的联系。该系统应实行双向设计的功能，达到对材料的性能预测、各关键参量的计算和可导性评价在工程实际应用中有着科学、正确的指导作用。

**(2) 高性能钢的设计与应用**

美国西北大学钢铁研究小组（steel research group，SRG）从 1985 年至

今在 G. B. Olson 教授的主持下一直开展材料的计算设计工作。其目标是探索材料设计的普遍方法、工具及建立数据库，并以高性能钢作为研究设计对象。SRG 的材料设计方法是以现代材料科学与工程中制备、结构、性能和使用效能 4 个要素的逻辑结构作为依据的，设计的流程如图 6.16 所示。

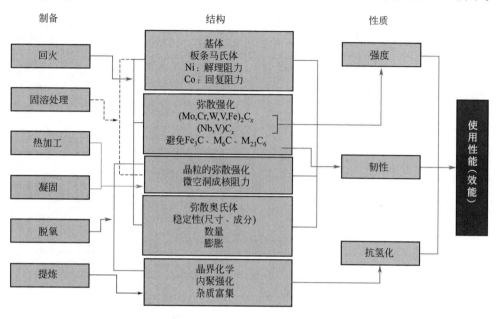

**图 6.16　SRG 材料设计的流程**

　　研究者先收集有关的资料和各类材料计算模型与数据，编写材料特性的设计目标和规范。对照流程先分析材料的使用效能和材料特性的关系，然后分析结构-特性关系和制备-结构的关系。为补充现有知识和实验数据的不足，研究了一些不同层次的材料计算设计的模型。充分利用计算模型和数据库，寻找合适的组分和制备方案。并且成功地开发了具有优良性能的新合金，有的已经用于飞机、航空母舰、动力发动机等方面。

# 第**7**章　材料研究的模型化与模拟

○○────┤───○○　○　○○────┤───○　○　○○　○

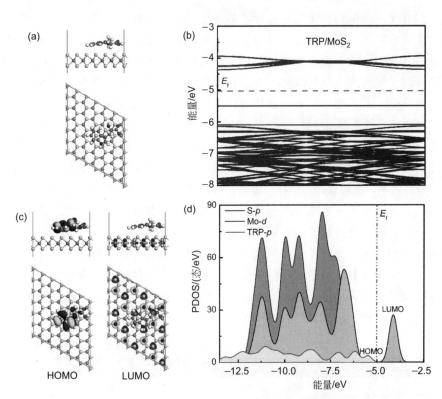

**采用密度泛函理论计算色氨酸在 MoS₂ 表面的吸附与电子结构**

（a）色氨酸（TRP）在单层 MoS₂ 表面吸附结构；（b）TRP/MoS₂ 吸附系统能带结构图；
（c）TRP/MoS₂ 吸附系统最高占据态（HOMO）和最低未占据态轨道（LUMO）分布图；
（d）TRP/MoS₂ 吸附系统电子态密度图（PDOS）

从图（a）中可以看出色氨酸与 MoS₂ 之间为强物理吸附，没有化学键形成。与纯 MoS₂ 相比，
色氨酸/MoS₂ 吸附体系的能隙减小，这是因为色氨酸能级的引入 [图（b）]。这与
色氨酸/MoS₂ 体系的前线轨道分布 [图（c）] 和电子态密度相符 [图（d）]。从图（c）中
可以清楚看到最高占据态轨道集中在色氨酸分子上，最低未占据态在 MoS₂ 上。这个
工作是为了理解有机-无机界面的相互作用，为新型生物传感器的设计与制备提供理论基础

导读

　　现实世界的绝大部分规律既不那么显而易见也不那么简单，以至于如果
我们不借助抽象概念就难以把握世界的本质规律。科学抽象意味着借助模型
来研究现实世界某一方面的规律。在材料科学研究领域，模型的建立所处理
的是各种不同的尺度范围和不同的物理过程。

　　"模型化（modeling）"和"模拟（simulation）"常被人为的区分开来，
实际上这两个词可以简单地当作同义词使用。从现行科学意义上理解，"模型
化"即模型公式化和数值模型化。后者经常被看作数值模拟的同义词使用。

# 7.1　材料研究的模型化

## 7.1.1　模型化的基本概念

### （1）大于原子尺度的模型化

就建立微结构演化模型来说，最理想的方法可能就是求解所研究材料的所有原子的运动方程。这一方法能给出所有原子在任一时刻的位置坐标和速度，也就是说，由此可预测微结构的时间演化。在这种模拟方法中，构造模型所需要的附加经验性条件越少，其对原子之间相互作用力的描述就越详尽。当所研究的尺度为连续体近似时，与在原子尺度上的"从头计算"方法相比，其模型在本质上包含有唯象理论的成分，并且超出原子尺度越远，其模型中的唯象成分就越多。

原子方法主要用于纳米尺度范围的微结构模拟，而对介观和宏观系统，由于含有 $10^{23}$ 个以上原子数目，要应用原子方法进行处理是非常困难的。就目前而言，即便采用球对称型原子对势，原子模拟方法也只能处理到最多 $10^8$ 个原子。因此，对于大于纳观尺度的微结构进行模型化时，应考虑连续体模型。由于实际微结构非常复杂，所以要在连续体尺度上，选择能够准确刻画微结构特征的因变量，将是一件艰巨而重要的任务。

为了获得关于微结构的合理而简单的模型，首先要对所研究的真实系统进行实验观察，由此推导出合乎逻辑的、富有启发性的假说。根据已获得的物理图像，通过包括主要物理机制在内的唯象本构性质，我们就可以在大于原子尺度的层次上对系统特性进行描述。

唯象构想只有转换成数学模型才有实用价值。转换过程要求定义或恰当选择相应的自变量（亦称为独立变量，independent variables）、因变量（dependent variable or state variable），并进而确立运动方程、状态方程、演化方程、物理参数、边界条件和初值条件以及对应的恰当算法，见表 7.1。

表 7.1　材料科学中对数学模型进行公式化的基本步骤

| 步骤 | 内容 |
|---|---|
| 1 | 定义自变量,例如时间和空间 |
| 2 | 定义因变量,亦即强度和广延因变量或隐含和显含因变量,例如温度、位错密度、位移及浓度等 |
| 3 | 建立运动学方程,亦即在不考虑实际作用力时,确定描述质点坐标变化的函数关系。例如,在一定约束条件下,建立根据位移梯度计算应变和转动的方程 |
| 4 | 确立状态方程,亦即从因变量的取值出发,确定描述材料实际状态且与路径无关的函数 |
| 5 | 演化方程,亦即根据因变量值的变化,给出描述微结构演化的且与路径有关的函数关系 |
| 6 | 相关物理参数的确定 |
| 7 | 边界条件和初值条件 |
| 8 | 确定用于求解由步骤 1~7 建立的联立方程组的数值算法或解析方法 |

### （2）自变量与因变量

根据定义，自变量可以自由选取。在近来发展起来的高级微结构模型中，一般把时间和空间坐标作为自变量。例如，在离散位错动力学模拟方法中，把原子之间的直接相互作用简化为线性连续体弹性问题，采用对材料中的原子性质水平平均值的办法，计算所有位错（对二维情况而言）或位错节（对三维而言）在每一时刻的准确位置和速度，这样就可以描述材料的行为和特性。

因变量是自变量的函数。如不考虑它们的历史，因变量的取值决定了系统在任一时刻所处的状态。在经典热力学中，因变量分为广延变量（与质量成正比）和强度变量（与质量无关）。在微结构力学中，还经常做进一步的区分，例如分为显含因变量和隐含因变量。显含因变量是表示占有空间的微结构性质的一类量，诸如粒子或晶粒大小；隐含因变量则表示了介观或宏观平均值。在用有限元方法计算微结构的性质时，后一类态变量具有特别的实用性。

在对复杂的商用合金、聚合物及复合材料的行为特性进行预测时，唯象模型常需要采用大量的因变量。例如，在对金属基复合材料或高温合金的屈服应力进行描述时，可能要考虑各组分的浓度、各相中的位错密度、界面厚度以及粒子大小和分布。但因变量太多，就使得物理模型变成了经验性的多项式模型。材料种类及其制造过程是很复杂的，大部分是难以找到简明的描述方式，所以在工业领域多变量模型化方法是很有用的，有时还是必要的。尽管如此，多变量方法对于从物理本质角度来说是一种并不理想的方法。因此，本构模型化的关键问题就是在可调参数和具有明确物理意义的因变量之间寻找到一种"平衡"。

### （3）运动学方程和状态方程

对固体来说，运动学方程常用于计算一些相关参数。例如应变、应变率等。运动学约束条件常常是由样品制造过程和研究时的实验过程所施加的。例如，在旋转的时候，材料中任何近表面的部分不容许有垂直于旋转平面的位移。

通过状态方程可以把材料的性质与因变量的实际取值联系起来（见表7.2），诸如电阻、屈服应力、自由焓等。由于因变量通常是自变量的函数，所以状态方程的值也依赖于自变量。状态方程是与路径无关的函数。这就意味着，在不计因变量初值和演化历史时，由状态方程提供了计算材料性质的基本方法。关于状态方程的基本参数值，我们可以通过模拟和实验导出。通常，微结构状态方程可以把材料的内部和外部变化的响应定量化，即不同的状态方程表示了材料的不同特性。例如，对于液体、弹塑性刚体、黏塑性材料和蠕变固体来讲，其屈服应力对位移的依赖关系是完全不同的。

表 7.2　计算材料学中状态方程的典型例子

| 状态参数 | 状态变量 | 状态方程 |
|---|---|---|
| 应力 | 应变或位移 | 胡克定律 |
| 屈服应力 | 均匀位错密度，Taylor 因子 | Kocks-Mecking 模型中的 Taylor 方程 |
| 屈服应力 | 在元胞壁和元胞内的位错密度 | 高级双参数和叁参数塑性统计模型 |
| 互作用原子势 | 互作用原子间距 | 球对称互作用原子对势函数 |
| 互作用原子势 | 原子间距和角位置 | 紧束缚势 |
| 自由能 | 原子或玻色子浓度 | Ginzburg-Landau 模型中的 Landau 型自由能 |

### （4）各种参数

状态方程的因变量具有以各种参数为基础的加权平均性质，并要求具有一定的物理意义和经得起实验或理论的检验。无论哪一种模拟方法，要确定各种恰当的参数并具体给出它们的正确取值都是非常难的，尤其是对于介观尺度上的材料模拟来说，更是如此。在介观尺度上，各参数的取值还将依赖于其他参量，并且与因变量本身有关。这就意味着，在构成状态方程的要素中包含有非线性因素，并与其他状态方程组成耦合方程组。此外，许多材料参数对状态方程都具有较强的直接影响，例如在热激活的情况下，其参数与变量之间是指数函数。晶（粒边）界运动的活化能出现于指数项中，并强烈地依赖于近邻晶粒之间的取向偏差、晶界平面的倾角和晶界处杂质原子的浓度。

前面提到的运动学方程、状态方程、演化方程等，在形式上可以以代数的、微分的或积分的形式建立起来，这取决于我们所选择的因变量、自变量以及所确立的因变量数学模型。所有方程和各种参数一起共同刻画了材料的响应特性，这就是本构方程。

### 7.1.2　数值模型化与模拟

前面讨论的是属于模型构造（或模型设计）的范畴。模型化的第二层意思，就是与模型相联系的有关控制方程的数值解法。这一过程常被定义为"数值模型化"，或称之为"模拟"。这是指"关于一系列数学表达式的求解"，亦即通过一系列路径相关函数和路径无关函数以及恰当的边界条件和初值条件，可以把构造模型的基础要素定量化。

尽管数值模型化和模拟两者从根本上说的是同一件事情，但在使用中二者常常会以稍有区别的方式出现。一般而言，我们把数值模型化理解为建立模型和构造程序编码的全过程，而模拟则常用于描述"数值化实验"。根据这样的理解，模型化是由唯象理论及程序设计的所有工作步骤构成；而模拟所描述的则仅仅是在一定条件下的程序应用。

数值模型化和模拟的区别，还与"尺度"有关。"数值模型化"一词主要用于描述宏观或介观尺度上的数值解法，而不涉及微观尺度上的模型问题。对于微观体系中的模型计算通常称为"模拟"。例如，我们倾向把分子动力学所描述的原子位置和速度说成是由模拟方法获得的，而不是说成是由模型化方法获得的。在使用"模型化"和"模拟"两个词时多少带有一些随意性和不一致性。在模型化和模拟之间，其明显差别则是基于这样的事实，即许多经典模型不需要使用计算机，但可以表达成严格形式而给出解析解。然而，可以用解析方法进行求解的模型通常在空间上不是离散化的，例如许多用于预测位错密度和应力且不包括单个位错准确位置的塑性模型。

模拟方法通常是在把所求解问题转化为大量微观事件的情况下，提供一种数值解法。所以，"模拟"这一概念常常是和多体问题的空间离散化解法结合在一起的（如多体可以是多个原子、多个分子、多个位错、有限个元素）。下面给出模拟与数值模型化定义。

所谓微结构模拟，是通过求解在空间和时间高度离散化条件下反映所考虑的基本晶格缺陷（真实的物理缺陷）或准缺陷（人工微观系统组元）行为特性的代数型、微分型或积分型方程式，给出关于微观或介观尺度上多体问题公式化模型的数值解。微结构数值（或解析）模型化，是指通过在时间高度离散化而空间离散化程度低的情况下关于整个晶格缺陷系统的代数型、微分型和积分型控制方程式的求解，给出宏观模型的数值（或解析）解。

当在同一尺度层次上应用于处理同一物理问题时，数值模型化一般要比模拟速度快，这就是说，数值模型化可以包括更大的空间尺度和时间尺度。数值模型化的这一优势是非常重要的，尤其在工业应用方面这一优势更为突出。但由于数值模型化通常在空间上离散化程度较低，所以在定域尺度上其预测能力较差。

### 7.1.3　模型的基本范畴与分类

#### （1）空间尺度与维度（数）

根据不同的近似精度，可以对微结构模型进行分类（见表 7.3）。通常，把模型简单地按照其所使用

表 7.3　模拟的特征性质

| 分类依据 | 模型种类 |
| --- | --- |
| 特征尺度 | 宏观、介观、微观、纳观 |
| 空间维度 | 一维、二维、三维 |
| 空间离散化 | 连续体、原子 |
| 预测性特征 | 确定性的、随机性/概率性的、统计学的 |
| 描述性特征 | 第一性原理、唯象的、经验性的 |
| 路径相关性 | 动态的、静态的 |

的特征尺度来划分。一般可把模型分为四类，即宏观模型、介观模型、微观模型和纳观模型。宏观一词与材料样品的几何形状及尺寸相联系，介观对应于晶粒尺度上的晶格缺陷系统，微观则相当于晶粒尺度以下的晶格缺陷系统，而纳观是指原子层次。也可以选择三种划分法，即宏观尺度、介观尺度和原子尺度。

　　根据模型的空间维度来划分，即一维、二维和三维。在研究中，二维和三维模型较为流行。它们之间的差异对其结果的合理解释是至关重要的。例如，对于包含滑移且具有一定几何形状的系统，以及位错相互作用系统，我们不能用二维模拟方法进行处理，而只能采用三维模拟方法。这一点在Taylor型模拟和较为复杂的晶体塑性有限元法中是非常重要的。即使是常规的有限元模拟方法，分别由二维和三维模型获得的预测结果之间的差别也是不可忽略的。例如，在对轧制过程的二维有限元法模拟中，板材的横向增宽一般可以忽略不计。当把位错动力学从二维推广到三维时，我们能够正确描述位错增殖效应，而这在二维模拟中是不可能的。

**（2）空间离散化**

　　空间离散化程度可以分成两类，即连续体模型和原子模型（见表7.3）。连续体模型是在考虑了唯象和经验本构方程及附加的约束条件下，建立描述材料响应特性的微分方程。连续体模型的典型例子有：经典有限元模型、多晶体模型、自洽方法、位错动力学方法以及相场模型等。

　　如果要获得微结构性质更为详细的预测信息，则连续体模型将代之为原子模型。原子模型可给出更好的空间分辨率，与连续体模型相比，原子模型包含有较少的唯象假说。原子模型的典型例子有经典分子动力学和蒙特卡罗方法。实际上，基于第一性原理的从头计算模型，其主要目的在于对有限数目的原子的薛定谔方程给出近似解。通过分子动力学与紧束缚近似或者局域密度泛函理论相结合，以及通过蒙特卡罗方法，可以演绎出各种不同的从头计算方法。它们在关于材料的基本物性、基本结构及简单晶格缺陷行为特性的预测方面，其重要性在逐渐增加。

**（3）预测性特征**

　　模型具有预测性特征。确定性模型，就是基于把一些代数方程或微分方程作为静态方程和演化方程，以明确严格的模拟方式描述微结构的演化。随机性模型，就是使用概率方法对微结构的演化进行模拟描述。

建立随机性模型的目的在于采用一系列随机数去完成大量的计算机实验，从而实现模拟。随机性模型在微结构空间离散化模拟方面的推广应用有了很大发展。如蒙特卡罗方法是常规随机性模型的典型例子。

近年来，人们提出了各种改进型方法，并在空间离散化微结构模拟方法中引入了微观随机性概念。空间离散化随机性方法的典型例子有：研究扩散和短程有序的蒙特卡罗模型，模拟微结构非平衡相变现象的动态波茨模型，研究微区塑性、扩散、断裂力学和多孔介质性质的随机性逾渗模型，以及通过朗之万力来处理热激活过程的位错动力学高级模拟方法。

### （4）描述性特征

第一性原理模型，其目的在于通过最少的假说与唯象定律，获得构成所研究系统的根本特性和机理。其典型例子就是基于局域密度泛函理论的模拟方法。显然，即使是第一性原理模型，也一定含有一些既无法说清其根源也无法证明其正确性的假说。

计算材料学中的大多数模拟方法都是唯象的，亦即它们使用了必须与某些物理现象相符合的状态方程及其演化方程。在这些方法中，大多数原子的详细信息诸如电子结构，通常是在考虑了晶格缺陷的情况下平均给出的。

经验性方法可以在要求的精度范围内，从数学角度给出与实验结果相吻合的结论。因此，它们一般不含有晶格缺陷的行为特性。然而，唯象模型公式化的过程可以看作是一个基本的步骤，在其中必须确定哪些因变量对系统性能有较强的影响，哪些因变量对系统的影响较弱，但在经验性模型中不区分重要的和不重要的贡献。

唯象模型具备一定的预测能力。一般来说，纯经验性的方法是没有什么意义的。由于引入模糊集合理论和人工神经网络方法，使经验性方法的应用情况得到了改善。

### （5）系列检验法

一个很重要的问题是模型的有效性。在材料研究中，确实存在着这样的情况：对同一合金现象的处理，人们引入了许多不同模型，而且模型或方法之间缺乏认真的比较。各个模型或方法与实验数据的比较已经很好地建立起来，但综合各模拟方法与实验结果的横向比较还很少见到。定量化系列检验法的使用仍是对现行模拟工作的一种必要而合理的补充。例如，作为比较多晶塑性模型的系列检验法，它应当涵盖下列一些方面：

① 模拟方法必须处理同一种标准材料，这种标准材料应具有严格定义的冶金学特性，例如化学性质、晶粒大小、晶粒形状、强度、沉淀粒子大小和分布等；

② 如果所考察的模型需要输入拉伸或多轴力学试验参数，它们必须采用同样的数据；

③ 所有预测须同一组实验结果相比较，所用实验结果须是在严格定义的条件下获得的；

④ 输入数据中必须包含一组等同的离散取向数据；

⑤ 从输出数据中获得的取向分布函数必须使用同样的方法进行计算推断；

⑥ 对所描述或提交的数据必须采用同一方式；

⑦ 对比较结果应该给以详细讨论，并且公开发表。

## 7.1.4　模型化的基本思路

结构模型大致分为纳观、微观、介观和宏观等系统。由于微结构组分在空间和时间上分布范围很大，晶格缺陷之间各种可能的相互作用是很复杂的，要从物理上量化地预言微结构的演化与微结构性质之间的关系是比较困难的。所以采用各种模型和模拟方法进行研究是非常必要的（表7.4、表7.5和表7.6），尤其是对不能给出严格解析解或不易在实验上进行研究的问题，应用模型和模拟更为重要。而且，就实际应用而言，应用数值近似方法进行预测计算，可以有效地减少在优化材料和设计新工艺方面所必须进行的大量实验。

**表7.4　材料模拟中的不同方法与其空间尺度（纳观至微观层次）的对应关系**

| 空间尺度/m | 模拟方法 | 典型应用 |
| --- | --- | --- |
| $10^{-10} \sim 10^{-6}$ | 分子动力学方法 | 晶格缺陷的结构与动力学特征 |
| $10^{-10} \sim 10^{-6}$ | Metropolis 采样与蒙特卡洛算法 | 热力学扩散及有序系统 |
| $10^{-10} \sim 10^{-6}$ | 能量极小值方法 | 完整晶格、晶格缺陷、结构缺陷的热力学 |
| $10^{-12} \sim 10^{-8}$ | 第一性原理分子动力学（包括紧束缚势和局域密度泛函理论），量子蒙特卡洛方法 | 简单晶格缺陷的结构与动力学特性，以及材料的各种常数计算 |
| $10^{-10} \sim 10^{-6}$ | 集团变分法（团簇变分法） | 热力学系统 |
| $10^{-10} \sim 10^{-6}$ | 伊辛模型 | 磁性系统 |
| $10^{-10} \sim 10^{-6}$ | 分子场近似 | 热力学系统 |
| $10^{-10} \sim 10^{-6}$ | Bragg-Williams-Gorsky 模型 | 热力学系统 |

**表7.5　材料模拟中的不同方法与其空间尺度（微观至介观层次）的对应关系**

| 空间尺度/m | 模拟方法 | 典型应用 |
| --- | --- | --- |
| $10^{-10} \sim 10^{0}$ | 元胞自动机 | 再结晶、晶粒生长、相变、结晶织构、晶体塑性 |
| $10^{-9} \sim 10^{-4}$ | 位错动力学 | 晶体塑性、再生复原、微结构、位错分布、热活化能 |
| $10^{-9} \sim 10^{-5}$ | 多态动力学波茨模型 | 再结晶、晶粒生长、相变、结晶织构 |
| $10^{-9} \sim 10^{-5}$ | 动力学金兹堡-朗道相场模型 | 扩散、界面运动、脱溶物的形成与粗化、多晶及多相晶粒粗化现象、同构相与非同构相之间的转变、第Ⅱ类超导体 |
| $10^{-7} \sim 10^{-2}$ | 顶点模型、拓扑网络模型、晶界动力学 | 枝晶粗化、再结晶、二次再结晶、成核、再生复原、晶粒生长疲劳 |
| $10^{-7} \sim 10^{-2}$ | 弹簧模型 | 断裂力学 |

**表7.6　材料模拟中的不同方法与其空间尺度（介观至宏观层次）的对应关系**

| 空间尺度/m | 模拟方法 | 典型应用 |
| --- | --- | --- |
| $10^{-5} \sim 10^{0}$ | 大尺度有限元法、有限差分法、线性迭代法、边界元素法 | 宏观尺度下差分方程的平均求解（力学、电磁场、流体动力学、温度场等） |
| $10^{-6} \sim 10^{0}$ | 晶体塑性有限元模型、基于微结构平均性质定律的有限元法 | 多元合金的微结构力学性质、断裂力学、结构、晶体滑移、凝固 |
| $10^{-6} \sim 10^{0}$ | Taylor-Bishop-Hill 模型、弛豫约束模型、Voigt 模型、Sachs 模型、Reuss 模型等 | 多相或多晶体的弹性和塑性、微结构均匀化、结晶织构、泰勒因子、晶体滑移 |
| $10^{-8} \sim 10^{0}$ | 基团模型 | 多晶体弹性 |
| $10^{-10} \sim 10^{0}$ | 逾渗模型 | 成核、断裂力学、相变、塑性、电流传输、超导体 |

　　模型化与模拟方法的典型步骤是：首先，定义一系列自变量和因变量。这些变量的选择要基于满足所研究材料性质的计算精度要求；其次，建立数学模型，并进行公式化处理。所建模型一般来说应由两部分组成，一是状态方程，用于描述由给定态变量定义的材料性质；二是演化方程，用于描述态

变量作为自变量的函数的变化情况。在材料力学中，状态方程一般给出材料的静态特性，而演化方程描述了材料的动态特性。同时，在因制备过程或所考虑实验对材料施加约束条件的情况下，上述一系列方程还常能给出材料的相关运动学特性。

无论是"从头计算"，还是唯象理论，通过选择恰当的因变量，建立状态方程和演化方程都是很有启发性的。变量的选择是模型化中最重要的一个步骤，它是我们近似处理问题时所特有的物理方法。基于这些选择好的变量和所建立的一系列方程，通常还要把这些方程变成差分方程的形式，并确定出求解问题的初始条件和边界条件。从而使开始时所给出的模型就变成了严格的数学表述形式。这样一来，对所考虑问题的最终求解就可以用模拟方法或数值实验法进行。

由于计算机运行速度和存储能力的不断提高，以及在工业和科学研究方面对定量预测要求的不断增加，大大促进了数值方法在材料科学中的应用。因此，理论分析、实验测定和模拟计算已成为现代科学研究的三种主要方法。20世纪90年代以来，由于计算机科学和技术的快速发展，模拟计算的地位日益凸显。在新材料的研究和开发中，采用分子模拟技术，从分子的微观性质推算及预测产品与材料的介观、宏观性质，已成为新兴的学术方向。

无论是材料的物理模拟，还是材料的计算设计或数值模拟，一般都离不开计算机。计算机模拟起的作用可认为是一种用来检验理论而设计的实验，这种在将理论应用于客观世界之前而加以筛选的方法称之为计算机实验。计算机模拟的这种作用极为重要，它已促使了一些非常重要的理论修正，而且它也改变了人们构筑新理论的方法。

## 7.2　材料研究的物理模拟

物理学研究问题最基本的方法是建立物理模型。物理模型是对具有相同物理本质特征的一类事物的抽象。为了达到对事物本质和规律的认识，必须根据所研究对象及问题的特点，把次要的非本质的因素舍弃、撇开，有意地提取主要的和本质的因素加以考虑和研究，这就是抽象的方法。例如，在研究物体做机械运动的规律时，忽略物体的形状和大小而把物体抽象成具有一定质量的几何点来建立质点模型；在热学中建立理想气体等模型。这些物理模型是建立物理规律的基础，如质点或点电荷模型是万有引力定律、牛顿定律、库仑定律等基本规律建立的基础。

国内外在材料加工领域开展了许多物理模拟方面的研究工作，例如：物理模拟技术在焊接领域的应用，主要是焊接热循环曲线、热影响区组织和性能、焊接冷热裂纹等；物理模拟技术在压力加工领域的应用，主要是塑性变形及抗力、再结晶规律、CCT曲线测定等；物理模拟技术在铸造领域的应用，主要是形成过程的热与力学行为、金属的熔化与凝固控制、晶体生长与控制等；物理模拟技术在新材料开发及热处理领域的应用，主要是碳/碳复合材料力学性能、铝基复合材料高温变形行为、金属间化合物拉伸性能、退火过程、热/力疲劳等。下面主要介绍塑性加工、注射成型、冲压等方面的物理模拟成果。

### 7.2.1　物理模拟基本概念

物理模拟（physical simulation）是一个内涵非常丰富的广义概念，也是一种重要的科学方法和工程手段。通常，物理模拟是指缩小或放大比例，或简化条件，或代用材料，用试验模型来代替原型的研究。如新型飞机设计的风洞试验，塑性成型过程中的密云纹法技术，电路设计中的试验电路，以及宇航员的太空环境模拟试验舱等。在工程技术中，物理模拟就是利用物理模型模拟实际系统的行为和过程的方法，即通过建立物理模型和试验了解实际系统的行为特征。物理模拟的突出优点是基本上用实物模拟研究对象的方法，它直观地给出研究对象的空间构造形式、外部几何特征、结构尺寸以及其组成部分之间联系和相互作用的结构特征。另外，系统未建成时不可能对系统进行试验；即使对于已建成的系统，在实际系统上进行试验也是不经济的（如轧钢系统，由于规模大，进行一次试验要花很多资金）；有时甚至是不允许的。如电力系统、核反应堆系统，由于这种系统的安全性将会对社会及人身产生很大的影响，一般是不允许直接在实际系统上进行没有把握的试验的。因此常常要求对模型先进行试验，以便获得研究系统所必需的信息。

由于物理模拟不是直接对实际系统本身试验，而是利用物理特性相似模拟，在实验范围内进行小规模模拟试验，因此在科学研究、工程设计和管理系统的合理运行方式的研究中都有重要应用。有些重大工程设计、规划及可行性研究都是首先建造出物理模型进行物理模拟，如大型水利水电工程、大型土木建筑工程、交通枢纽工程、航空航天工程等一般都是先通过模型试验，考查方案设计的科学性和合理性，预测工程的最终效果并获得重要的技术数据。著名的阿波罗登月工程就是在进行了一系列试验模拟的基础上才成功地登上了月球。

在建立物理模型时，简单的实际系统可以建立整体系统的物理模型；对复杂的实际系统建立整体物理模型往往是很困难的，但可以分别对某些关键子系统进行分别模拟试验。建立物理模型可用同一类型系统来模拟，只要在数学模型上一致也可以用不同类型系统来模拟。例如，用电模型可以模拟电磁领域里的物理场造型，也可以模拟传热学、流体力学、空气动力学等非电领域的物理场造型。

物理模拟要进行物理模拟试验与分析。在工程技术中建立物理模型的根本目的是能够对实际系统行为特征做出正确的预测，通过物理模拟掌握必要的技术数据。建立的物理模型与实际系统在物理上具有相似性，其相似性要用物理规律和量纲进行分析。物理模型与实际系统在物理上相似的条件是：①描述它们的物理规律的数学方程具有相同的形式；②与它们有关的无量纲组合量具有相同的数值。

例如，工程上桥梁桁架的模拟是在建成的物理模型上进行力学试验完成的。各向同性建筑材料的弹性性能由杨氏模量 $Y$ 和泊松比 $\nu$ 两个参量来表征。杨氏模量 $Y$ 的量纲为 $ML^{-1}T^{-2}$，泊松比 $\nu$ 无量纲。如果此系统是在重力下达到平衡的，则密度 $\rho_g$ 是一个重要的参量，另外还有特征长度 $L$ 和负载 $P$ 共五个参量。除了泊松比 $\nu$ 无量纲外，剩下的四个量中共有两个量纲彼此独立。对它们进行量纲分析找出另外两个无量纲的组合量为：

$$\Pi_1 = \frac{P}{L^3 \rho g}; \qquad \Pi_2 = \frac{Y}{L \rho g}$$

建立的物理模型与实际系统采用的材料是相同的，则 $Y$ 和 $\rho$ 不变，重力加速度 $g$ 也是常数，可令负载 $P$ 按正比于 $L^3$ 的比例缩小，从而保证了物理

模型与实际系统的 $\Pi_1$ 值相同；为了保证物理模型与实际系统的 $\Pi_2$ 值相同，通常把模型装在离心机上，用惯性离心力来模拟重力，以增大有效的 $g$ 值。通过对物理模型的力学试验与分析，我们可以掌握实际系统负载、特征长度及材料的弹性性能之间的关系，并且可以获得相关的技术数据。

### 7.2.2　金属塑性加工物理模拟

人们在进行金属塑性成型研究和生产及模具或工艺设计时，为了在实物加工前有某种预测性数据或结果，通常先进行某种模拟试验。这些试验不同于实际工艺，被称为物理模拟或数学模拟。目前，物理模拟方法在欧美科研和企业界取得了引人注目的进展，而且在某些制造领域内占有主要地位。例如汽车行业内的大量冷锻（冷挤压）件生产和零件精密成形都是以物理模拟为主进行分析的。欧盟的许多塑性加工科研攻关项目都采用物理模拟为主要手段，兼以数值模拟方法和实测实验。目前在欧美应用比较多的商用有限元软件主要是 DEFORM、FORGE2、ABAQUS 和 MARC/AutoForge 等。这些软件的用户主要是科研部门和高等学校，用于进行体积成形研究时物理模拟结果同实验结果进行对比。企业在进行日常生产设计时还是以物理模拟为主，重大攻关项目时兼用两种方法。这主要的原因是冷挤压生产用物理模拟方法进行分析更简单易行，更直观方便，有数值模拟方法难以替代的作用。例如，用物理模拟方法很容易预测工件的各种工艺缺陷，甚至能计算出变形体内的应变-应力分布，其模具也简单。而数值模拟在模拟投机成形问题时还不完善，在预测工艺缺陷、准确计算载荷与应力等性能参数方面还不够理想。目前国际上正朝着物理模拟与数值模拟方法互相结合的方向发展。在我国近来物理模拟方面研究有所忽视，企业界使用则更少。下面主要介绍菲蜡（Filia）物理模拟技术。

每一项物理模拟实验都有其目的。物理模拟实验的目的可能有下列几种：①试图了解某一工艺中材料的流动机制；②探索某一假设或理论；③验证某一原理；④研究某一工艺中的参数影响；⑤进行模具或工件的几何设计；⑥控制给定工件的流动；⑦用于设计人员与生产工程师之间的讨论和沟通。

进行物理模拟实验的前提是物理模型要尽量满足相应的相似条件。对材料加工来说，主要包括：①几何相似条件；②弹性静态相似条件；③塑性静态相似条件；④动态相似条件；⑤摩擦相似条件；⑥温度相似条件。相似条件不满足或相差比较大时模拟实验结果与真实工艺不可比，模拟实验就没有意义。有些条件是容易满足的，例如几何条件，有些则难以完全满足，这就要设法尽量接近。但条件不足而要求完全满足也是不现实的，所以应该要求尽量接近。

每一项物理模拟实验都要选择模拟材料。模拟材料在性能等多方面要与生产材料相似。泥土和蜡是人们常用的模拟材料。蜡是石油制品，可分为石蜡和微晶蜡。石蜡性脆，但降低熔点后韧性提高。微晶蜡则韧性好。国际上广泛应用的模拟材料有两类，即非熔化材料塑性泥系列模拟材料和石蜡基系列的模拟材料。已经商业化的一种丹麦专利蜡基模拟材料为"Filia"，中文译为菲蜡。菲蜡的主要成分是微晶蜡、白垩和高岭土。通过改变材料的添加剂含量，材料的应变硬化性能和应变率敏感性能可以改变。模拟材料的应力-应变曲线是最重要的材料性能。这一性能可用轴对称应变条件下的平面应变实验测得。菲蜡材料的应力-应变关系与金属材料非常相似（图 7.1）。一般情况下可以采用单色模拟材料进行模拟实验。实验前在坯料表面可涂上网格，这些网格可以用来观察材料的流动情况，或必要时用来计算材料的应变和应力分布。

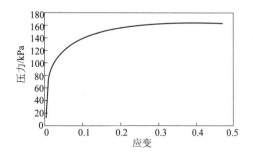

图 7.1　模拟材料菲蜡的应力-
应变曲线（镦粗实验测得）

用菲蜡做模拟材料可以进行多种体积成形模拟实验，例如圆柱坯料的自由镦粗、正挤、反挤、轧制、管件变薄挤压、平板坯料平面应变镦粗。模拟实验设备可以用自制小型专用装置。由于菲蜡材料的屈服应力大约为钢材的千分之一，一般压力机用不上。设备最好采用微机控制。例如平板坯料的成形模拟实验可以自制小型专用卧式压力机，其速度和载荷也可控制并测试，模具装置可用夹具随时根据实验需要调整。还有一种半圆柱式压力机可用于轴对称问题。

模拟实验可以测试坯料与模具界面的压力和剪切力分布，测试载荷曲线，观察流动情况、填充情况和折叠、表面裂纹等工艺缺陷，根据变形后的网格计算应变和应力分布。模拟软件 POLSK 可对 29 种基本冷镦工艺进行模拟计算，计算方便、简单、快捷。模拟试验结果包括最大压力、工件或模具的破坏方式及工艺的可行性定量值 $R$。$R$ 值类似于材料力学中的安全系数。该软件可作为选材参考、模具设计用于工艺中，还可以用于物理模拟实验，以进行对比与验证。

## 7.2.3　薄板冲压工艺模拟技术

薄板冲压技术在汽车、轻工、航空等领域应用广泛，特别是在车身覆盖件成形上，更是不可缺少。薄板冲压过程包含以大位移、大变形为特征的几何非线性，以塑性变形为特征的材料非线性和以接触摩擦为特征的边界非线性，其设计计算极其复杂。工程中常用的传统冲压工艺和模具设计是以简化理论模型和经验公式为基础，依据工程师的实践经验设计出工艺和模具的初步方案，经过反复试模修正，以达到零件设计要求。对比较复杂的新产品模具，这种方法不仅耗费大量的时间和财力，还常常难以达到质量要求。这是导致新车型开发周期长的重要原因。

近十年来，国内外逐渐完善的冲压过程仿真理论和技术（CAE）为冲压工艺与模具设计提供了现代化手段。通过将 CAE 系统与成熟的模具 CAD/CAM 系统集成形成的 CAD/CAE/CAM 一体化技术以及基于 CAE 的冲压成型新工艺，可大大提高冲压工艺和模具的设计水平以及模具的制造质量，缩短设计制造周期，提高冲压件质量。因此这项技术已成为汽车、航空等工业的关键技术。近年来，我国在这方面的主要研究成果包括：

① 提出了薄板冲压工艺过程设计和分析的具有创新内容的系统理论和方法。包括显式加载隐式卸载的混合计算方法、基于局域概念的冲压成型一体化算法、基于弹塑性理论的摩擦模型、显示仿真算法中接触应力计算的质量密度因子法、三维应力状态板壳理论与混合单元理论、板壳的交叉降阶积分法、基于经验与仿真材料的参数反求理论、超大规模计算中的计算任务动态分配方法和多 CPU 间的定时通信理论。对促进我国相关学科的发展起到了积极的作用。

② 研究开发了五大具有自主知识产权和创新内容的冲压工艺软件。冲压

仿真 CAE 自动建模系统 CADEM-Ⅰ在国内最先利用模具表面 NC 数控轨迹数据作为网格生成的几何数据源，不仅可避免发生几何信息丢失与失真，而且建模效率可提高数倍至数十倍。实现结构化四边形网格自动优化，对常用汽车冲压件成型在同样精度下可将仿真模型网格单元减少近 20%～40%，有效减少了计算工作量。冲压仿真 CAE 系统 CADEM-Ⅱ采用交叉降阶积分法，消除了国内外仿真算法常用的人为沙漏控制参数，从理论和算法上保证了大变形冲压件计算的可靠性，排除了工程中常常遇到的沙漏现象。在模具与工件接触界面的处理方面，采用独特的基于虚拟接触块的一体化全自动接触搜查法、局部质量密度因子法和非线性摩擦定律，使冲压计算中的接触边界条件计算不仅有理论上的重大创新，而且在保证精度的前提下提高了速度。如对于国际标准算例 S 形大梁冲压模拟，该系统所需的总时间为国际著名软件 LS-DYNA3D 的 79%，而接触处理时间仅为 27%。冲压并行仿真系统 CADEM-P 采用基于最小边界的优化方法进行仿真模型的初始化分区，不仅使不同 CPU 上的计算工作量达到平衡，并且实现了 CPU 间通信量的最小化。基于 CAE 的冲压工艺分析与设计系统 CADEM-Ⅲ在国内最先采用壳体失稳理论预测冲压中的起皱趋势，从而消除有限元网格尺寸对起皱预测准确性的影响，显著提高起皱预测的可靠性。采用基于仿真的毛坯反算技术，实现复杂零件的毛坯形状和尺寸迭代反求。材料参数反求软件系统 MPAR 在国内外最先实现冲压成型参数反求与标准测试实时联机，通过使用全程记录的测试数据和使用活度计算原则，计算出材料本构特性参数和摩擦特性参数。

③ 开发了冲压工艺综合试验技术与装备。研究结果表明，仿真技术虽然能解决许多传统方法难以解决的复杂工程问题，但仿真不能取代全部的试验研究，仿真技术只有与试验技术有机结合才能产生最好的效果。试验配合仿真要解决的基本问题至少包括四个方面：与仿真方法匹配的材料本构特性参数的获得；冲压件与模具间摩擦特性参数的获得；不同形状和尺寸的拉延筋的特性参数的获取；仿真考题的试验验证。根据以上需要，开发了一套冲压工艺综合试验技术与装备，利用同一系统完成上述四种不同的功能。

④ 发明了拉延模具的斜拉延筋工艺技术并研制了相应的模具。为解决冲压工艺方案中常出现的起皱或拉裂等成型缺陷，除在压边圈的压料面上设置有传统的直线或环线拉延筋外，还在压边圈的压料面上创新性地设置斜拉延筋。斜拉延筋与传统拉延筋区别在于传统拉延筋主要提供板材在冲压中的具有被动性质的流动阻力，而斜拉延筋提供流动阻力外，还可提供具有主动性质的引导材料流动的作用力。这就使得斜拉延筋对材料流动具有很好的控制作用，在拉延件冲压特别是深拉延件冲压中能有效克服拉延件的起皱或拉裂等成型缺陷，防止角部起皱或拉裂效果很好，从而提高成品率和成品质量。

⑤ 冲压模具 CAD/CAE/CAM 一体化技术应用示范。该项目成果已在湖南大学汽车技术研究开发中心、上汽五菱汽车有限公司等企业建立起应用示范点。解决的关键技术问题主要包括根据应用示范点的已有基础，开发和建立不同 CAD、CAE 和 CAM 系统间数据通信的模式和接口；开发了冲压过程 CAE 参数自动选择和优化功能，以降低对 CAE 系统使用人员的专业理论知识的要求，更好地满足生产实际的需要；根据企业的特点，提供 CAD/CAE/CAM 一体化技术培训，并在一些单位实行"技术带土移栽"，即连人带技术转移到企业技术中心；开发和建立了专用数据库系统和专家系统，以支持专门种类模具的 CAD/CAE/CAM 一体化技术的应用；选择企业最迫切需要解决的最有代表性的问题进行 CAD/CAE/CAM 一体化技术应用的系统性演示，从而促使该技术比较快地投入实际工程应用。该技术的推广给企业带来了很大的经济效益。

### 7.2.4　塑料注射成型过程模拟仿真

塑料工业近 20 年来发展十分迅速。塑料制品在汽车、机电、仪表、航空航天等产业及人民日常生活相关的各个领域中得到了广泛的应用。塑料制品的成型方法虽然很多，但最主要的方法是注射成型。世界上塑料成型模具产量中大约半数以上是注射模具。随着塑料制品复杂程度和精度要求的提高以及生产周期的缩短，主要依靠经验的传统模具设计方法已不能适应市场的要求，在大型复杂和小型精密注射模具方面我国不得不每年花费数亿美元从国外进口模具。为了改变我国在该领域的落后面貌，国家从20世纪90年代开始组织了一系列有关塑料注射成型关键技术的研究，塑料注射成型过程仿真是其中的重要内容。塑料注射成型过程仿真既具有理论意义又有很好的实用价值。仿真结果能直接指导注射成型工艺参数的选定，优化模具浇注系统，缩短试模和修模时间，显著提高塑料制品的质量，降低成本，减少模具进口，推动模具行业的技术进步。

塑料注射成型过程仿真属于机械、力学、材料和计算机相交叉的新兴学科。由于塑料熔体的非牛顿性以及注射流动过程的非稳态、非等温性，采用计算机模拟熔体成型过程具有很大难度。虽然世界各国研究的单位很多，但最终形成有影响的商品化系统的只有两家：澳大利亚 Moldflow 公司和美国 AC-Tech 公司。我国经过10多年的努力，经历了从二维分析到三维分析，从局部试点到大面积推广应用的历程，开发出独具特色、具有当前国际先进水平的三维注射成型仿真系统。其主要成果有：

① 解决了用三维实体模型取代中心层模型的关键技术难题。传统的注射成型仿真系统软件基于制品的中心层模型，而模具设计多采用三维实体模型，由于二者模型的不一致，二次建模不可避免。但是从三维实体中抽象出中心层面是一件十分困难的工作，提取过程十分烦琐，因此设计人员对仿真软件有畏难情绪，这已成为注射仿真软件推广应用的瓶颈。该系统能直接在三维实体模型上划分网格，通过表面配对和引入新的边界条件保证对应表面的协调流动，实现了基于三维实体模型的分析，并显示三维分析结果，突破了仿真系统推广应用的瓶颈。

② 有限元/有限差分/控制体积方法的综合运用。注塑制品都是薄壁制品，制品厚度方向的尺寸远小于其他两个方向的尺寸，温度等物理量在厚度方向的变化又非常大，如采用单纯的有限元或有限差分方法必然造成分析时间过长，无法满足模具设计与制造的实际需要。该系统在流动平面采用有限元法，厚度方向采用有限差分法，分别建立了与流动平面和厚度方向尺寸相适应的网格并进行耦合求解，在保证计算精度的前提下使计算速度满足工程需要，并采用控制体积法解决了成型中的移动边界问题。对于内外对应表面存在差异的制品，划分为两部分体积并各自形成控制方程，通过在交接处进行插值对比保证两部分的协调。

③ 数值计算与人工智能技术的结合。输入参数的合理性是数值分析获得正确结果的前提，该系统通过人工智能技术获得了注射时间的优化和分级注射的优化，保证了输入参数的合理性，并采用专家系统技术自动生成分析结果报告，缩短了用户需求与分析结果之间存在的距离，将仿真软件由传统的"被动式"计算工具提升为"主动式"的优化系统，对前后置处理的全面支持具有独创性。

④ 实现了制品与流道系统的三维流动保压集成分析。流道系统一般采用圆柱体单元，而制品采用的是三角形单元，该系统采用半解析法解决了混合单元的集成求解问题，不仅能分析一模一腔大型复杂的制品，而且能分析一模多腔小型精密制品，大大拓宽了系统的使用范围。

⑤ 完成了塑料制品熔合纹预测的高效算法。熔合纹对制品的强度、外观等有重要影响，准确预测熔合纹位置是仿真软件的难题。该系统通过节点特征模型方法大大提高了熔合纹预测的准确性和效率，其准确度高于国际上同类产品的先进水平。利用神经网络方法对熔合纹的影响程度做出定性评价，为用户对成型质量的评估提供了直接的判据。

目前该系统已形成商品化软件产品，并在 50 多家用户中推广使用，产生了可观的经济效益。同时也培养了大批掌握模具 CAD/CAE 的专门人才。

# 7.3 材料研究的数值模拟

物理模拟有许多优点，但是它需要研制与实际系统相似的实际物理模型，这往往要花费比较大的代价；另外，不同的实际系统要求做出不同的物理模型；有时即使是同一类系统，由于系统的参数不同，其模型常常也要改变，缺乏通用性。由于不同的实际系统如具有相同形式的数学模型，因此利用数学模型来进行试验更为经济。这就是数值模拟。

数值模拟是以实际系统和模型之间数学方程式的相似性为基础的。一套数学模型可以对各种类型的实际系统进行模拟试验，这是数值模拟的优点。但是，如果一个实际系统还不能写出它的数学模型，那么就无法对它进行数值模拟。因此在工程技术中，物理模拟和数值模拟两种方法经常结合起来进行。要进行数值模拟的研究，建立能描述实际系统的一系列数学模型是关键的前提。数值模拟和物理模拟具有不同的特点和应用范围，两者具有互补性，物理模拟是数值模拟的基础，数值模拟是物理模拟的归宿。

数值模拟的材料研究方法主要依赖于计算机技术。计算机模拟技术是利用计算机的计算推理和作图功能，根据事物的客观环境条件及本身性质规律，仿照实际情况来推测预报可能出现情况的一门技术。特别是在情况复杂的环境下，运用这种技术可达到事半功倍的效果。当前，在材料科学和工程领域中，这种技术的研究和应用正方兴未艾。早期，计算机模拟技术主要是在材料工程（如化学热处理等）中开展研究，也取得了许多成绩。在 1969～1990 年期间就有 46 篇文章涉及材料淬火过程的计算机模拟并建立了 METADEX 数据库。计算机模拟技术在材料科学中的应用日益广泛。数值模拟近年来在材料加工中发展很快，特别是由于计算机技术的发展，各种数值计算方法已成为可能。其中有限元法应用最广泛，可以模拟材料加工多工步加工过程的全部细节，给出各个阶段的变形参数和性能参数，在板材成型方面已成为许多大型企业的日常工具，在体积成型方面也有大量应用。计算机辅助设计系统（CAD）、有限元数值分析系统和计算机数控加工系统一起组成计算机辅助工程系统（CAE）已成为许多国外企业的先进制造系统。

## 7.3.1 铸造工艺过程的数值模拟

铸件充型凝固过程计算机模拟仿真是科学发展的前沿领域，是改造传统产业的必由之路。经过几十年努力，目前已进入工程实用化阶段。铸造生产正由凭经验走向科学理论指导阶段。铸造过程的数值模拟可以帮助技术人员在实际生产前对铸件可能出现的各种缺陷及其大小、部位和发生时间给予有效的预测，从而在生产之前就采取对策以确保铸件的质量，缩短试制周期，降低生产成本。

**（1）国内外研究与开发简况**

铸造工艺 CAD 和凝固过程模拟主要涉及计算机辅助绘图、计算机辅助工艺及工装设计和凝固过程模拟分析（CAE）三方面的内容。国外商品化软件的研究和开发主要集中在凝固过程的模拟分析软件部分。这不仅仅是因为这部分内容高技术含量密集，而且也因为这部分内容的通用性强，可应用在不同合金、不同形状、不同工艺的铸件，所以有利于软件的通用化及商品化。因此，在这个基础平台上应用铸造 CAE 的同时，往往还需要进行二次开发，以建立全面的铸造 CAD/CAE 系统。

铸造 CAE 研究起步于 20 世纪 60 年代。根据统计，国外投入的研究和开发经费大约 3000 余万美元。经过 20 多年的研究取得了三个方面的重要突破，商品化软件才成为现实。①具有能处理三维复杂形体的图形功能；②硬件和软件费用大幅度降低；③计算机操作系统及软件对用户友好，即一般技术人员稍加培训就可独立操作运行。

1989 年世界上第一个铸造 CAE 商品化软件在德国第 7 届国际铸造博览会上展出。它以温度场分析为核心内容，在计算机工作站上运行。同时展出的还有英国 FOSECO 公司开发的 Solstar 软件，可以在微机上运行，但对有限元分析作了很大的简化。90 年代以来，铸造 CAE 商品化软件功能逐渐增加。德国的 MAGMA、法国的 Simulor 及日本的 Soldia 等软件都增加了三维流场分析功能，大大提高了模拟分析的精度。铸件的三维应力场问题复杂，由于当时对铸件应力场本质问题还认识不足，认为在微机上难以实现。

德国 MAGMA 软件具有三维应力场分析功能。国外铸造 CAE 商品化软件的功能一方面向低压铸造、压力铸造及熔模铸造等特种铸造方向发展，另一方面又从宏观模拟向微观模拟发展。其中美国的 PROCAST 及德国 MAGMA 软件已增加球墨铸铁组织中石墨球数及珠光体含量的预测功能。在这方面国内虽然起步比较晚，但进展迅速，目前国内开发的商品化软件的部分功能已与国外软件相当，可以满足生产的一般需要。

1999 年，在美国召开了第 8 届国际铸造、焊接及凝固过程模拟会议。会议内容十分精彩丰富，反映了世界各国在这一领域的研究成果及发展动向。铸造过程的计算机模拟技术的研究重点正在由宏观模拟走向微观模拟。微观模拟的尺度包括纳米级、微米级和毫米级，涉及结晶形核长大、枝晶与等轴晶转变到金属基体控制等各方面。宏观模拟的研究集中在铸件应力分析及流场模拟方面。

**（2）凝固过程数值模拟**

① 几何造型与有限差分网格划分　在进行铸造过程数值模拟时，首先要解决的问题之一是将 CAD 平台产生的铸件、铸型等的几何模型进行计算单元划分，这是数值分析的前提。国内外研究者及用户在微机上都选用 AUTOCAD 建立几何模型，而在工作站上则用通用的商品化软件包，如 PRO/E、CADDSS、I-DEAS 及带有 STL 文件格式的模块，可以方便地选用 STL 输出格式做进一步

的有限差分网格划分。

② 铸件充型过程的数值模拟    铸件充型过程在铸造生产过程中起着重要的作用。许多铸造缺陷，如夹渣、缩孔、冷隔等都与充型过程有关。为获得优质铸件，对充型过程进行数值模拟很有必要。其研究多数以 Solution Algorithm 法为基础，引入体积函数处理自由表面，并在传热计算和流量修正等方面进行研究改进。有的研究在对层流模型进行大量的实验验证后，用 $K$-$\varepsilon$ 双方程模型模拟铸件充型过程的紊流现象。目前，虽然有许多计算方法，如并行算法、三维有限单元法、三维有限差分法、数值方法与解析方法混合的算法等，但是到现在仍然没有找到最好的算法，各种算法各有优劣，应用的侧重点不相同。在提高计算速度方面，有人提出了一种基于 DFDM 的算法，对于规模为一百万单元（铸件单元为 300000）的系统可减少存储量 80MB。

目前常用的网格是矩形单元（2D）或正交的平行六面体单元（3D）。日本提出了一种新的网格划分法，即无结构非正交网格。这种技术是通向较高精度充型模拟的可能途径之一。砂型铸造的充型模拟研究在铸造过程计算机模拟领域中占主导地位。消失模铸造、金属型铸造等充型模拟研究工作也已开始。充型模拟的一个发展趋势是辅助设计浇注系统。

③ 控制方程    控制方程包括质量、动量、能量、体积函数及 $K$-$\varepsilon$ 双方程，其通用形式为：

$$\frac{\partial}{\partial t}(\rho\phi)+\frac{\partial}{\partial x}(\rho u\phi)+\frac{\partial}{\partial y}(\rho v\phi)+\frac{\partial}{\partial z}(\rho w\phi)$$
$$=\frac{\partial}{\partial x}\left(\Gamma_\phi\frac{\partial\phi}{\partial x}\right)+\frac{\partial}{\partial y}\left(\Gamma_\phi\frac{\partial\phi}{\partial y}\right)+\frac{\partial}{\partial z}\left(\Gamma_\phi\frac{\partial\phi}{\partial z}\right)+S_\phi$$

式中，$\phi$ 是通用应变量；$\Gamma_\phi$ 是输运系数；$S_\phi$ 是源项。

对上述控制方程进行有限差分离散之后，先用 SOLA 方法求解层流方程组，再解 $K$-$\varepsilon$ 方程，以便得到局部流量的初始分布，然后再求解紊流控制方程组。

1995 年英国伯明翰大学公布了他们设计的铸件充型流场数值模拟软件及以实验件为算例的模拟计算结果和浇注试验的测试验证结果。

**(3) 温度场数值模拟及收缩缺陷预测**

铸件凝固过程数值模拟是铸造 CAD/CAE 的核心内容，其最终目的是优化工艺设计，实现铸件质量预测。其中，在温度场模拟的基础上进行缩孔、缩松的预测是其中一项重要内容。传热计算多采用三维有限差分方法。能量方程为：

$$\rho c_p\frac{\partial T}{\partial t}=\frac{\partial}{\partial x_j}\left(\lambda\frac{\partial T}{\partial x_j}\right)+Q$$

式中，$\rho$ 是密度，$kg/m^2$；$c_p$ 是比热容，$W\cdot s/(kg\cdot K)$；$T$ 是温度，$K$；$t$ 是时间，$s$；$\lambda$ 是热导率，$W/(m\cdot K)$；$x$ 是坐标值，$m$；$Q$ 是热量，$J$。

铸钢件的缩松判据可采用 $G/R^{1/2}$，并将其由二维扩展到三维进行缩松形成的模拟，而且采用新的定量等效液面收缩量法来预测一、二次缩孔的形成。球墨铸铁件可采用动态收缩膨胀累积法预测缩孔。对于同时存在多个补缩域的铸件，则采用多热节法预测缩孔、缩松方法，即对铸件凝固过程中同时存在的多个补缩域进行判别，并将其划分为多个熔池孤立域，在每个孤立域中利用上述方法预测缩孔、缩松。这些缩孔、缩松定量预测的方法已经在铸造生产中得到应用。

**(4) 应力场的模拟**

铸造过程应力场的模拟计算能够帮助技术人员预测和分析铸件裂纹、变形及残余应力，为控制应力、应变造成的缺陷，优化铸造工艺、提高铸件尺寸精度及稳定性提供科学依据。国外有关铸件应力分析及变形模拟研究的主要特点是：

① 多数采用热-力耦合的模型来模拟铸件凝固过程中物理过程变化现象，包括传热、传质、应力及缺陷形成等。许多研究是先预测铸件中的应力及砂型和铸件的气隙，并由此计算界面热阻，反过来再进行热分析。还有一些研究是把热分析、流体流动和应力分析等结合起来，同时进行模拟充型过程、预测缩孔、预测热裂及应力分析和残余应力的估算。

② 应力分析采用的模型有热弹塑性模型、热弹黏塑性模型、热弹性模型及弹性-理想塑性模型等。这些模型都属于热弹黏塑性的范畴。采用的模拟方法多为有限元法，也有人采用有限体积法、控制体积有限差分法等。关于热-力耦合分析的许多研究都采用商品化的软件，如 ABAQUS、CASTS、ANSYS、PHYSICA 等。

在国内，清华大学和大连理工大学都进行了这方面的研究。在对铸造应力进行模拟分析时，由于应力变形做功引起的热效应同温度变化和凝固潜热释放的热效应相比可忽略不计，所以一般铸造过程的热分析和应力分析可单独进行，只需将温度变化的数据转变为温度载荷加入应力解析即可。为了充分利用现有的凝固模拟技术成果，使 FDM 在温度场模拟等方面具有方便快捷的优势及应力场模拟功能都能得到充分发挥，利用已经成熟的 FEM 软件走集成技术的道路，清华大学柳百成院士采用 FDM/FEM 集成技术的方法，进行了铸造过程三维温度场、应力场数值模拟分析。

采用典型的应力框试件对 FDM/FEM 集成模拟软件进行了校核。结果表明，模拟结果显示的应力分布趋势正确，数值基本吻合，软件系统的整体运行得到了考核。采用此模拟分析系统完成了机床床身灰铸铁件及发动机缸体铸铁件的残余应力模拟分析。

### （5）铸件微观组织的模拟

微观模拟是一个比较新的研究领域。通过计算机模拟来预测铸件微观组织形成，进而预测铸件的力学性能和工艺性能，最终控制铸件的质量。微观模拟虽然是个较新的领域，但已取得了显著的进展。现在已经能够模拟枝晶生长、共晶生长、柱状晶和等轴晶转变等合金微观组织变化。微观组织形成的模拟可分为三个层次：毫米、微米和纳米量级。宏观量如温度、速度、变形等，可以利用相应的方程计算，通常采用有限元法或有限差分法求解。在微观范围内，则采用解析的方法来分析枝晶端部、共晶薄层或球粒的动力学生长。近年来，随机方法如蒙特卡洛法或元胞自动机模型已被用于晶粒组织形成及生长的模拟中。这些技术综合考虑了非均质形核、生长动力学、优先生长方向和晶粒间的碰撞。

最近 Rappaz 等对凝固过程中的枝晶组织模拟进行了回顾，评述了随机论方法（stochastic）和决定论方法（deterministic）的发展状况。虽然二者都可以预测柱状晶和等轴晶组织，但相比而言，决定论模型已经可以把凝固过程中所涉及的物质守恒方程与晶粒形核和长大的微观模型耦合起来。而随机论方法则只能将能量方程与形核和长大结合起来。决定论方法更接近于实际凝固过程的物理机制，特别是考虑了宏观偏析和固态传输。随机论方法更适合于描述柱状晶粒组织的形成（如结晶选择、组织形成等）及柱状晶和等轴晶

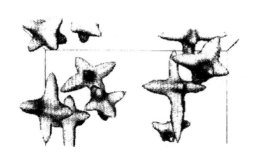

**图 7.2    等轴枝晶生长的微观模拟**

的相互转变。图 7.2 是国外发表的等轴枝晶生长的微观模拟结果。

不少研究者对三维元胞自动机（cellular automaton，CA-FE）有限元模型模拟的原理及应用做了阐述。FE 方法用来计算三维铸件的温度场，CA 形核和生长算法则用来预测晶粒组织的形成。二者结合可以对枝晶生长动力学及潜热释放进行模拟。三维 CA-FE 模型可以模拟定向凝固叶片精密铸造过程中的柱状晶的竞争生长、晶粒在过冷液体中的延伸及多晶生长。

相场方法（phase field method）的研究是进行直接微观组织模拟的研究热点。相场理论通过微分方程反映了扩散、有序化势及热力学驱动力的综合作用。相场方程的解可以描述金属系统中固液界面的形态、曲率以及界面的移动。把相场方程与温度场、溶质场、流速场及其他外部场耦合，则可对金属液的形成过程进行真实的模拟。已有的工作有：多个晶粒生长时多元相场的耦合；枝晶生长过程中相场与温度场或溶质场的耦合；在包晶和共晶凝固中双相场与溶质场的耦合；当存在强迫对流时相场与速度的耦合。

球铁微观组织的模拟仍然是主要的研究方向之一，国内外的研究水平基本相当。G. Lesoult 使用球铁凝固的物理模型，模拟了过共晶与共晶球铁冷却中非共晶奥氏体的形成，并且重新讨论了糊状区的概念，所使用的初生石墨、共晶石墨的形核和生长模型与凝固动力学的模型是相似的。M. Wessen 还研究了 Cu、Mg 和 Ti 对铁素体形成的影响，重点模拟了共析转变中 Cu、Mg 和 Ti 对铁素体形成的影响。通过模拟实验观察认为，单纯的扩散模型是难以表达奥氏体向铁素体和石墨的转变。S. M. Yoo 以汽车曲轴为例对球铁微观组织进行了模拟，并将模拟结果与实验结果进行比较，两者的石墨球数量与尺寸基本吻合，但共析转变模型尚需进一步改进。清华大学柳百成等按照凝固动力学理论建立了冷却凝固过程微观组织形成的数学模型，并且开发了三维有限差分软件，用于模拟球铁件的微观组织和预测冷却曲线及硬度。还提出了石墨球的扩散界面控制生长模型，晶粒生长过程中的碰撞因子由计算确定。

微观组织模拟是一个复杂的过程，既包括随机出现的晶胞的计算，也包括溶质扩散引起的各微观区域的熔点变化计算，还包括晶胞碰撞、搭接后自由能的计算。这一过程的计算量之大、计算时间之长、开辟数组之多是前所未有的。因此对微观组织进行模拟比凝固和充型过程模拟困难更大。到目前为止，国外的研究虽然已取得了一定进展，但在很多方面还有待于改进，国内在这方面的研究工作刚起步。未来的发展方向是：在理论上对形核和生长过程建立精确的物理数学模型，考虑对流、偏析等因素对微观组织形成的影响，以得到准确的模拟结果；在实际应用方面，选择合适的计算方法与手段，使得在目前的硬件水平下能够对真实的"铸件"进行微观组织的模拟计算。

### 7.3.2    计算机数值模拟应用的实例

传统的热处理工艺制定都是参考已有的经验曲线和数据，并对实物进行现场测试甚至解剖分析，工作量大，周期长，费用高。特别是对电站用的大件热处理，工艺改进困难很大。所以利用计算机模拟技术改进热处理工艺显得十分重要和迫切。下面两个模拟实例都是采用有限元三维数值模拟方法，进行了温度、应力和相变的耦合计算，过程中考虑了相变引起的潜热、塑性变形及体积变化。

【例7.1】 水口电站活塞杆件局部加热消除焊接应力的热处理模拟

水口电站活塞杆是一个电站返修件，其材料为20SiMn钢，长约3.8m，杆部直径$\phi$660mm，见图7.3。在离活塞头部约1956mm处有一深为200mm的焊接接头，由于电站的实际情况，决定采用履带式加热器，对活塞补焊部位进行局部热处理。由于局部热处理的散热条件和热处理炉差距比较大，因此无法预知加热表面到温后需要多长时间在200mm深处可以到温，履带式加热器需要布置多宽才合适。采用计算机模拟的方法，成功地解决了这一生产上的难题。

为了减少计算量，缩短计算时间，利用对称性只取活塞的1/4。布置加热器宽100mm，见图7.3。对焊接接头处各点在加热过程中的温度变化进行了点跟踪，共设5个跟踪点，由表面沿径向依次均匀分布至焊接坡口底部。跟踪点的温度变化如图7.4所示。

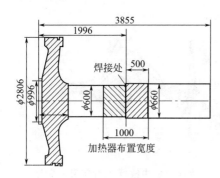

图7.3　水口电站活塞杆及焊接
接头处和加热器的布置

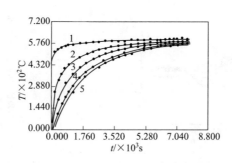

图7.4　焊接接头各部位点
升温情况

从上述加热过程可以看出，从表面热电偶测定到温开始，至少需要2h，活塞杆中心才能达到工艺要求的最低温度。因此以热电偶到温作为开始，整个保温时间最少需要5h。对活塞杆局部加热后，在空气中冷却到室温可能产生的畸变情况进行了预测。从计算结果看，活塞杆局部热处理不会产生比较大的残余应力和畸变。

经过模拟计算，水口电站活塞杆的局部热处理加热时间，将常规的保温时间延长了2h，热处理后没有发现畸变等其他情况，现在已正常工作，运行良好。

【例7.2】 小浪底磁轭拉紧螺杆开裂事故分析

在小浪底电站安装2号转子磁轭拉紧螺杆时，发现其中3根有裂纹（断口已被破坏），因此将所有拉杆返回制造厂分析原因，等待处理。拉杆尺寸为$\phi$50mm×2760mm，裂纹形貌见图7.5。拉杆材料为42CrMo，常规热处理工艺为850℃油淬＋560℃回火（水或油冷）。制造厂为了达到所要求的性能指标，采用的热处理工艺是850℃水淬＋540℃回火空冷。由于淬火采用的是水冷，因此怀疑淬火应力致裂。根据裂纹形貌，起裂在表面沿周向，后沿轴向扩展，见图7.5。模拟点的应力跟踪位置取自由中心沿径向至表面的10个均布点。

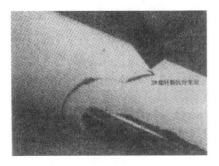

图 7.5 拉杆裂纹形貌

由于不是剥离开裂，因此没有必要考虑 $X$（径向）方向的正应力。图 7.6、图 7.7 分别为 $Y$（轴向）、$Z$（切向）方向上各点的应力在淬火过程中的变化情况。从图 7.6 可以看出，$Y$ 方向的应力只有在马氏体转变初期表面最大，为 50MPa 左右；随着转变的进行应力迅速下降，所以淬火过程中沿周向开裂的可能性不大。在整个淬火过程中，表面的 $Z$（切向）方向应力大部分时间是最大的，可以达到 60MPa，因此如果开裂也是应该沿轴向的，这同常规淬透钢出现裂纹的规律是一致的。淬火过程中各点等效应力变化情况见图 7.8。等效应力的最大值仍在表面，为 80MPa，远小于钢的屈服强度，因此 $\phi$50mm 的 42CrMo 圆钢，在淬火过程中不会出现淬火裂纹。淬火后残余应力分布见图 7.9。由图 7.9 可见表面的残余应力是最大的，$Z$ 方向为拉应力，$Y$ 方向为压应力。

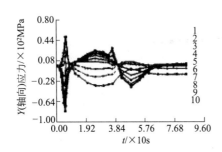

图 7.6 水淬过程中拉杆 $Y$ 方向应力变化

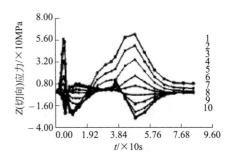

图 7.7 水淬过程中拉杆 $Z$ 方向应力变化

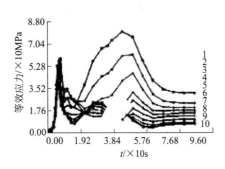

图 7.8 淬火过程中拉杆各点的等效应力

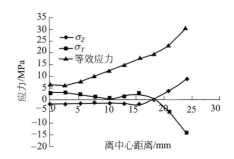

图 7.9 拉杆淬火后残余应力分布

对小浪底电站 2 号转子磁轭拉紧螺杆的断口进行清洗分析，将原断口与经过 560℃ 回火并清洗后的断口进行比较，可发现它们的表面氧化程度有区别。经过 560℃ 回火后清洗的断口比螺杆的原断口氧化程度大，这说明拉杆裂纹不是淬火裂纹。分析结论得到了制造厂的认可，并进一步证实裂纹是在热处理后校直过程中产生的。

# 第8章　材料失效分析方法

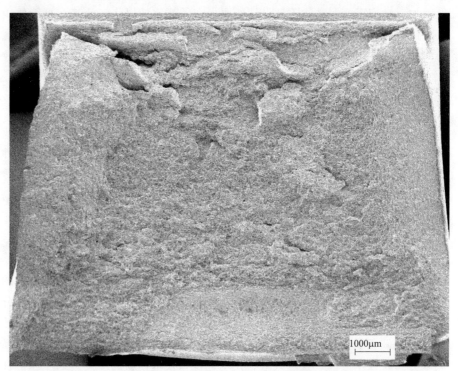

**24Mn13Cr1Ni0.44N 含氮奥氏体不锈钢在－100℃条件下的简支梁 V 形缺口冲击实验**

断口分析是机械零部件失效分析必不可少的分析方法。从图中可以看出，在较低温度下，该类材料出现了较多的脆性断裂区（左、下、右边缘），而韧性断裂区（中部）的面积较小，且韧窝特征不再明显。进一步的微观结构显示，韧窝深度变浅且底部出现脆断解理面

**导读**

　　失效分析及失效预测预防简称为失效分析。19 世纪中叶到 20 世纪初，随着系列船艇、化工储存罐、桥梁、建筑、交通运输工具、航空航天飞行器等大型失效事件造成的惨重伤亡，促使材料科学与工程界对失效原因的探索，并且随着断裂力学的发展、现代测试技术的进步、机械可靠性设计方法的形成，使失效分析的研究进一步深化，并激发了防止失效的理论发展与制造工艺创新。失效分析及防止的完整思路已逐步形成，分析的步骤、程序和方法也逐步完善，失效分析已由一门技术发展成为多学科综合的新学科，并在材料与零部件的工程应用领域做出了巨大的贡献。目前，关键零部件的寿命可以设计和预测，飞机、高铁、宇宙飞船、船舶等各行各业的关键机械构件及整体的安全性得到了保障。

# 8.1    材料失效分析基本概念

机械零件、构件、设备、装置或系统可统称为机械产品（以下简称为机械）。机械丧失其规定功能的现象称为失效。机械丧失其规定功能，可能有以下三种方式：①完全丧失功能，如内燃机的曲轴或连杆断裂；②虽然仍可使用，但因功能衰退，不再具有原设计规定的功能，如柴油机因汽缸严重磨损，油耗增加、功率下降，已达不到设计的要求；③严重的损伤，使其在继续使用中失去可靠性及安全性，应及时进行修理或调换，如紧固螺栓出现严重变形，则需立即更换。机械出现上述三种情况之一，均应判为失效。因此飞机在空中失事是失效，机床失去其应有的加工精度也是失效。

## 8.1.1    失效分析的意义

机械的失效会造成重大的经济损失和严重的人身伤亡。飞机关键零部件的失效会导致机毁人亡的重大空难；压力容器及锅炉的爆炸、电站转子的飞裂、桥梁的断裂、石油钻井平台因立柱断裂而沉没等重大的失效事件往往造成众多人员伤亡和巨大的经济损失。例如：①1984 年 12 月美国联合碳化物公司在印度的一家农药厂因管通阀门破裂引起毒气外泄，造成 3000 多人死亡，近 20 万人受到不同程度的伤害，印度方面要求赔偿 30 亿美元的损失。②1986 年 1 月美国挑战者号航天飞机发射升空 1 分 37 秒后，因航天飞机右侧的固体火箭助推器的密封装置失效，燃气外泄引起爆炸，7 名宇航员全部遇难。

失效分析的意义主要有：失效分析可以减少和预防机械产品同类失效的重复发生。它是创建名牌产品的必由之路和科学途径；失效分析是产品全面质量管理中的重要组成部分和关键的技术环节。它可从事后的被动分析向事前主动预测预防转化，提高再制造产品的可靠性；失效分析可以为仲裁失效事故的责任、侦破犯罪案件、开展技术保险业务、修改和制订产品质量标准等方面提供可靠的科学技术依据；失效分析是技术开发、技术改造、技术进步和技术创新的"促进剂"和"杠杆"。

基于失效分析的重要性，国外许多大学已将"失效分析"或"失效学"列为工科大学生的一门课程，国内十多年来已把"失效分析基础"列为材料类本科生的一门必修课。失效分析可为分析机械装备失效提供正确的思路和科学的分析方法，培养学生解决工程问题的能力。因此，失效分析的知识对于设计工程师、材料和工艺工程师以及生产管理人员同样是应该掌握和了解的业务基础。

## 8.1.2    失效分析和失效学

机械的失效与设计、选材、制造、服役条件等因素有关，失效原因的诊断要使用许多有关的检测仪器，失效的事后处理等要涉及各种技术条件和经济法，机械失效分析作为一门综合性技术已经历了 100多年。20 世纪 50 年代以后，电子显微镜、电子探针、离子探针、原子探针、俄歇谱仪等现代测试技术的问世和断裂力学的发展，促进了失效分析由相关性分析上升为可进行失效的过程分析，使失效分析产生了由综合性技术发展成为"失效学"的飞跃。主要表现在：宇航、电站、化工机械的发展，石油、气井及海洋开发，加强了对氢脆、应力腐蚀、腐蚀疲劳及低周疲劳等失效的研究。断裂力学在这些领域得到应用，使工程界能够定量地进行脆性安全设计及寿命估算；系统的电子显微断口分析的研究，可以揭示断裂、腐蚀、磨损失效过程的机制，研究影响断裂过程及断口形貌的各种因素；研究断口形貌与显微组织的关系；分析裂纹前端微观区域所发生的变化，为人们在金属学、金属物理与断裂力学之间架起联系的桥梁；目前断口分析宏观、微观的结合已可使断裂的定性解释进入到断裂原因的定量分析；随着失效机理研究的深化，发展了断裂物理、断裂化学及断裂工艺学。由于多学科的结合，对各种失效的机理提出了物理或化学模型、数学-力学表达式，提出相关的失效判据。这使得失效分析学成为综合性强的新型学科；机械设备系统可靠性理论的研究应用于失效分析，促成了可靠性数学的发展。数理统计、模糊数学、可靠性工程和电子计算机科学的广泛应用，为失效学提供了新的方法和途径；失效分析及失效预测预防的完整思路已经形成，分析步骤和程序也逐步规范；电子计算机在失效分析中的应用，建立失效分析数据库，使失效分析进入程序化；随着现代测试技术的进步，失效分析及失效预测预防技术也日益完善，使失效分析由宏观分析发展到微观分析，由定性分析走上定量分析，由单项分析走向综合分析。机械失效学已成为多学科交叉和跨学科的一门独立学科。机械失效学具有两个显著的特点：第一个特点就是它的综合性，它涉及广泛的学科领域和技术部门；第二个特点是实用性，它具有很强的生产应用背景，与国民经济建设有密切的关系。

　　本章主要介绍材料失效分析的基本概念、基本方法、思路、程序及主要试验方法，目的是让大家对材料失效分析的研究方法有一个初步的了解。美国 2002 年出版的《工程材料的失效分析》（Charles R. Brooks, Ashok Choudhury. Failure Analysis of Engineering Materials）专著，其内容已覆盖金属、陶瓷、塑料、复合材料及电气材料。这是材料科学在工程界的发展趋势。

## 8.1.3　机械失效形式和产生的原因

　　失效分析要确定失效的形式，因此需对各种失效现象进行分类。机械常见的失效形式可分为断裂、表面损伤（磨损、腐蚀）和过量变形三大类。

　　断裂失效主要有韧性断裂、脆性断裂、疲劳断裂等类型。韧性断裂：断裂前产生明显宏观塑性变形的断裂称为韧性断裂。例如，紧固螺栓被拉长，出现缩颈的断裂。脆性断裂：断裂前宏观上没有明显塑性变形，是一种突发性断裂，常造成灾难性的失效事故。疲劳断裂：机件在交变载荷作用下，经历一定的循环周次产生的突然断裂。它是工程中最常见的断裂，约占断裂失效的 80%～90%。静载延迟断裂失效：机件在静载荷和环境（腐蚀、温度、辐照等）的联合作用下，会发生与时间有关的脆性断裂。

　　机械的表面损伤失效主要由腐蚀和磨损引起，它们是慢性失效的行为。腐蚀可分连续腐蚀和局部腐蚀两种类型。磨损的主要方式有磨料磨损、疲劳磨损、冲蚀磨损和腐蚀磨损等。

　　过量变形失效是指机械在载荷作用下，其尺寸或形状的变化超过了所允许的范围，导致机械不能完成预定的功能或妨碍了其他零件的正常运行。过量弹性变形是由于机件刚度不足或因温度升高造成弹性模量降低而造成。如机床主轴刚度不足，将影响其加工精度。过量塑性变形是由于外加应力超过机件材料的屈服强度而造成的。

机械失效的原因涉及机械的设计、材料、制造及运转使用不当等因素。失效往往是几种原因综合作用的结果。

设计中的错误：计算中的过负荷；外形上的应力集中，焊缝结构选择不当及配合不合适；选材、润滑上的错误；没有考虑使用条件和环境的影响；检验、维护和维修的缺陷。其中，几何形状的应力集中处常常是断裂失效的起源处。例如，轴的圆角过渡、退刀槽、键槽、花键、横孔及轴的压配合处等都会引起应力集中成为疲劳断裂的裂纹源。

材料缺陷造成的失效：包括铸件和锻件中的缺陷；压力加工中的缺陷；热处理中的缺陷；材料质量不符合技术条件；由于热处理错误使材料发生变形；强度不足；强度与塑性、韧性的配合不当。

制造产生的缺陷：零部件由于在压力加工、切削加工、热处理等过程中存在结构缺陷。

机械在运转中的错误：没有预计到服役条件的影响；服役条件的变化，如过载、过热等影响；操作上的错误等影响。

美国 35 年内对 931 件齿轮失效原因的统计（表 8.1）较典型地说明了上述因素对齿轮失效的影响。

表 8.1　35 年内 931 件齿轮失效的原因统计

| 失效原因 | 占比/% | 失效原因 | 占比/% |
| --- | --- | --- | --- |
| 与使用有关的原因（总计） | 74.7 | 淬火不当 | 5.9 |
| 装配不良 | 21.2 | 回火不当 | 1.0 |
| 润滑不良 | 11.0 | 畸变 | 0.2 |
| 连续加载 | 25.0 | 与设计有关的原因（总计） | 6.9 |
| 冲击负载 | 13.9 | 设计不合理 | 2.8 |
| 轴承失效 | 0.7 | 选材不当 | 1.6 |
| 外来材料 | 1.4 | 热处理技术规范不合理 | 2.5 |
| 操作者的失误 | 0.3 | 与制造有关的原因（总计） | 1.4 |
| 搬动粗心 | 1.2 | 磨削烧伤 | 0.7 |
| 热处理（总计） | 16.2 | 刀痕或缺口 | 0.7 |
| 心部硬度过高 | 0.5 | 与材料有关的原因（总计） | 0.8 |
| 心部硬度不足 | 2.0 | 锻造缺陷 | 0.1 |
| 硬化层太厚 | 1.8 | 钢材缺陷 | 0.5 |
| 硬化层太薄 | 4.8 | 钢种混淆或成分错误 | 0.2 |

失效分析的目的不仅在于失效原因的分析和判断，更重要的是找出有效的措施，防止类似的失效重复发生，通过对失效的预测研究可有效地防止失效。因此，失效的预测和失效的预防更具有积极的意义。

## 8.1.4　材料的失效形式

机械的失效通常是某一（或某些）零部件的失效所致，而某些零部件的失效又可归结为材料的失效。材料的失效表现为材料的累积损伤和性能退化两大类。

**（1）材料的累积损伤**

材料的累积损伤从宏观表象规律上可归纳为各种材料累积损伤模式。为了满足产品的规定功能，首先必须保证产品材料的宏观完整性。表 8.2 列出了常见的各种材料累积损伤模式。由于材料完整性的丧失导致产品失效，是累积损伤的主要特征。

表 8.2　常见的累积损伤模式

| 失效模式（形式） | 失效原因 | 宏观表象 |
| --- | --- | --- |
| 断裂（裂纹） | 力学因素；环境类型（温度介质）；材料抗断裂品质；环境介质种类和浓度，温度，湿度；材料耐腐蚀品质 | 韧性断裂，先变形、后断裂；脆性断裂，没有宏观塑变；先形成裂纹，扩展到一定程度后断裂，如疲劳、应力腐蚀、氢脆 |
| 腐蚀 | 表面接触应力和相对运动特征；材料耐磨品质和表面状态 | 损伤由表及里，材料耗损，出现腐蚀产物，材料增重或失重，失去金属光泽 |
| 磨损 | 表面接触应力和相对运动特征；材料耐磨品质和表面状态 | 产生磨屑而材料消耗，表面划伤，形状和尺寸改变、发热严重时摩擦副咬死 |
| 变形 | 力学因素；环境温度、材料变形抗力 | 形状和尺寸的永久性改变，没有材料耗损 |
| 老化 | 环境温度、湿度、辐照、介质、力学因素 | 有机材料的变色、体积增大，表面龟裂、发黏、霉变 |
| 烧蚀 | 温度、介质、材料熔点、沸点 | 烧蚀坑、热变色、熔坑、熔流 |
| 电侵蚀 | 电学因素、环境类型（含静电和雷击）、材料的电接触品质 | 电蚀斑、拉弧、熔球、材料喷溅 |

不同类型的材料累积损伤，直接反映了在不同的外界条件下（外因），通过材料的成分、结构、组织（内因）的变化，一般由微观损伤累积成宏观损伤，达到材料所允许的损伤临界值时，便告失效；这些损伤临界值即为失效的判据，例如临界裂纹的长度、临界腐蚀深度、最大允许磨损量等。由于损伤的本质是材料组织或结构发生变化，例如交变应力下位错的运动→滑移→驻留滑移带→挤入挤出沟→疲劳成核→微裂纹→裂纹扩展→疲劳断裂。因此材料累积损伤的本质即组织结构的累积损伤。

**（2）材料性能的退化**

有许多产品主要利用材料的某些性能，以满足产品功能的需求。产品设计时，对这些所要求的性能都规定了额定值，因此，当产品的这些性能不符合规定值时，往往出现故障，若不能修复时则失效。与产品失效相关的材料性能示于表 8.3。

材料的各种性能在服役过程中由于外界条件的不同作用可能发生退化。这种性能退化往往不破坏材料的宏观完整性。由于材料性能的退化大多是隐性的，目视检查难以发现，一般要通过专门的性能测试仪器检验才能判断材料性能是否退化，如：电阻、电感、电容。有些性能则必须通过破坏性的取样测试才能鉴定性能是否退化，例如：$\sigma_b$，$\alpha_k$，$K_{IC}$，$\sigma_{-1}$。材料性能的退化反映了材料内部结构的变化，而外界条件也影响材料的性能。因此，材料性

表 8.3　与产品失效相关的材料性能

| 物理性能 | 化学性能 | 力学性能 | 复合性能 | 使用性能 |
|---|---|---|---|---|
| 热学性能：热导率、热膨胀系数、比热容等；<br>声学性能：声的吸收、反射等；<br>光学性能：折射率、黑度等；<br>电学性能：电导率、介电常数、绝缘性等；<br>磁学性能：磁导率、矫顽力等；<br>辐照性能：中子吸收截面积、衰减系数、中子散射等 | 抗氧化性、耐腐蚀性、抗渗入性 | 强度：抗拉强度、屈服强度、疲劳强度等；<br>弹性：弹性极限、弹性模量、切变模量等；<br>塑性：伸长率、断面收缩率等；<br>韧性：冲击韧度、断裂韧性等 | 简单复合性能的组合，如高温疲劳强度等 | 抗弹穿入性、耐磨性、刀刃锋利性、消振性等 |

能的测试都有规定的条件和标准，它是材料在给定外界条件下的行为。通常，材料性能退化是指产品材料在服役条件下其性能逐渐退化到规定值以下。

需要强调的是，机件的服役条件通常是比较复杂的，材料在复杂环境下的行为——材料性能退化和累积损伤与材料在实验室条件下测得的标准试样的性能和累积损伤之间会有差异，有时其差别会相当大。

材料强度学是研究材料抵抗失效的科学。从材料强度的观点来看，机件的各种类型失效，正是它在这方面的失效抗力不够所造成的。在外在条件一定时，材料的各种失效抗力指标与基本力学性能指标有着密切的联系。材料的性能是由材料成分、组织结构、状态决定的。不同服役条件下提高机件的失效抗力，实质上是辩证处理好材料的强度与塑性、韧性的合理配合，实现选材用材的最优化。强度和塑性是材料的基本力学性能指标，韧性是材料强度和塑性的综合体现。机件的失效分析正是材料强度研究的基础和重要组成部分。

## 8.2　失效分析的基本思路

失效分析的思路是失效分析中的逻辑思维方法。它是对已发生的失效事件，沿着一定的思考路线去分析研究失效现象的因果关系，查明失效原因，提出改进措施。掌握正确的思维方法可少走弯路，有利于对失效的原因做出正确的判断，从而避免错误的判断。失效分析思路的分类可归纳如图 8.1 所示。这里主要介绍其中的三种常用的分析思路。

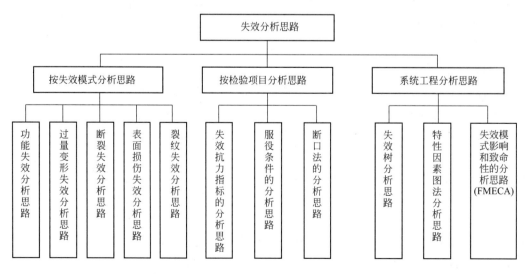

图 8.1　材料失效分析思路

## 8.2.1　以失效抗力为主线的分析思路

以失效抗力指标为主线的失效分析思路（图8.2）主要用于机件的失效分析，其关键是在搞清楚零件服役条件的基础上，通过失效分析，找到造成失效的主要失效方式及失效抗力指标；进一步研究主要失效抗力指标与材料成分、组织的状态的关系；通过材料及工艺的变革和结构改进，提高这一主要失效抗力指标，最后进行机械的台架模拟试验或直接进行使用考验，达到预防失效的目的。

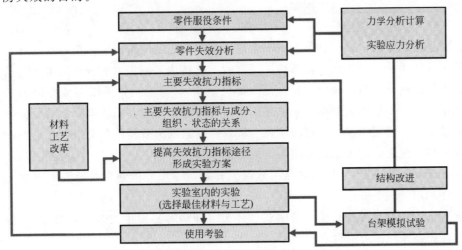

**图8.2　以失效抗力指标为主线的失效分析思路**

要正确分析零件的服役条件，主要有载荷类型、应力状态、环境温度、运行状况等。

① 载荷类型：载荷类型有拉、压、弯、扭、剪切、复合载荷等；载荷性质有静态稳定力、冲击瞬变力、周期力和随机力；载荷数值是指载荷大小、加载频率、应力波形、循环应力-应变比等。

② 应力状态：应力状态是平面应力状态还是平面应变状态；应力状态的软硬程度（应力状态软性系数 $\alpha = \tau_{max}/\sigma_{max}$）；薄弱环节的应力集中和残余应力分布等。

③ 环境温度：如高温、室温、低温、交变温度。工作环境则有气体介质，酸、碱、盐及其水溶液，海水，泥沙，磨料，机械润滑状态等。

④ 运行状况：运行状况有运行过载情况、维修与保养制度等。我国目前货运汽车普遍存在的超载现象，是造成车辆及公路早期失效的主要原因。

服役条件分析时应该注意以下问题：

① 载荷谱的测试、收集和分析，以此作为设计计算和试验的依据。在加速试验时选择过高应力水平的强化试验，由于失效机理发生了变化，会得出与实际情况相反的结论。

② 附加应力的影响：模锻锤杆由于导轨之间的间隙和锻打时的偏击，所造成的附加弯曲应力，可能会在锤杆外圆表面萌生疲劳裂纹，导致锤杆早期

疲劳断裂。

③ 应力分布及抓住薄弱环节：机械的断裂失效总是在薄弱环节处，因此失效分析中要弄清楚机械受载后的应力分布、薄弱环节的应力集中和应力状态。

④ 加载频率和应力（应变）波形的影响：通常高频（频率超过 $10^4$ Hz）加载的疲劳寿命比低频加载的要长，但是在散热条件不好的情况下，超高频的加载反而使疲劳寿命缩短。

⑤ 温度与介质的影响：当高温机械承受交变应力时，应考虑蠕变与疲劳的交互作用；同样，低温和交变载荷综合作用下的机械要研究其疲劳断裂韧度和疲劳脆性转折温度。

## 8.2.2　失效树分析法

失效树是一种逻辑图。它是把复杂的机械设备作为一个系统，根据一定的逻辑形式，把一些特殊符号连接起来的树形图。失效树分析法是一种逻辑分析方法。通过对可能造成系统失效的各种因素（包括软件、硬件、环境、人为因素等）进行分析，画出逻辑框图（即失效树），从而确定系统失效原因的各种可能的组合方式或发生概率，计算系统失效概率，采取相应的改进措施，以提高系统可靠性的分析方法。失效树可以对特定的失效事件进行层层深入地逻辑推理分析，在清晰的失效树的帮助下，表达系统的内在联系，指出元部件失效与系统之间的关系，找出系统的薄弱环节（图 8.3）。

失效树分析（failure tree analysis，FTA）思路是从失效结果开始，逐步分析到失效原因的顺次序分析。失效树的评定包括定性和定量两个方面。

定性分析：失效树的定性分析是为了寻找系统的最薄弱的环节（即最容易发生失效的环节），以便集中力量解决这些薄弱环节，提高系统的可靠性。

定量分析：失效树定量分析的任务就是要计算或估计系统的事件发生概率及系统的一些可靠性指标。失效树分析提出了零件失效的可能路线及产生原因，但要确定零件究竟沿哪一条路线失效，还要对失效件进行断口、成分、组织、性能等进行深入的分析研究，取得充分的证据后才能确定。因此失效分析除了掌握正确的失效分析思路外，还必须充分了解失效分析的主要试验分析方法，正确选用，为查明失效的原因提供有说服力的依据。

失效树的建造是 FTA 法的关键，建造工作十分庞大烦杂，要求建树者具备系统设计、使用、失效等各方面的经验知识。建树的过程实际上是对系统仔细、透彻分析的过程。失效树建立的完善程度将直接影响定性分析和定量计算结果的准确性。

## 8.2.3　特性因素图分析法

在失效分析中，"特性"是指失效事件或异常现象（结果），"因素"是指引起失效或异常现象的原因。特性因素图就是将产品或系统的失效作为"结果"，以导致产品或系统发生失效的诸因素作为"原因"，绘出图形，进而通过图形分析，从错综复杂的失效因素中找出造成失效的主要原因的图形。因此，特性因素图法又叫因果图法。由于这种图形似鱼骨状，又名鱼骨图。它是日本质量管理专家石川馨最早使用的，所以特性因素图又称为石川图。

特性因素图的做法如下：①按具体需要选择因果图中的"结果"（特性），放在因果图中的"右端"；②用带粗箭头的实线或用"→"表示直通"结果"的主干线（背景）；③通过对失效件的调查分析，判别出影响"结果"的所有原因。先画出"大原因"，用直线与主干线相连，并在直线的末端用长方形框

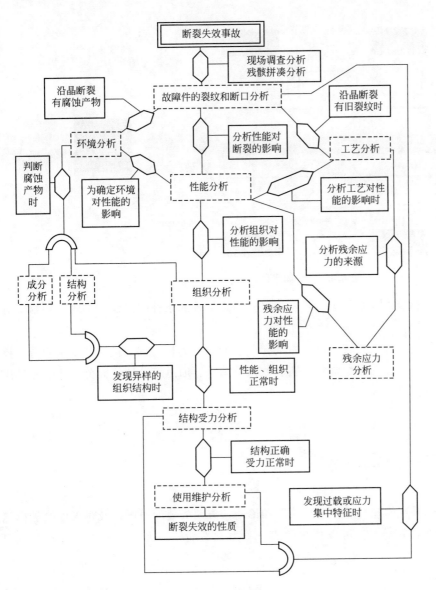

**图 8.3　失效树**

框起来，在框内填入"大原因"的内容；进而依次细分析所属的全部原因。各大、中、小原因之间用不同直线（或斜线）表示因果之间的关系，这些直线分别叫"大骨""中骨"和"小骨"；④对主要的或关键的原因常用方框框起来，以示醒目。特性因素图的结构见图 8.4，图中的Ⅰ、Ⅱ、Ⅲ、Ⅳ表示失效主要原因。

特性因素图是从错综复杂、多种多样的失效因素中，采取逐渐缩小"包围图"的办法，最后找出造成失效的主要因素（原因）。它一般用于质量管理或用于失效分析的规划。由于此法不包括"判据"，它通常只能作定性分析，而不能作定量的计算。

在特性因素图的绘制时，首先确定"特性"作为背景，用水平粗箭头画在图上；把引起失效的原因从大的方面分成几类作为大骨，用箭头画在图上，一般大骨的数目以 4～8 个为宜；针对每一大骨考虑可能导致失效的原因作为

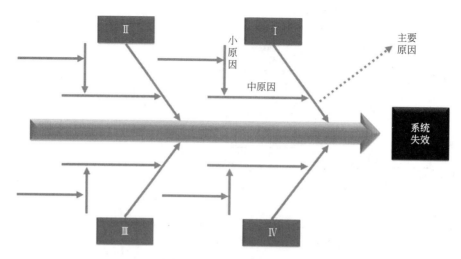

图 8.4　特性因素图的结构

中骨，用箭头画在图上与大骨相接；针对每个中骨，把可能导致失效的条件因素作为小骨，用箭头画在图上与中骨衔接。

为了确定各类原因，必须进行详细调查研究，做到充分掌握有关资料，例如设计、加工制造、操作使用状态、环境因素的影响等各方面的原始资料、实验数据及结果。通过充分地研究分析，确定其中哪些因素属于大骨、中骨或小骨。

## 8.3　失效分析的基本方法

失效分析就是对失效件的某些蛛丝马迹，通过侦测和诊断，查明失效的原因，及时采取改进措施去预防此类失效的再现。机械失效分析工作可以从化学成分、力学性能、微观组织结构（含断口微观形貌）等角度来开展。

### 8.3.1　化学成分分析

材料的化学成分分析，可鉴别材料成分是否符合规范，是否混料，有害元素的含量和成分，从而评价材质的优劣。根据分析取样的范围，可分为：①块样成分分析，如常规湿法化学分析、发射光谱分析等；②局部及微区分析，如电子探针术、薄膜透射扫描术、离子探针术；③表面及界面的分析，如俄歇能谱术、穆斯堡尔谱仪；④气氛及介质的分析，如质量分析仪、气相色谱法、吸收光谱法等。

**（1）平均化学成分的分析**

平均化学成分的分析是测定材料中主量元素及微量、痕量元素的平均含量。常用的分析方法有化学分析法和光谱分析法。化学分析法是常用的传统分析方法，它包括质量分析法、滴定分析法、光度分析法、极谱分析法、分离分析法等。其优点是分析结果比较准确，缺点是材料中的未知元素的分析盲目性大，对化学性质相似的元素很难分离开。光谱分析法具有较高的灵敏度，可检测百万分之几的元素含量，是定性分析的最好方法。光谱分析的另一个特点是分析速度快。光谱分析的不足是用作合金元素的定量分析有较大的误差，用于痕量元素的分析则灵敏度不足，故常和其他分析技术如 X 荧光分析（对高含量元素分析比光谱分析准确）和原子吸收光谱（用作痕量或超微量分析）互相配合。

**（2）微区成分分析**

对微区成分和断口表面成分的分析，常采用电子探针、离子探针和俄歇电子能谱分析。

电子探针（EPMA）是通过测量特征 X 射线的能量或波长来确定样品微区的化学成分的。前者称为 X 射线能谱仪（EDX），后者称为 X 射线波谱仪（WDX）。需要指出的是：微区成分的分析结果只能代表分析部位的局部成分，不能代表样品宏观总体的成分；分析的准确度是有条件的，正确的结果要求样品的测试表面要经过抛光。

通常，EDX 法适合做原子序数 $Z > 11$ 以上元素的快速定性、定点分析，它可分析粗糙表面的微区成分。WDX 法适合 $Z > 4$ 轻元素分析，对金相试样分析精度较高。离子探针可作剥层分析。薄膜透射扫描作超微观的成分分析。

在表面成分分析技术中，俄歇电子能谱（AES）的横向分辨本领最高，可用来显示某元素在表面的分布情况和表面的相成分；二次离子质谱（SIMS）分析的灵敏度最高（$1 \times 10^{-6}$）；X 射线光电子能谱（ESCA）分析用于测定大面积表面（毫米量级）的化学状态分析。

失效分析中，涉及腐蚀、应力腐蚀、氧化等问题时，常有必要分析少量的氧化和腐蚀产物、析出相的化学成分。当要求直接对断口或金相磨片的微小区域进行分析时，可用电子探针、离子探针、俄歇电子能谱仪等分析方法。例如分析发现晶界上有析出相（碳化物或硫化物）或杂质元素时，可判定它是造成沿晶断裂的原因之一。离子探针（SIMS）可作微区成分分析，又可作表面分析和剥层分析。它可检测表面几个纳米深度内的全部元素，比电子探针有更高的灵敏度，尤其是对轻元素检测时，灵敏度更高。它广泛应用于分析偏析、夹杂物、晶面扩散、氧化、腐蚀等方面，尤其是分析氢脆是其最大的特点。俄歇电子能谱（AES）分析，主要用于分析表面层 3nm 以内，原子序数为 3 以上的所有元素，尤其对轻元素分析灵敏。它是研究晶界偏析的有效工具，分析合金钢的回火脆性和难熔金属的脆断，发现是一些有害杂质元素在晶界的富集所致。由于 AES 横向分辨本领最高，俄歇电子分布图像还能显示元素在断裂面的分布。

在失效分析中，加强微量和痕量元素在钢中作用的分析研究，应引起足够的重视。它是许多国产材料性能不高、易产生早期断裂失效的主要原因。

## 8.3.2　力学性能的测试及分析

在机械的失效分析中，力学性能测试主要是检查失效件材料的强度（$\sigma_b$，$\sigma_{r0.2}$）、塑性（$\delta$，$\psi$）是否符合机件技术条件的要求。

分别在机件失效部位和远离该处取样，测定其力学性能，可判断失效件断口处的性能与其他部位的性能有无差别。最简便的方法是测定材料的硬度，它可鉴别失效机件的热处理工艺是否正常；提供失效件拉伸强度的近似值；测定表面的硬化或软化的情况。需要注意的是，失效件的表面硬度与心部硬度的差异，材料冶金质量不能从硬度上反映出来。

拉伸试验是评价材料的一项基本试验，对于鉴定材质是否符合设计技术要求是常用的方法。但是，用小试样测得的数据，应用时有很大的局限性。这是因为，由于试样尺寸较小，其包含的冶金质量缺陷比实际机件少得多，因此小试样的强度和塑性往往高于大尺寸的机件的性能。此外，对处于平面应力状态下发生明显屈服和韧性断裂的机件，材料的 $\sigma_b$ 和 $\sigma_{r0.2}$（$\sigma_s$）是其主要失效抗力指标；但对处于平面应变状态下的大截面尺寸机件发生低应力脆断时，$\sigma_b$ 或 $\sigma_{r0.2}$ 就不再成为主要的失效抗力指标，断裂韧性 $K_{1C}$ 才是其失效抗力指标。

因此，对失效件做力学性能分析测试和分析时，要认清小尺寸标准试样力学性能（拉伸、冲击、疲劳、低温系列冲击）试验的条件性，它们与实际机件的服役条件及应力状态往往是不相同的。因此机件失效分析中应根据其服役条件和应力状态，选择合适的力学性能测试方法，针对机件不同的断裂失效方式（韧断、脆断、应力疲劳、应变疲劳、应力腐蚀、氢脆、中子辐照脆化等）辩证考虑材料强度与塑性、韧性的合理配合，从而实现提高主要失效抗力，预防断裂失效的目的。

### 8.3.3　显微组织分析

显微组织分析的目的是分析和研究材料的显微组织结构与失效的关系。显微组织分析分为金相显微分析和电子显微分析两类。

金相显微分析是失效分析中常用的分析方法，材料的缺陷、机件的冷热加工缺陷以及环境变化所引起的失效都可通过金相分析来识别和判断。

用金相法进行失效分析时，一般是在失效件断口处取样进行观察。首先要正确制取试样，才能得出准确的结论。金相试验的截取一定要包括断裂源或裂纹源，检查与断口垂直的平面，应同时在正常部位截取试样，以便作对比分析。分析钢中非金属夹杂物或纤维、流线组织时，最好沿着钢的轧制方向取样。此外，对于不同分析目的的试样应选用不同的浸蚀剂（可参阅有关金相及热处理手册）。

金相显微分析的主要内容有：检查原材料中存在的缺陷，如夹杂物、疏松、偏析、缩孔、气孔等，其中最主要的是检查非金属夹杂物数量、大小、分布是否正常；检查基体的组织是否正常；分析第二相的大小、形状及分布。粗大、尖角的第二相、第二相严重带状分布或沿晶界呈网状分布都将显著降低材料的塑、韧性；检查热加工缺陷，主要指铸、锻、焊过程中产生的裂纹；热处理中的加热不足、冷却不足、氧化、脱碳、过热、过烧以及化学热处理产生的缺陷。

金相显微分析方法一般是定性分析，即使参照有关评级标准进行评级，亦属半定量的分析。随着先进的图像分析仪的发展，晶粒度大小、第二相的大小及分布等已可以进行定量测定，从而可分析研究组织与性能、组织与成分之间的定量关系。高温、低温金相显微镜的使用为在高低温服役条件下的失效分析提供有力的工具。光学显微镜金相分析的不足之处是鉴别率低（放大倍数≤1500 倍），这对于材料的精细组织结构的分析是远远不够的。

电子显微分析的制样有复型法和金属薄膜法两种。

复型法和断口复型一样，分为一次碳复型和两次碳复型，要求金相样浸蚀得稍深一些。复型法的优点是可以重复进行，可准确地选择要观察的部位，如选择在裂纹源区；缺点是易产生假象。

金属薄膜法需将样品先切成 0.2～0.3mm 厚的薄片，再用砂纸磨薄和化学减薄到 1～2$\mu$m 的厚度

（铁膜或铜膜），然后进行电解抛光和穿孔，制成透射电镜观察用的试样。金属薄膜法的优点是成像清晰、假像少，能观察到晶体中和位错的位错组态，鉴别钢淬火后的板条马氏体和片状马氏体。

## 8.3.4　应力分析

**（1）一般应力分析**

失效分析中的应力分析包括机件的受力分析，应力状态分析，动应力、残余应力与装配应力的分析。机械零件的变形与断裂，在很多情况下是由于服役条件下，所受到的载荷超过其承受能力所致。因此机械失效分析中应对失效件进行应力分析。

① 受力分析　机件的受力分析是根据机件的形状、尺寸、所受载荷，确定机件承受的应力，可根据材料力学或工程力学去计算求解其理论应力，考虑机件结构的应力集中，从中确定其受力最大的危险截面，与断裂部位相联系。

② 应力状态分析　根据机件的尺寸、形状、加载方式和所受应力，判断其应力状态是平面应力状态还是三向应力状态，计算出其主应力的大小及方向，最大切应力及位置；采用实验应力（电阻应变法、光弹性法、脆性涂层法）分析方法可以不受机件的形状限制，测定出机件的真实应力状态或找出最大应力的位置及数值，测定机件在工作中所受载荷的大小及方向等。

③ 动应力　在动载荷作用下，构件内产生的应力称为动应力。它包括：惯性力、随时间作周期变化的载荷、冲击载荷。交变载荷是造成疲劳断裂的主导因素。要分析其载荷谱、频率、波形及应力值。对于锻造、冲压、凿岩等利用冲击力工作的机件，要考虑其冲击应力。

④ 残余应力与装配应力　机件制造过程中经受机械应力、热应力、组织应力和表面强化，造成机件不均匀塑性变形，从而形成残余应力。若残余应力与外加应力同向，则加速零件的破坏；反之表层形成残余压应力，可以提高机件的疲劳强度。在断裂力学的分析中，机件的工作应力应包含外加应力和残余应力。不利的残余拉应力往往是造成早期疲劳断裂、应力腐蚀断裂和低应力脆断失效的原因之一。需要注意的是机件在服役过程中，因残余应力重新分布，会使机件发生变形；在交变应力作用下，残余应力会衰减。装配应力是机件在装配过程中产生的内应力，其对机械失效的影响基本与残余应力相同。

**（2）断裂力学分析**

断裂力学分析的目的是采用断裂力学判据分析机件低应力脆性断裂的原因，对带伤的机件的安全性和寿命进行评价。

线弹性断裂力学提出裂纹尖端应力场强度因子 $K_1$：

$$K_1 = Y\sigma\sqrt{a}$$

式中　$Y$——裂纹体的几何因子函数；

　　　$\sigma$——（外加应力＋残余应力）工作应力，MPa；

$a$——裂纹长度，mm。

当 $K_I = Y\sigma\sqrt{a} \geqslant K_{IC}$，裂纹就失稳扩展发生脆断。$K_I$ 的临界值 $K_{IC}$ 称为平面应变断裂韧度，是材料的性能指标，反映材料抵抗裂纹失稳的抗力。

随着断裂力学的迅速发展，线弹性断裂力学在工程中已成功地应用于高强度钢构件及大截面机件等的断裂设计和失效分析中。对于疲劳断裂失效，可根据机件材料的疲劳断裂韧度 $K_{fc}$、疲劳门槛值 $\Delta K_{th}$、疲劳裂纹扩展速率 $da/dN$，预防疲劳断裂失效和定量估算其剩余寿命。对于应力腐蚀断裂及氢脆断裂可用 $K_{ISCC}$、$\Delta K_{th}$、$da/dt$ 等指标进行失效分析。

对于中低强度材料，可用弹塑性断裂力学的临界 $J$ 积分（$J_c$）及临界张开位移 $\delta_c$（COD）等断裂韧性指标进行失效的断裂力学分析。

**（3）结构分析和微区的应力分析**

在失效分析，特别是在失效机理的研究中，有时需要对基体、第二相、杂质相或腐蚀产物的相结构进行定性和定量的分析。

常用的相结构分析方法有：X 射线法（XRD）可定量测定相的成分和结构；电子衍射法可定性进行相结构分析；穆斯堡尔谱仪法定量测定表面的相结构和成分，可识别铁合金中的氧化物、硫化物、碳化物、氮化物及稀有金属氮化物，用于分析只靠化学成分分析不能确定的异相、氧化物、腐蚀产物、第二相。

常用的晶体位向分析方法有：蚀坑法（定性）、二面角法、电子通道花样（定量）、表面痕迹法。用于断裂面的晶面指数和裂纹走向分析。

微区的应力分析一般采用 X 射线法，测定 4～6mm 微区范围的应力，对第Ⅲ类残余应力可测定其剥层后的残余应力分布。

## 8.3.5　无损检测技术

无损检测是在不损坏材料、机件等检测对象的情况下，对于其缺陷的性质、形态、内部结构及内部缺陷等方面的检测方法。

无损检测技术可分为缺陷检验和应变测试两大类。在缺陷检验中，又有静态和动态检验之分。静态检验包括检验内部缺陷和表面缺陷的方法。动态检验技术则主要是指声发射技术。

检验内部缺陷的方法常用的有：射线照相法探伤和超声波探伤。前者对缺陷种类、形状、尺寸的判别较好但对缺陷在厚度方向上的位置不能判别；超声波探伤可弥补前者的不足，但其对缺陷种类、形状、尺寸鉴别的灵敏度较差。射线探伤主要用于铸件和焊缝内部缺陷的检验；超声波探伤对于超声波垂直方向的缺陷和形状容易检测，被检对象除铸件、焊缝外，更适合检测锻件和压延件。因此这两种探伤方法是互补的，超声波探伤在费用、检验速度、安全管理等方面具有优越性。

检验表面及表层缺陷的方法有：磁粉探伤（适用于强磁性材料）、渗透探伤（适用于金属和非金属材料）、电磁感应探伤（适用于导电材料）。磁粉探伤和渗透探伤不适用于线材，电磁感应探伤不适用于铸件、锻件和焊缝，但对管材、线材很适合，其检测速度快。

用于腐蚀鉴定的无损探伤技术有：辐射照相技术、超声、涡流电流、磁性微粒、染料渗透。其中，辐射照相法对点状腐蚀、腐蚀疲劳的鉴定最好；超声法对一般性耗蚀、晶间腐蚀、应力腐蚀裂纹和氢脆裂纹是最好的探测技术；涡流电流法对点状腐蚀、晶间腐蚀、腐蚀疲劳、应力腐蚀裂纹、氢脆裂纹的鉴别是好的方法；磁性微粒和染料渗透法可用于腐蚀疲劳、应力腐蚀裂纹、氢脆裂纹的检验。

### 8.3.6 断口分析

断裂是机械最常见的失效方式。任何类型的断裂，在断裂后的断口上总能留下一些可以反映断裂过程或断裂微观机理的痕迹，忠实地记录着与断裂有关的各种信息。通过断口分析可找到裂纹源，了解裂纹扩展的途径和发展过程，查明断裂的性质、原因及影响因素等。因此，断口分析是断裂失效分析的核心技术。

断口分析可回答以下四个问题：断裂性质、裂纹起源位置、断裂源数量、断裂历史。

断口宏观分析是断口分析的基础，它是用肉眼、放大镜及 100 倍以下的立体显微镜对断口进行观察。它可以找到断裂源的位置和初步判断断裂性质，为分析断裂机理和查明断裂原因的微观分析提供依据。

断口的微观分析（又称电子断口分析）是采用扫描电镜（SEM）、透射电镜（TEM）和电子探针（波谱 WDX 或能谱 EDX）等分析手段，高倍观察断口形貌特征和分析微区的成分。通过电子断口分析可进一步判断断裂的性质，深入研究断裂机理，判定断裂的原因。

**（1）断口的宏观分析**

金属断口宏观分析的依据主要有：断口的颜色、断口上的花纹、断口的粗糙程度、断口的边缘情况、断口的位置等。断口的肉眼观察有特殊的灵敏性，具有可全面观察断口形貌的优点，依据断口的颜色、形貌特征和变形等信息，可确定裂源的位置和裂纹扩展方向，在许多情况下可以判定断口的类型和断裂的性质。

断口的颜色：断口有无氧化色彩可判断断裂件的温度高低；有无腐蚀产物的特殊色彩可以判断腐蚀的类型和程度；有无冶金夹杂物的特殊色彩可以判断材料的冶金质量；根据疲劳断口各区光亮程度，可从最光亮处找到疲劳源的位置。

断口上的花纹：疲劳断口的贝纹状疲劳线（图 8.5）是疲劳断口的典型特征；放射状的撕裂棱线或人字纹花样，是脆性断裂或裂纹快速扩展的断裂特征；无金属光泽、颜色灰暗的纤维状断口是韧性断裂的特征。

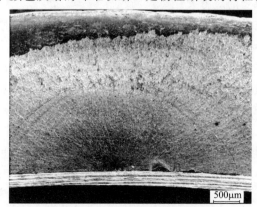

500μm

**图 8.5 疲劳断口的贝纹线**

断口的粗糙程度：依据断口的粗糙程度可以判断机件受力的大小和定性估计材料的晶粒大小及裂纹扩展速率；断口呈颗粒状时，依据颗粒的大小、形状和分布可判断零件的加工工艺正确与否。

断口的边缘情况：剪切唇是断口的最终断裂区。从断口上唇边情况可判断机件的应力状态（平面应力、平面应变）；依据唇边的大小，可以推断材料塑性的高低。

断口的位置：断裂的部位总是发生在机件承受应力最大或应力集中最严重的薄弱环节。机件应力集中处往往是裂纹源；从断口和主应力方向的关系可判定其应力状态；依据断口与零件变形方向的关系可判断材质对断裂所起的作用。

断口上的宏观缺陷：断口上存在的疏松、夹渣、裂纹等缺陷均有可能在承受最大拉应力的位置成为断裂源。断口边缘或侧面有无机械损伤，反映了机加工质量（如刀痕）及表面状态对断裂的影响。机件承受应力最大处的刀痕及表面损伤通常是萌生裂纹的策源地。

细致的断口宏观检查分析可以判断载荷类型、加载方式和断裂性质；寻找裂纹源和裂纹的扩展方向；判断材料的冶金质量和热处理质量；分析材料的强度水平、机件的应力集中情况、工作温度、工作环境等；可初步判断可能引起断裂的原因，进而为断口的微观分析或其他分析指明方向。因此，断口的宏观分析是失效分析必不可少的基础工作。

断口"三要素"：根据断口表面粗糙度及反光情况可以大致判断断裂的性质。一般解理断裂的断口表面光滑平整，断口颜色光亮有金属光泽。韧性断口表面的纤维状区粗糙不平，颜色灰暗无金属光泽。疲劳断口通常有贝纹线花样的疲劳裂纹扩展区特征，疲劳源处光滑细腻，瞬断区的形貌与材料韧脆有关。脆性材料呈结晶状或放射条纹，韧性材料为纤维状和剪切唇。脆性沿晶断口为结晶状和反光的小刻面。应力腐蚀断口表面无金属光泽，其裂纹源区及亚临界扩展区因介质作用呈现黑色或灰黑色。氢脆断口比较平齐，较光亮，无腐蚀产物。

判断机体的断裂类型与方式：由断裂前塑性变形量的大小及断口形貌特征，可大体判断出机件断裂的类型是韧性的、脆性的还是疲劳断裂。当已知机件的受载方式（拉伸、压缩、弯曲、扭转）时，从断裂表面的宏观位向，可判断其断裂方式为正断还是切断。

确定断裂源和裂纹扩展的方向：裂纹源一般在脆性断裂放射条纹的收敛处，韧性断口纤维区的中央，疲劳断口弧形贝纹线的圆心位置均是断裂源处（图8.5）。当断口表面有平台断口又有斜面断口时，一般是平台断口产生在前。当裂纹扩展到接近表面时，裂纹尖端的应力状态由平面应变状态转变为平面应力状态，故呈现斜断面，形成剪切唇。断口的剪切唇总是最后断裂的区域。裂纹扩展方向是从裂源处向前扩展的方向，如放射条纹的发散方向、疲劳贝纹线弧形的法线方向。

估计疲劳断口的应力集中程度和名义应力的高低：断口疲劳区越大，最终断裂区越小，表示机件承受的交变应力水平越低；反之则表示机件承受的应力大。

除了对断口的光学显微镜观察外还可进行断口剖面观察。在分析研究断裂原因、断裂过程时，仅靠断口形貌分析是不够的，往往还需要观察断口的垂直截面，以利于搞清断口表面（主裂纹）走向与晶粒的位向关系、与晶界的关系、与夹杂物的关系、与孪晶的位向关系以及二次裂纹的走向与分布等。断口剖面分析能有效地揭示材料在制造、加工过程中产生的缺陷，分析各种不利工况和环境对材料性能的影响等。它可以对夹杂物、微观组织偏析、脱碳、增碳、热处理不当、硬化层深度、镀层厚度、晶粒大小及热影响区进行检测和分析。

断口剖面通常是垂直于断口表面，有时也可使剖面与断口表面呈一定角度。制备剖面样品时必须保护好断口表面，通常采用镀镍保护，也可采用金相镶嵌法保护。

**（2）断口的微观分析**

电子显微镜在断口分析中广泛应用。它可以依据断口的微观形貌特征判定断裂的类型，从裂纹源处查明断裂原因。它还能进行断裂失效的定量分析，如进行韧性的定量测量，分析测定裂纹的扩展速率、断裂过程与影响因素之间的定量关系等。因此，电子断口分析对断裂机理的研究有重要作用。

断口微观形貌中，韧窝、解理花样、疲劳辉纹等分别是判断金属韧性断裂、解理断裂和疲劳断裂的主要依据。

韧窝是金属韧性断裂的典型微观特征。它是材料因塑性变形产生的显微空洞生核、长大聚集，最后相互连接而导致断裂后在断口上留下的痕迹。通常韧窝的深度反映了材料基体的塑性变形能力，断裂韧性 $K_{1C}$ 值越高，韧窝尺寸越大；应变速率增大，韧窝尺寸变小；韧窝的大小和密度与第二相质点的大小、密度有关；韧窝形状（等轴状或拉长的抛物线状）取决于微区的应力状态，如图 8.6 所示。

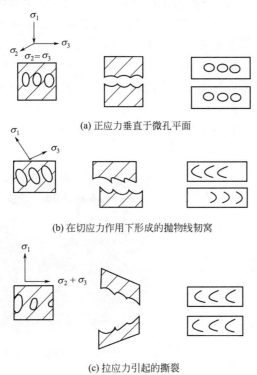

(a) 正应力垂直于微孔平面

(b) 在切应力作用下形成的抛物线韧窝

(c) 拉应力引起的撕裂

**图 8.6　三种应力状态下断口上韧窝形态**

金属多晶体中，由于滑移不仅能沿着一定的滑移面及一定的滑移方向进行，而且还沿着许多个相交的滑移系进行。这种滑移的结果使断口的微观形貌呈现出"蛇形滑移"的特征（图 8.7）。蛇形滑移一般都在"自由表面"上产生，因此，它通常与材料中的缺口、裂纹和显微空洞的"内表面"联系在一起。

随着变形程度的增加，已产生蛇形滑移处因进一步变形而变得平坦化，其断口的微观形貌呈现波浪状，称为"涟波"。当变形继续进行，其断口形貌为平滑的、无特征的"延伸区"。解理花样和沿晶断口是脆性断裂的微观形貌特征。解理断口的基本形貌是解理台阶、解理扇形（或河流花样）和舌状花样（图 8.8）。

图 8.7　蛇形滑移

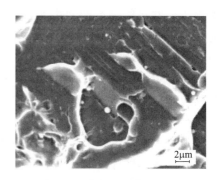

图 8.8　舌状花样

　　沿晶断裂的断口形貌可分为两类：①沿晶分离的岩石状断口（图 8.9），其微观表面比较平滑和干净，基本上无微观塑性变形的痕迹。沿晶的应力腐蚀断口上可见到腐蚀产物；②沿晶韧窝断口，在沿晶断口表面上有大量的细小韧窝，表明沿晶界局部有一定的塑性变形，过热断口通常属于这类断口。

　　疲劳辉纹（或称疲劳条纹）是判断是否属于疲劳断裂的主要判据。疲劳辉纹是一系列相互平行又略带弯曲的水波形条纹（图 8.10）。这些条纹与局部裂纹扩展方向相垂直，并像水波一样向前扩展，裂纹扩展方向朝向波纹凸出的一侧。疲劳辉纹的产生与交变应力的循环有关，表示在应力循环下裂纹扩展前端在前进过程中的瞬时位置。在一定条件下疲劳辉纹与应力循环呈一一对应关系，因此通过疲劳断口裂纹扩展区的微观分析可以定量反推断裂条件和疲劳裂纹扩展速率。此外，应力腐蚀、氢脆、腐蚀疲劳、热疲劳、微动磨损疲劳等断口均有其特有的微观形貌特征。

图 8.9　沿晶断口

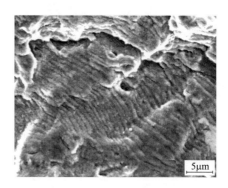

图 8.10　不锈钢的疲劳辉纹

　　需要强调的是断口的微观分析必须与宏观分析相结合，才能作出准确的分析与判断，它是在正确的宏观断口分析的指导下进行的。此外，微观断口分析时，必须具有统计观点，在大面积范围观察的基础上，选择有代表性的断口拍照，真实反映断裂的类型和断裂机理。

　　断口微观分析的主要工具是透射电子显微镜（TEM）和扫描电子显微镜（SEM）。与光学显微镜相比，TEM 大大改善了清晰度与视场深度，其缺点是试样制备复杂（需制复型或薄试样），可观察的范围很小。SEM 则可以采用相当大的试样，在相当大的区域直接进行观察；对太大的机件，也可制备表面复型样品在 SEM 上观察。

　　SEM 是断口微观分析中常用的仪器，其分辨率一般可达 10nm，具有很大的景深，可直接观察粗糙的表面。它可从低倍（10 倍）到高倍（几万倍）连续变化观察断口表面。断口的微观分析中要特别注意电镜照片的代表性和真实性。由于金属微观结构的复杂性。材料的不均匀性、受力的不均匀性以及环境因素的不均匀性等原因造成断口微观形貌错综复杂。例如局部解理存在于大量的韧窝断口之中，个别局部穿晶断裂出现在总体为沿晶断裂的断面上。因此在进行微观断口分析时，要有统计观点，在众多视场大面积观察的基础上判定主体的局部特征，从中选出具有代表性的照片。在复型样品的观察中要注意鉴别由于实验技能、设备等原因产生的假象，获得真实的微观形貌。

对断裂面的微观结构进行分析，是探讨材料的断裂性质和断裂机理的实验基础。断口的结晶学分析可以分析解理断裂、准解理断裂、沿晶断裂和沿惯析面断裂过程的本质。

断口结晶学分析常用断口腐蚀坑分析技术。位向腐蚀坑分析法是利用晶体受浸蚀剂浸蚀作用呈各向异性的腐蚀溶解的原理，晶体的低指数面优先被腐蚀溶解。其蚀坑的外形实质上是它和腐蚀溶解体积与分析表面相割截后造成的形状。对晶体学断裂而言，它是分析研究晶体取向的一种简单的测试技术。应用晶体位向腐蚀坑技术，可以分析研究裂纹局部扩展的方位，即电子断口图像显微裂纹所处的晶面及裂纹扩展方向。

断口微观分析可以定量地研究影响断裂的因素及各种因素之间的关系，如韧窝尺寸、深度、形状与第二相质点的数量、形态、分布之间的关系；解理的面积、尺寸、程度与温度、组织及应力之间的定量关系；疲劳条带间距与交变应力幅、应力强度因子之间的关系等。采用图像自动分析仪，断口定量分析就方便多了。

要注意保护断口表面，尽可能使断口表面保持断裂瞬时的真实状态，完整保留断口上与断裂过程有关的全部信息是保证断口分析准确的关键环节。若断口表面遭到机械损伤或化学浸蚀时，断口表面的清洗务必按有关规范小心清洗，以防止重要的证据遭损坏或失落。

**（3）主断口的确定**

当机件断裂后存在两个以上的断口时，必须先确定主断口，再对其进行分析。主断口的确定通常可采用宏观分析法、拼合分析法和受力分析法。

① 宏观分析法：当断口数量不多时，可先对断口进行宏观分析来确定主断口。判据的基本依据是：a. 根据断口的颜色、腐蚀程度等因素来判断。先开裂裂纹形成的断口因与周围环境接触的时间长，受摩擦、氧化及腐蚀的作用，因而主断口一定是"旧茬"断口；b. 根据断口上有无宏观缺陷来判断。具有宏观缺陷的断口一般为主断口，疏松、夹渣、裂纹等宏观缺陷往往是断裂的策源地；c. 有疲劳特征的断口基本上是主断口。同是疲劳断口，疲劳裂纹扩展区大的断口是主断口。

② 拼合分析法：飞机失事、容器爆炸、汽轮机叶片破裂等失效现场，其断裂的残骸分散在一定范围中，需要首先从残骸中找出最早断裂的碎片。此时可将残骸碎片拼凑在一起（注意不要相互接触），再依据塑性变形程度不同、断口密合的程度或拼合线的走向找出最早断裂的碎片，从而确定主断口，并判定断裂的前后次序。

a. 变形法：金属零件如已破坏成几块碎片，可将碎片按零件原来形状拼合起来，观察其密合程度。密合程度好的为后断的，密合程度最差的地方是最先开裂的断面，即主断面。如图 8.11 所示，A 为主裂纹，B、C 为二次裂纹。

b. 拼合线判断法：由于裂纹在扩展中会发生分叉（图8.12），其分叉线的断口不是主断口，不分叉的断口是主断口（图中的 A）。根据拼合线断口上人字形条纹走向判断裂纹的扩展方向（图中的 C·P·d 所示），人字形尖锐指向裂纹源，从而判断出主断口。

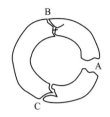

图 8.11　变形法示意图

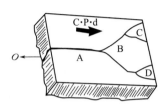

图 8.12　裂纹分叉示意图

③ 受力分析法：根据机件受载情况进行应力分析，找出承受最大应力的部位，以此确定最早断裂的主断口。例如某化工合成塔在吊装过程中，与塔体连接的 12 个耳身法兰螺栓全部断裂，通过分析螺栓的分布和受力情况，从中找出处于拉伸应力最大的两个螺栓，其塑性变形量最大，它们是最先断裂件，应分析其断口，查明断裂的原因。

### 8.3.7　裂纹分析

裂纹是一种不完全断裂缺陷。裂纹分析的最终目的是确定产生裂纹的原因。裂纹分析和断口分析是相辅相成的两个方面，都是失效分析中重要的分析方法。裂纹是断裂的根源，但只有当裂纹扩展到大于临界尺寸后才能快速扩展，使机件断裂从而产生断口。断口分析是在扩展最快的主裂纹形成的主断面上进行的。主裂纹形成后的裂纹称为二次裂纹，裂纹分析除了裂纹源分析外，一般在二次裂纹上进行。这是由于主裂纹受机械擦伤、环境影响较大，而二次裂纹所受的影响较小，易获得关于裂纹形式、扩展的真实信息。

裂纹形成的原因是较复杂的，如零件设计上的不合理、选材不当、材质不良、制造工艺不当以及维护和使用中不当等均可能导致裂纹的产生。因此，金属的裂纹分析是一项十分复杂而细致的工作。裂纹分析常涉及无损探伤、化学分析、力学性能试验、金相分析、X 射线微区分析等测试技术，需要进行综合分析。

按裂纹形成的先后可分为主裂纹和二次裂纹；按裂纹的扩展途径可将裂纹分成沿晶裂纹和穿晶裂纹；根据裂纹产生的原因可分为疲劳裂纹、应力腐蚀裂纹、氢脆裂纹等使用裂纹以及机件在铸、锻、焊、热处理等加工过程中产生的工艺裂纹。

**(1) 裂纹分析的步骤**

裂纹分析包括裂纹的宏观分析和微观分析，其分析步骤大致可分为四步：裂纹的宏观检查、产生裂纹部位的分析、材质的检验和裂纹的微观分析。

裂纹的宏观检查：首先用肉眼和放大镜观察，采用简易的敲击测音法确定检查的机件是否存在裂纹；再进一步观察裂纹的形态、大小、颜色、产生部位及走向，以确定主裂纹和裂纹源。在裂纹取样前将裂纹的宏观形态拍照。机件的裂纹可以采用无损探伤法（如 X 射线、磁粉、超声波、荧光等探伤法）进行检测。

产生裂纹部位的分析：裂纹产生的部位，总是与机件结构形状引起的应力集中和材料缺陷造成的内应力集中等因素有关。在机件承载应力最大处叠加上应力集中的作用是产生裂纹的主要部位。因此需要对机件进行应力分析，注意应力集中的作用，结合在裂纹源处进行材质分析、工艺分析和使用环境分析，从而确定产生裂纹的主要原因。

材质的检验：材质的检验通常包括材料的化学成分、显微组织、力学性能及其他特殊要求的性能。从中查明裂纹件的化学成分是否符合技术要求，尤其要注意有害的杂质元素是否超标和残余合金元素总量，后者常是钢淬火开裂的主要原因。显微组织分析的目的主要是判断工艺合理性、工艺缺陷和服役过程中组织的变化。力学性能检验可判断机件的力学性能是否符合要求。其中硬度测定是最常用的方法，它简便、无损，但要注意硬度只能反映机件表层的性能，在失效分析中要认清其局限性。

裂纹的微观分析：为查明裂纹的性质和产生的原因，可采用光学金相分析和电子金相分析，对裂纹进行微观分析。裂纹的微观分析十分必要，主要内容包括：裂纹形态特征及扩展途径，其扩展是穿晶还是沿晶，主裂纹附近有无微裂纹和分枝；裂纹处及附近的晶粒度有无显著粗大或细化，晶粒大小有无极不均匀现象，裂纹与晶粒变形方向的关系；裂纹附近显微组织是否存在碳化物或非金属夹杂物，它们的形态、大小、数量及分布情况；裂纹源是否产生于碳化物或非金属夹杂物周围，裂纹扩展与碳化物和夹杂物之间有无联系；裂纹两侧是否存在氧化和脱碳现象，裂纹中是否有氧化、腐蚀产物；裂纹件的表面是否存在加工硬化层或回火层；裂纹源处周围的组织是否有过热组织、魏氏组织、带状组织以及腐蚀坑等其他形式的组织缺陷。

**（2）裂纹起始位置的分析**

裂纹源的位置取决于应力大小及材料强度的高低，它总是在机件受应力最大处（含应力集中的影响）和机件的薄弱环节（材料缺陷）处。因此裂纹的起始位置，应从机件形状、材质和受力状况等方面进行分析。

材料原因引起的裂纹：金属的缺陷特别是表面缺陷不仅破坏了材料的连续性，降低了材料的强度和塑性。这些缺陷常造成很大的应力集中，使得机件在该处萌生裂纹。机械加工的刀痕也常是疲劳裂纹的源区。

机件的形状因素引起的裂纹：机件由于结构上需要，存在缺口、沟槽、台阶、油孔等"结构上的缺陷"，产生很大的应力集中，成为裂纹的萌生处。

受力状况引起的裂纹：在材料质量合格、零件形状设计合理的情况下，裂纹将在机件应力最大处形核，所以裂纹分析要结合机件的应力状态分析。

**（3）裂纹的宏观外形的分析**

依据裂纹形状特征（宏观形态、起源位置、走向、周围情况、尾端特征等）可判断各种工艺裂纹的性质及产生原因。因而裂纹的宏观外形分析是裂纹分析的基础。

裂纹的宏观外形大致可分为三类：①龟裂，是一种深度不大的沿晶界扩展的表面裂纹，其外形呈龟壳网络状分布，热疲劳失效、锻造过烧、含硫量过高产生热脆，因材质引起的磨削裂纹、应力腐蚀裂纹等都属于龟裂；②直线状裂纹，是指外形近似直线的裂纹；③其他形状裂纹，如环形裂纹、周向裂纹、辐射状裂纹、弧状裂纹等。

**（4）裂纹的走向分析**

金属裂纹的走向，在宏观上是遵循应力原则和强度原则。①应力原则：在金属脆性断裂、疲劳断裂、应力腐蚀断裂时，裂纹的扩展方向一般都垂直于主应力方向。②强度原则：裂纹总是希望沿着最小阻力路线扩展。当裂纹扩展，途中遇到缺陷等低强度区时，按应力原则扩展的裂纹会在缺陷的低强度处发生转折。

通常当材质比较均匀时，应力原则起主导作用，裂纹按应力原则扩展；而当材质存在较多缺陷时，强度原则起主导作用，裂纹将按强度原则扩展。

从微观来看，裂纹的扩展方向可能是沿晶的、穿晶的或是二者的混合。裂纹扩展方向到底是沿晶还是穿晶，取决于晶内强度和晶界强度相对比值。通常晶界强度大于晶内强度，裂纹扩展呈穿晶型；当在应力腐蚀、氢脆、回火脆、锻造过烧等引起的裂纹，晶界为薄弱环节，因此它们的裂纹是沿晶界扩展的。

**（5）裂纹周围及裂纹末端的分析**

在裂纹源处一般都能找到缺陷；裂纹扩展中的"转折"处通常也可以找到某种材料的缺陷；裂纹若经历了高温过程，在裂纹的周围可见有氧化和脱碳的特征。

对裂纹周围情况的分析中应注意裂纹两侧的形状偶合性对比。例如淬火裂纹和疲劳裂纹，其裂纹两侧形状是偶合的；发裂、磨削裂纹、折叠裂纹、拉痕以及经过变形的裂纹，其裂纹两侧偶合特征则不明显。

裂纹尖端的特征也是鉴别裂纹类型和产生原因的重要依据。一般情况下，疲劳裂纹、淬火裂纹的末端是尖锐的；而铸造热裂纹、磨削裂纹、折叠裂纹和发纹其末端呈圆秃状。

## 8.3.8 腐蚀、磨损和环境分析

机件的断裂、腐蚀和磨损是常见的三种主要失效方式。对于腐蚀和磨损的失效分析方法，除了用前述的失效分析中的一般方法对表面损伤进行宏观和微观的形貌观察分析外，在机件服役条件的分析中要注意环境分析。因为环境是造成机件腐蚀和磨损失效的重要因素。环境分析包括：气氛分析、油质分析、腐蚀产物分析和摩擦碎屑分析等。

**（1）腐蚀失效的分析方法**

腐蚀是材料与环境之间所产生的有害的化学或电化学作用。其产生的表面损伤常会引起金属机件的失效。腐蚀行为又分为均匀腐蚀、点腐蚀、选择性沥取、晶界腐蚀、对夹杂物的选择腐蚀、浓差电池腐蚀、缝隙腐蚀、温差电池腐蚀、电偶腐蚀、菌和微生物结污腐蚀、埋地金属的腐蚀、大气腐蚀等。腐蚀失效分析时需注意的事项有：

① 失效机件的金属化学成分是否符合技术要求，对奥氏体不锈钢要特别注意其焊接接头的成分，若超过规定将影响其耐蚀性。

② 环境分析中要分析致损环境的总体成分和失效区的金属-环境界面的局部成分，可以用化学方法或光谱方法测定。

③ 金属表面内的非均匀性，在腐蚀性环境中使用的金属机件，其表面存在的非均匀性会引起严重的局部腐蚀损伤。例如不锈钢由于其表面内存在着嵌入的"游离"铁颗粒，产生严重的局部腐蚀。

④ 外来物质和金属表面层的分析，确定表面的物质有无腐蚀性，腐蚀产物的组成及金属表面层的成分。

⑤ 腐蚀试验、快速试验、模拟试验及电化学试验。

为研究腐蚀失效及评定金属和合金在规定的应用中的腐蚀性能，常需要模拟服役条件腐蚀环境的快速试验、模拟试验和电化学试验。

**(2) 磨损失效分析方法**

磨损是摩擦学的重要组成部分。只要有物体间相对运动的摩擦，就会产生物体的表面磨损。磨损的主要方式是磨料磨损、黏着磨损、冲蚀磨损、微动磨损和腐蚀磨损。机件的磨损失效是个逐步发展的过程，磨损使机件表面受到损伤，产生表面材料的迁移，达到某临界值后使机件失效。

机件的磨损是由机件、对磨物及机件运转参量和环境条件组成的磨损系统决定的。因而材料的耐磨性不是材料的固有性质，而是某特定磨损系统的综合性质。

由于摩擦所造成的磨损是一个系统的动态过程，这个系统处于不断的发展变化之中，相互关系复杂。发生相互作用的偶合件在作用过程中，其表面的形貌、成分、结构和性能等都随着时间的推移而发生变化。磨损失效机件的磨损表面实际上就是与对磨物最后一次接触并相互作用后留下的真实磨损形貌，这就是进行磨损失效分析的依据。

机件磨损失效分析的主要内容有三个方面：磨损表面形貌分析、磨损亚表层分析、磨损产物-磨屑的分析。因此需了解磨损表面、亚表层及磨屑的基本分析方法。

磨损表面形貌分析：磨损机件表面形貌特征是磨损失效分析中的第一个直接依据。它反映了该机件在一特定的工况条件下，设备运转特性，记录了机件磨损的发生发展过程，所以应对失效机件表面严加保护。磨损表面形貌分析包括宏观分析和微观分析。不同磨损类型产生的宏观形貌有明显区别，从而可初步分析并判断磨损类型、磨损程度以及原因等。磨损微观形貌的分析通常采用扫描电子显微镜，它可以深入了解磨损发生过程，分析磨损的机理及工况条件对磨损发生过程的影响。

磨损亚表层分析：磨损表面下相当厚度的一层金属，在磨损过程中会发生组织与性能的明显变化，这就成为判断磨损发生过程的重要依据之一。例如表面疲劳磨损中的点蚀，其裂纹主要产生于表面，再向亚表层扩展，与另一部位的裂纹连接，使小片剥落形成点蚀坑。

在磨损过程中，磨损零件亚表层可发生下列变化：冷加工变形硬化，在重载工况条件下其变形层厚度可达 $0.3\sim0.5\text{mm}$，硬度可比原始硬度高 2 倍以上，在磨损过程，脆性的碳化物（如 $Cr_7C_3$ 型碳化物）也能产生一定的塑性变形，表明在剧烈的磨损工况下，磨损件表层的组织状态及性能都发生了变化；金属组织的回火软化、回复再结晶、相变、绝热剪切层、超细晶层、非晶态层等也发生了变化；可以观察到选择磨损的发生与发展过程、脆性相的断裂和脱落过程；可以观察到裂纹的形成部位、裂纹的繁殖与扩展的趋势及磨损碎片的产生与剥落过程；通过仪器分析可以观测到元素的转移、扩散的发生和发展的动态过程。

磨屑产物-磨屑分析：通过铁谱仪或磁性柱塞可回收残留在润滑油中的磨

屑，磨屑也可以从模拟的磨损试验机上获得。磨屑可分为切削屑、变形屑和脆断屑三种基本类型。通过磨屑形貌观察，配合磨损表面形貌及亚表层特征分析，可判断磨屑的类型。

磨屑经镶嵌制成金相样品可用金相显微镜或扫描电镜观察磨屑的显微组织；用显微硬度计测定磨屑硬度，分析显微硬度随磨损参量的变化；可以用 X 射线相结构（XRD）分析方法研究磨屑组成相的结构及其变化；用穆斯堡尔谱仪分析磨屑结构随磨损参量的变化。

磨损的模拟试验：为了深入了解磨损失效过程的细节，可模拟磨损件的运行规律和工况条件进行磨损的强化模拟试验，分析各种类型材料的磨损特性，以便正确地选择材料。

实验室中的模拟磨损试验，要完全模拟机件磨损系统的实际工况条件是不可能的，但试验的模拟性应符合以下条件：①磨损试验样品的磨损表面形貌要与磨损机件的磨损表面形貌相似；②二者磨损亚表层所产生的变形层厚度相等；③试样磨损亚表层达到的最高硬度值与机件磨损亚表层的最高硬度值接近。只有满足上述条件，才能表明模拟磨损试验与机件的磨损工况有相似性。针对特定磨损系统的磨损件，模拟其主要工况条件设计专用的磨损试验机，研究其磨损失效规律，常可取得很好的效果。在一些不易得到磨屑的工况条件下，采用模拟试验则有可能得到磨屑，从而为研究这些磨屑形貌特征、组织结构，进一步分析磨损发展过程提供依据。

磨损失效分析中，通过对系统中润滑的变质情况的分析可以提供失效的信息，有助于失效原因的诊断。润滑油的变质，除了影响其物理性质之外，可能还有铁微粒的溶解、结晶有机物的离析以及油中抗氧化添加剂由于磨损碎屑的催化作用而被氧化。因此分析油质的变化是磨损失效分析中常用的分析项目，采用薄层色层分离法分离抗氧化剂和它的氧化物并进行鉴别；用材料试验标准控制仪器监测油的稀释、酸度和污染是较先进的监测分析方法。

## 8.4  失效分析的基本程序和实施步骤

失效分析涉及众多学科，要求失效分析工作者具备多方面的知识，充分认识失效分析的复杂性和综合性。对于复杂的失效分析工作，除了需要设计、制造、材料等几方面的工程技术人员外，还要有物理科学和冶金研究人员参加，方能圆满的解决。在失效分析过程中，切忌主观性和片面性，对问题的考虑需要从多方面着手，要求有严密的分析方案和正确的分析试验，以得出科学的分析结论并提出合理的改进措施。因此，进行失效分析时，首先要制定一个基本的失效分析程序，按规范的实施步骤去开展有关的分析工作，保证失效分析顺利有效地进行。

一个完整的失效分析应包括：事前调查、实验室分析研究和事后处理。针对不同的失效类型和失效分析的目的要求以及有关合同或法规的规定，失效分析程序的细节有所不同。

**（1）侦察失效现场和收集背景材料**

保持失效现场的一切证据维持原状、完整无缺和真实不伪，是使失效分析能顺利有效地进行的先决条件。失效现场可用摄影、录像、绘图及文字描述等方式进行记录。失效现场侦察的项目通常有：失效部件及碎片的尺寸大小、形状和散落方位；失效部件周围散落的金属屑和粉末、氧化皮和粉末、润滑残留物及一切可疑的杂物和痕迹；失效部件和碎片的变形、裂纹、断口、腐蚀、磨损的外观、位置和起始点。表面的材料特征：如烧伤色泽、附着物、氧化物、腐蚀生成物等；失效设备和部件的结构和制造特征；环境条件：失效设备的周围景地物、环境温度、湿度、大气、水质；听取操作人员及佐证人介绍事故发生时的情况。

收集背景材料应尽量完全，主要内容有：失效设备的类型、制造厂名、制造日期；运行记录、维修记录、操作规程等。尤其要了解：失效件的加工、装配情况，机件失效时的应力状态，机件服役运行情况，机件的服役环境情况等；该设备的设计计算书及图纸、材料检验记录、制造工艺记录、质量控制记录、使用说明书等；有关的标准、法规等。

**（2）制订失效分析计划**

只有在极少数的情况下，通过现场和背景材料的分析就能得出失效原因的结论，大多数失效案例都需进一步分析。因而需要制定失效分析计划，确定进一步分析试验的目的、内容、方法和实施方式。

对各项试验方案应考虑其必要性、有效性和经济性。一般宜先从简单的试验方法入手。从失效部件上和残留物上制取试样，对失效分析的成败十分关键，一定要周密计划好取样的位置、尺寸、数量和取样方法，使样品具有代表性。因为一旦取样失误，就无法复原，致使整个失效分析计划归于失败，造成无法挽救的后果。失效分析计划要留有余地，以便在个别试验中发现意外现象时，可调整试验方案，做必要的补充试验。在进行失效模拟试验时，应尽可能模拟真实的工况条件，其结果才具有说服力。

**（3）执行失效分析计划**

失效分析的各项试验应严格遵照计划执行，要有详细记录，随时分析试验结果。失效分析的试验一般都要求在很短的时间内取得试验结果，因此要注意既要按时完成，又要防止在匆忙中发生疏忽和差错。失效分析是人们进一步认识未知客观世界的一项科研活动，试验人员切不可在思想上存在先入为主的观念，忽视对试验过程中出现新现象的观察。实践证明，失效分析往往含有新发现和技术突破。

**（4）综合评定分析结果**

失效分析人员要经过充分的讨论，对现场发现、背景材料及各项试验结果作综合分析，确定失效的过程和原因，作出分析结论。在大多数情况下，失效原因可能有多种，应分清主要原因和次要原因。综合分析讨论会要有详细的发言记录和代表共同意见的会议纪要，由与会人员签名，存入失效案例档案。

**（5）研究补救措施和预防措施**

失效分析的目的不仅限于弄清失效原因，更重要的还在于提出有效的补救措施和预防措施。利用失效分析数据库，查阅同类和相似失效案例分析积累的丰富经验和成果，有利于这类措施的有效性。补救措施和预防措施可能涉及设备的设计结构、制造技术、材料技术、运行技术、修补技术，以及质量管理的改进，甚至涉及技术规范、标准和法规的修订建议等。

**（6）起草失效分析报告**

失效分析报告是整个失效分析的总结。分析报告行文要简练，条目要分明，试验分析科学合理。力求通俗易懂，让有关领导和生产、销售人员能看明白；专业技术性强的分析与计算可列于附件中，供专业技术人员阅读。一份完整的分析报告一般应包括下列项目：

　　① 题目；

　　② 任务来源：包括任务下达者或委托者、下达日期、内容简述、分析；

　　③ 失效件的描述，失效件的制造和加工史；失效前的服役史；失效时的服役条件；失效件材料冶金质量的评价；

　　④ 各项试验过程及结果；

　　⑤ 失效过程及失效机理；

　　⑥ 分析结论——失效原因；

　　⑦ 补救措施和预防措施或建议；

　　⑧ 附件（原始记录、计算公式及有关数据、图等）；

　　⑨ 失效分析人员签名及日期。

**（7）评审失效分析报告**

失效分析报告评审委员会，一般由失效分析工作人员、失效设备的制造厂商代表、用户代表、管理部门代表、司法部门代表和聘请的其他专家组成。各方面代表应本着尊重科学、尊重事实和法律的态度履行其评审职责。失效分析人员的客观公正立场应受到维护和尊重。

失效分析报告通过评审后，按评审决议修改后成为报告的正式文本。

**（8）反馈系统**

反馈系统是失效分析成果的管理系统，目的在于充分利用失效分析所获得的宝贵技术信息、推动技术革新、促进科学进步和提高产品质量。

失效分析的反馈系统可采取多种组织形式。例如可与企业的技术开发和情报部门结合，可与国家的质量管理部门、可靠性研究中心、失效分析数据库及数据交换网相结合，实现资源共享，使失效分析的成果服务于各个经济部门、生产部门、科研部门、教育部门、司法部门及新闻部门，把失效造成的损失化为巨大的效益。

# 第 9 章　材料经济学

○○ —————┤ ○○ ○ ○○ —————┤ ○ ○ ○○ ○

**汽车发动机的构造及部分剖面结构**

该类大型部件由上百种零部件组装而成，涉及几十种不同的材料，制造工艺千差万别。在选材和工艺制定过程中，首先要满足服役条件，而后则要考虑成本、环境负荷等因素。发动机轻量化可以带来燃油效率的提高，因此，发动机中的很多零部件都采取了铝等轻质金属材料

导读

当今时代，材料科学与工程学科飞速发展，材料相关工业突飞猛进。材料的成本降低、与环境友好等已经成为发展大趋势。从材料的类型来看，生态材料、再生材料等不断被开发出来，而低能耗、可循环利用、清洁能源驱动、增材制造等绿色材料制造技术逐渐成为主流，从而使得材料工业真正实现绿色制造和循环利用。同时，关于材料全寿命周期的经济分析方法已经得到了普遍的应用，并结合材料发展的情况而及时得到更新和发展。

# 9.1 概念

以材料为研究对象的材料科学与工程，在现代高新技术革命中发挥了重要的作用。材料广义的定义：材料是人类社会所能接受的、经济地制造有用物品的物质。因此，可以有材料的五个现代判据：能源、资源、环境、经济和质量，如图9.1所示。

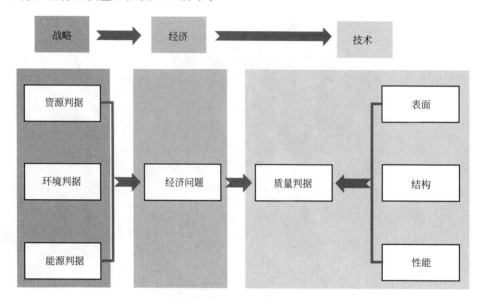

**图9.1　材料的现代判据**

材料的生产、使用和研究，一般都根据质量和经济这两个判据。因为材料工程是整个大工程的一个领域，目的在于经济地又为社会所能接受地控制材料的结构、性能和形状。习惯上又把能源、资源、环境三个战略性的判据也纳入经济判据。

**（1）宏观材料学**

肖纪美院士最早提出了宏观材料学和微观材料学的概念。

微观材料学着眼于材料（单个的或集体的）在外界自然环境作用下所表现出来的各种行为，以及这些行为与材料内部结构之间的关系和改变这些结构的工艺。因此，微观材料学的主要内容是材料的性能、结构和工艺，结构是关键。

宏观材料学着眼于从整体上分析材料的问题，即将材料整体作为研究对象，作为一个系统，考察材料与社会环境之间的相互作用及关系，分析在环境的影响下材料内部宏观组元的自组织问题。所以，宏观材料学是讨论材料与社会、环境的关系。主要内容是以经济为线索，贯穿材料宏观现象的研究。

**（2）循环型材料产业**

传统的发展观认为发展就是获得尽量多的物质财富，对自然的改造都是合理的、不受限制的，因此传统的经济发展模式使世界资源短缺和环境污染，而环境问题又与能源、资源的应用有着密切的关系。据估计，70%以上的环境问题是与能源、资源的利用直接相关的。1987年，世界环境与发展委员会在《我们共同的未来》报告中第一次提出了可持续发展的概念，以实现人类与自然的和谐、协调。

2004 年在北京召开了"国际新材料与加工、应用博览会暨研讨会"，会议主题是"循环型社会的材料产业——材料产业的可持续发展"。这不仅是最新成果的展示，更多的是人们观念与思想的洗礼。要实施可持续发展的基本战略，必须考虑人类的生态环境。就材料而言，在材料的设计、生产、使用、回收等各个阶段都要考虑材料对生态环境的影响。中国工程院左铁镛院士做了"构筑循环型材料产业，促进循环经济发展"的报告。在报告中强调了我国建立循环型社会的必要性和紧迫性，指出了我国循环型材料领域的发展重点。循环经济的三个基本原则：减量（reduce）、再利用（reuse）、再循环（recycle），即"3R"原则。减量是减少进入生产和消费过程的物质量，从源头节约资源和减少污染物的排放；再利用是提高产品和服务的利用效率，如产品和包装容器以初始形式多次使用；再循环要求物品完成使用功能后能够重新变成再生资源。

无废物的生产对资源和环境的保护具有重大的意义。最典型的是微生物冶金，已经在许多国家进行了工业性生产。如美国利用微生物冶金方法生产的铜占总产量的 10％，日本用人工培植海鞘的方法来提取钒。

全世界都非常重视资源和环境问题。例如，德国政府规定，各种材料均应实行最大限度地回收利用。根据科学发展观，我国正在探索循环经济这条可持续发展的道路。我国的材料产业应适应时代的需要，把生态环境意识贯穿于产品和生产工艺的设计之中，提高材料的利用率、降低生产和使用过程中环境的负担，并且要研究其评价体系和使用方法。用全生命周期思想考虑材料设计与生产是必然趋势。代替含稀缺合金元素的新型合金材料和不含毒害元素的材料，以及废弃物无害资源化转化技术等，是当前充分利用再生资源需解决的科技问题，发展形成资源—材料—环境良性循环的产业。合金发展的主流方向是少合金化与通用合金，形成绿色/生态材料体系，有利于材料的回收与再生利用。要研究开发与人民生活、工作密切相关的绿色材料，以及环境友好材料。

### （3）材料经济学

材料经济学是一门材料科学与经济学的交叉学科领域。其主要的内容是对材料的生产、应用、交换、分配、研究、发展和规划等活动进行经济效益和社会效益或潜在应用前景的分析和评价。根据肖纪美院士的意见，也可分为宏观和微观两部分。

宏观材料经济学包括：材料的大循环、材料工业的布局、材料工业的技术政策、材料工业的发展规划、材料生产结构和消费结构的经济评价等。

微观材料经济学是应用价值价格理论和厂商理论来分析单个经济的经济活动，涉及的内容有：经济合理地利用资源、能源、设备、工具等；工艺流程和材料产品的成本分析；原材料供应和产品销售的经济评价；材料研究和发展的经济评价；材料选用的系统分析；产品标准化、系列化和通用化等标准或政策的制定。

# 9.2  材料的循环

发展循环经济，要加大加快传统产业的技术提升，积极采用新材料、新技术、新工艺，以减少能源消耗和工业废弃物的排放。材料产业的可持续发展是现代循环经济的重要支撑。材料循环的主要形式有：发展生态材料、废物回收及再生材料、绿色材料技术等。

## 9.2.1  生态材料

生态材料学是研究材料与人类生态环境之间关系的科学，生态材料是人类主动考虑材料对生态环境影响而开发的与生态环境相适应的材料。所开发的材料在生态方面应使环境负荷最小，再生利用可循环性最大。

目前，世界上每年主要以石油为原料生产大量的高分子聚合物，同时产生了大约 8000 万吨的塑料废弃物，如塑料餐具、塑料包装、农用地膜、汽车配件等。曾经被称为"白色革命"的塑料，现在已成为"白色污染"的罪魁祸首。20 世纪 90 年代国际材料界提出了生态材料（ecomaterials）的概念。生态材料并非仅指新开发的材料，任何一种材料只要经过改造达到节能、环保的要求，都可认为是生态材料。目前主要是生物质材料。循环经济的核心是减量化、再利用、再循环，生物质材料（biomass materials）的开发与应用充分体现了发展循环经济、实现可持续发展的科学理念。这里以生物质聚合物和塑木复合材料等为例来说明发展生态材料的思路和在循环经济中的重大意义。

2003 年第一届生物质聚合物国际研讨会上对生物质聚合物进行了明确的定义：生物质聚合物是由可再生资源（如淀粉、秸秆等）、二氧化碳等为原料生产的聚合物。石油基塑料和生物质材料的碳循环过程如图 9.2 所示。生物质材料主要有四大类：淀粉与可生物降解塑料混炼、二氧化碳共聚物、生物合成可生物降解塑料和生物合成前体再化学聚合生成可生物降解塑料。生物质聚合物中最典型的有聚乳酸，这是以发酵糖原料生物合成前体再化学聚合生成可生物降解的塑料。聚乳酸具有优异的力学性能，显著的环境效益和社会效益，被广泛应用。由于聚乳酸在人体内可降解，对人体无毒无害，因此也成了生物相容性医用材料的热点。所以聚乳酸被认为是新世纪最有发展前途的生物质新材料。

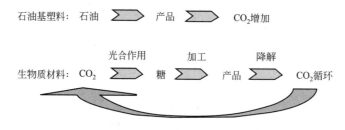

**图 9.2  石油基塑料和生物质材料的碳循环过程**

用农业废料生产生物降解塑料成功的例子非常多，如将马铃薯废弃物制成各种生物降解塑料制品。其中塑料保鲜袋产品，目前在美国约有 50 家公司生产，主要用于对存放周期有严格要求的商品，如药品、食品等。一旦过了使用限期，包装物就会自行分解和散架，使此类商品不能在市场流通。如在材料中加入某些染料，当失效日期临近时，包装物的颜色会出现异常变化，以提醒消费者。其成本仅为普通塑料保鲜袋的 1/3，而且强度更好。薄膜分解后进入土壤可作为肥料，产品十分畅销。用玉米制成光盘已成为事实，既没有污染环境的后患，性能又优越。用玉米植物的废弃物也可制成环保饮料瓶。最近，美国一家矿泉水公司宣布，他们将全部采用玉米材料制成的饮料瓶，这种饮料瓶在空瓶后的 70 多天后就能百分之百降解。

塑木复合材料（wood-plastic composites，WPC）是利用自然作物废弃物的天然纤维填充、增强 PVC 等热塑性塑料或回收塑料的新型改性材料。自然作物废弃物很广，如木材的下脚料、刨花、木粉，花生、稻米等谷物加工后剩余的糠皮，芦苇、向日葵等农作物的茎、秆等都可用于 WPC 的生产原料。WPC 产品的应用领域主要有：建筑结构材料，汽车装饰材料，室内装潢材料，其他物流、交通等行业的隔板、活动架、储存箱等。塑木复合材料为人们同时处理农林业废弃物和工业废弃塑料提供了一条新的思路。全球 WPC 市场需求量不断地升高，年增长速度超过了 15％。图 9.3 是北美和欧洲1997—2004 年的 WPC 需求量。

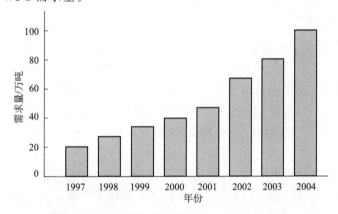

图 9.3　北美和欧洲 1997—2004 年的 WPC 需求量

生物质液体燃料技术研究取得了进展。我国建立了国内外最大的、年产200 吨的生物柴油中试生产装置。对于植物油及废油等原料生产生物柴油转化率均可达到 95％以上，技术水平达到国际先进水平，产品达到 0 号柴油标准。该工艺制造生物柴油的生产成本远远低于化学法。利用废油脂生产生物柴油的成本约为 2700 元/吨。该技术对我国新型柴油能源开发有重要意义。

当然，在开发和生产生态材料的同时，也要不断地改进工艺，以消除或减轻在生产过程中产生的废气、废水、废渣等对环境的污染。

## 9.2.2　再生材料

材料的再生利用其实并不陌生，多少年以来，人们都知道金属材料（如钢、铁、铜、铝等）是可以在废品收购站回收的，这些金属材料废品再回到生产厂家进入新一轮材料的生产。当然，这时候人们对这种资源再利用的意义认识还不足。现在，对矿物、化石原料等非再生资源的循环利用已经有了很好的认识，再生材料又往往与材料的循环利用直接联系在一起。进行资源循环利用的再生产材料产业是我国循环经济体系建设的关键领域和主要突破口。图9.4是北京市循环经济发展模式下的制造业产业链。

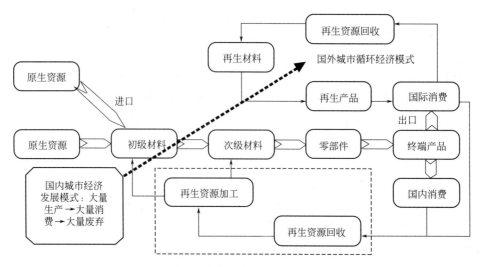

**图9.4 循环经济发展模式下的制造业产业链**

我国在第四届再生金属国际论坛会上提出，我国矿山资源短缺日益严重，而有色金属的需求量有增无减，所以今后要大力发展再生金属业。在国外，废旧金属资源被称为"城市矿山"，应该可以百分之百地回收再利用。再生金属业不仅可有效地缓解资源短缺，还可以极大地降低能耗、减少环境污染。在材料的回收再生循环利用方面，我国与国外发达国家差距是较大的。在美国，2000年生产了1010亿个铝制饮料罐，其中62%得到回收。现在美国从回收一个旧饮料罐到以新的罐体再回到超市里，只需90天时间。这种资源利用和节能效益是非常惊人的。

金属材料虽然从回收到再利用率相对比较高，但是工作的潜力还是很大的。这里举一个高速钢屑的闭环再生利用的例子。在工具钢企业一般可产生约40%的高速钢屑。新开发的钢屑再生利用技术主要包括：对钢屑进行除油及碎化处理，用感应炉返回冶炼，在工具厂内部实行闭环再生利用。与传统的钢屑处理相比，达到了最佳的利用效果，即可以直接将废钢屑恢复为原牌号钢种或炼制新牌号的钢，性能指标达到原来的水平。采用闭环再生利用的技术，改变了废钢屑的运动路径，缩短了循环周期。图9.5所示为利用废钢屑不同的物流形式。显然，采用闭环再生利用的方法，不但再生材料的性能达到最好，

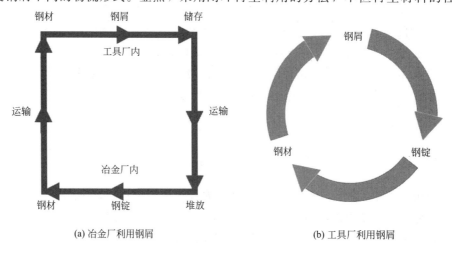

(a) 冶金厂利用钢屑          (b) 工具厂利用钢屑

**图9.5 不同再生利用方法时的物流形式**

而且废钢屑的回收率高、节能效果好、经济效益明显。

再生材料范围也很广，不仅仅是金属材料，还涉及其他各大类材料。如废纸再生。和国外相比，我国的废纸回收率还比较低，而且产业化水平也比较低。一旦扶持政策、行业标准、技术等问题得到解决，国内废纸再生利用产业必将成为一个新兴的投资热点。又如废塑料再生细分产业，目前的废塑料回收再生产的产品档次低，需要研究更为可行的再生技术。另外，电池产品对环境的危害很大，主要是酸、碱等电解质溶液和重金属污染。发达国家都十分重视废旧家电及电池的回收利用技术。我国的废旧电池回收量很少，仅为使用量的 1.7％。废旧电池的再生材料很多，但再生利用技术比较落后。我国干电池的产量居世界首位，而且绝大部分在国内销售。所以废旧电池的回收再生产业前景非常广阔，对节约资源、保护环境起着重要的作用。

我国二次资源的利用率很低，材料的废品回收总量远低于国外水平。尽管每年都在增加，但与国外同类水平相比还差距甚远。以金属铅为例，再生金属铅的比例仅是国外的 50％，二次资源回收利用的技术也相差很大，如表 9.1 所示。

表 9.1　我国再生铅回收情况与国外的比较

| 项目名称 | 国内 | 国外 |
| --- | --- | --- |
| 金属回收率/% | 85～88 | 95 |
| 标准煤消耗/(kg/t 铅) | 500～600 | 350 |
| 综合回收利用情况 | 合金中锑元素没有得到充分利用,部分进入废渣,锑回收率仅为60% | 综合回收率高,锑回收率在90%以上,同时回收了塑料及废酸 |
| 生产集中度 | 生产能力在1000吨以上的极少,大部分为1000吨以下 | 生产规模至少在2万吨以上,有的甚至达到几十万吨 |
| 环境保护 | 熔炼过程中产生大量的$SO_2$气体及铅蒸气,废气中铅含量超过国家标准,烟尘浓度和铅尘浓度分别达 360mg/m³ 和 34mg/m³,整个过程产生的污染远远高于国家规定的排放标准 | 生产过程中不产生飞尘,熔炼前进行脱硫处理,彻底根除$SO_2$气体产生;熔炼炉密封性好,冶炼温度低,使烟尘大为减少,基本上不产生铅蒸气,整个生产过程基本上无污染,烟尘浓度和铅尘浓度只有 24mg/m³ 和 0.025mg/m³ |

### 9.2.3　绿色材料技术

绿色材料技术从广义上来说，包括的内容较多：积极开发新材料、新能源，如环境材料、能源材料等；材料的回收与再利用，是可持续发展材料循环产业的关键；改造传统工艺和生产流程，开发绿色材料加工技术，实现节能与环保的目的；将环境、能源因素真正体现到材料设计、加工和使用过程中。在这里，主要强调要重视传统工艺和生产流程的改造，以及材料生产过程中的节能与环保。

随着国际上能源、资源和环境问题的日益突出，许多国家将高能耗、有污染的产品或加工贸易转移到其他国家或地区。从 2005 年开始，我国逐步出台了政策限制和停止高能耗加工贸易，并分别停止或下调了钢铁初级产品、稀土金属、稀土氧化物、煤炭、有色金属及其制品的出口退税。

　　发展绿色材料技术，最重要的措施之一是积极开发和采用新工艺、新技术，特别是在传统材料产品产业，潜力很大。一般来说，不同的材料种类有不同的工艺技术特点。近几年来发展成熟并已规模应用的材料制备工艺技术很多，正在开发且有很好应用前景的工艺技术更是层出不穷。例如，粉末注射成型（power injection molding，PIM）是制备三维复杂形状的近终成型技术，是制造各种金属和陶瓷高性能零件的高效、节能、节材、环境友好、低成本、大批量生产的工艺，最近 20 年来发展十分迅速。PIM 制备的产品密度高而组织均匀，性能高而各向同性。目前，PIM 生产的产品按材料所占百分比大致分为：普通钢和铁 21％、不锈钢 21％、工具钢 3％、难熔金属 3％、硬质合金 10％、氧化铝和氧化硅 22％、其他材料 20％。其产品已广泛用于钟表、医疗器械、通用机械、五金工具、电子通信、仪器仪表、纺织机械等众多领域。再如，20 世纪 90 年代进入工业化规模生产的喷射成型（sprag forming，SF）先进技术。喷射成型是通过快速凝固方法制备大块致密金属材料的粉末冶金技术，其基本过程如图 9.6 所示。喷射成型可得到盘、管、环、带、柱、板等不同形状的近终形坯件。如采用不同材料雾化射流可制备复合材料。喷射成型特点是可大幅度地节约能源、降低环境负荷，而且所制备的材料综合性能好，其工艺几乎适用于所有的金属材料，这是一项极有发展前途的环境协调技术。

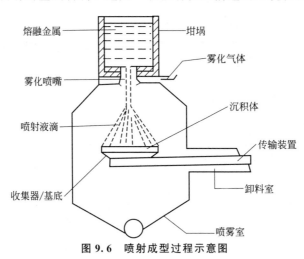

图 9.6　喷射成型过程示意图

　　材料生产过程的物耗、能耗和污染排放贯穿整个工艺过程。所以工艺过程的选择与科技装备水平直接影响了材料生产的能源、资源和环境的问题。在钢铁工业中，短流程工艺是提高能效的有效途径。目前代表钢铁生产水平的连铸连轧工艺，节能效果显著。正在深入开发的薄带连铸工艺技术将进一步节约能源、减少污染、降低成本，图 9.7 说明了双辊薄带连铸的流程。目前，世界上已建成了 20 多台半工

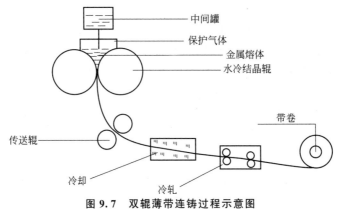

图 9.7　双辊薄带连铸过程示意图

业化生产的双辊薄带连铸机组，日本新日铁称已建成了世界上第一台工业生产机组。我们应积极地寻求其他材料品种和生产工艺的短流程工艺，以促进材料工业的节能化。努力进行技术改造，促进材料生产流程中的清洁生产，以实现环境友好。

发展绿色材料科学技术，并且特别要重视发展绿色化学/化工。我国的化工材料虽然有了很大发展，但与国际先进水平相比还有明显的差距。主要的问题有：技术水平不高，自主知识产权的产品少，生产装置规模小，企业集中度低，产品结构不合理等。最突出的问题是技术水平低下的项目或产品低水平重复，特别是那些能耗高、产品质量差而又污染严重的小化工企业星罗棋布。化学/化工企业所产生的环境污染是我国生态环境保护的一大难题，也是我国经济可持续发展和人类健康生存的一大问题。

# 9.3 材料的选用与竞争

## 9.3.1 材料选用的基本原则

### (1) 材料的使用性能要求

材料的使用性能是选择零件材料时最直接考虑的主要依据。正确分析判断零件的实际使用性能要求很重要，这应该是在对零件的服役条件和失效分析的基础上提出来的。零件的服役条件主要考虑的是载荷的大小、类型和温度、介质等工况环境以及其他一些特殊情况。

失效分析为正确选择材料提供了重要的依据。例如，失效分析表明零件是因为工件过量变形而损坏的，因此应该选用较高强度的材料。在满足工件性能要求的前提下，应最大限度地发挥材料的潜力，做到"物尽其用"。

当然，不同材料可经过不同的热处理工艺而得到相似的性能。而且，同一材料经不同处理工艺也可得到相似的性能。也就是说，对某个零件，可用不同的材料制造，即使同样的材料也可有不同的工艺处理方法。在选材问题上，如何突破传统观点的束缚，结合零件结构设计和强化工艺的创新来提高零件的性能、降低成本和延长使用寿命，这是制造工业中的重要问题之一。

### (2) 材料的工艺性能

任何零件都是由一定的工艺过程制造出来的。因此，材料的加工难易程度，即工艺性能也是零件选材时必须考虑的问题。例如金属材料的加工工艺性能主要有铸造性、压力加工性、冷变形性、机械加工性、焊接性和热处理工艺性等。在大量生产时，工艺周期的长短，加工费用的高低，机械加工成产品的可能性，常常是生产的关键。在加工过程中，切削性和热处理工艺性是主要的。材料的工艺性好坏在单件或小批量生产条件下并不显得十分突出，而在大批量生产的条件下常成为选择材料时决定性的因素。如汽车上的一些齿轮，在大量流水式生产条件下，为保证产品质量，必须选用保证淬透性的结构钢。

**（3）经济性**

零件制造的经济性涉及材料的价格、加工成本、国家资源情况、生产设备的可能性等因素。是价值工程在材料问题上的应用，也是多目标的决策问题。零件的总成本与零件寿命、重量、加工费用、研究费用和材料价格等因素有关。在一般情况下，材料的价格是重要的。

我们以模具为例来讨论材料选择的经济性问题。模具材料的选择，当然首先要满足使用性能和工艺性能的要求，在这个前提下，材料的选择还有很大的空间。因为能满足要求的材料有多种，这时就要考虑经济性的原则。选择材料的经济性原则不能狭义地认为选择最低价格的材料，应该从广义经济性或综合经济性来分析。涉及的因素很多，如材料价格、运输、保管、使用寿命、制造成本降低、生产效率提高等。在市场经济条件下，模具材料的价格是随市场供求关系的变化而波动的。所以，价格比参数和市场性参数也只是在某一地区、某一时段内有效。根据统计，模具的材料费用，大约占模具总成本的10％～15％，而加工费用占80％以上。要强调的是，材料对加工费用的影响是很大的，因为加工的难易程度在很大程度上取决于材料本身的工艺性能。选材不当，加工性差，或加工周期长，则成本明显提高。利用各类标准和依靠标准化来选材，是行之有效和可靠的方法。模具的选材也不例外，利用标准和实现标准化，可以获得最佳的经济效益和社会效益。在选材时可参照标准推荐的材料，结合自身的条件和经济性要求，从中选择合适的、最经济的、符合自己生产条件的模具材料。当然，要注意利用最新的标准。

**（4）环境协调性**

在选择材料的基本原则方面还应增加材料的环境协调性。应避免选用在加工或使用过程中有严重污染、直接有害的材料或工艺；应尽可能考虑节约资源，有利于材料的再生循环使用；在满足性能要求大致相同的情况下，尽可能使用环境负荷小的材料与工艺。图9.8为考虑材料再生循环的设计流程。

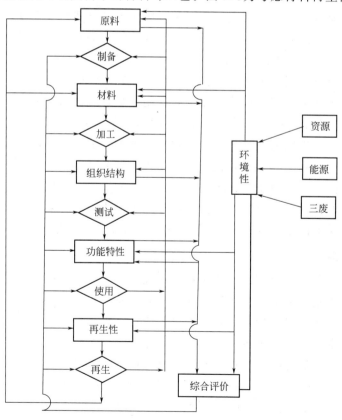

**图 9.8　材料的再生循环设计流程**

**（5）其他因素**

除了材料的性能、加工工艺等因素外，选用零件材料毛坯还需要考虑零件的外形和尺寸特点。例如，轴、齿轮等零件，表面是由圆柱和平面构成，外形比较简单，易用机械加工方法制造，所以常用锻造毛坯；像拨叉、箱体等零件形状比较复杂，不易或不能用机械加工方法制造，常用铸造毛坯。大尺寸零件往往无法用锻造或铸造方法制成整个零件时，可采用以小拼大的方法，先制成若干部分铸件或锻件，然后再焊接或连接而成。

同一零件如果生产批量不同，采用毛坯的类型也不同。一般来说，为缩短生产周期、降低制造工艺成本，单件小批量生产多采用形状和制造工艺比较简单的毛坯。但在大批量生产时，为获得稳定的产品质量、降低成本和提高生产率，应力求选用外形和尺寸与零件相近的毛坯。还要考虑实现先进生产工艺和现代生产组织的可能性。

另外，还应适应科学技术的进步和社会与市场的发展来选择材料，这往往是带有战略性的选材问题。新材料的科技成果、市场的发展趋势和社会的需求信息在产品选择材料时都是值得考虑的因素。

生产材料的目的是为了应用。肖纪美院士曾经指出：从宏观材料学角度考虑，材料生产者的任务是在自然和社会条件约束下，既要满足材料消费者的要求，也要激发材料消费者的新需求。

## 9.3.2 各类材料的竞争

### （1）材料的生命周期

事物的生命曲线或增长曲线主要有珀尔（Pearl）曲线和龚珀兹（Gompartz）曲线两种。珀尔曲线的数学表达式是新产品销售量的典型曲线：

$$N = \frac{L}{1 + b\mathrm{e}^{-kt}} \tag{9.1}$$

式中，$N$ 为销售量；$L$ 是 $t \to \infty$ 时的值；$b$ 和 $k$ 是待定常数。具有如下数学特征：①当 $t \to -\infty$ 时，$N = 0$；②当 $t \to \infty$ 时，$N = L$；③曲线的拐点（$\mathrm{d}^2 N / \mathrm{d}t^2$）位于 $t = \ln b / k$ 所对应的 $N = L/2$；④曲线的拐点将曲线分成对称的两部分。其变化规律如图9.9所示。

龚珀兹曲线的数学表达式为：

$$N = L\mathrm{e}^{-b \cdot \exp(-kt)} \tag{9.2}$$

龚珀兹曲线是不对称的（图9.10）。数学特点为：①当 $t \to -\infty$ 时，$N = 0$；②当 $t \to \infty$ 时，$N = L$；③曲线的拐点位置为：$t = \ln b / k$，$N = L/\mathrm{e}$。

材料和事物的生命周期有同样的变化规律，也有孕育期、发展期、成熟期和衰退期，其变化见图9.11。材料的衰退是由于竞争和不满足新的使用要求或社会环境等因素引起的。

### （2）材料的竞争

一种材料是否为社会所需要，主要有五个判据：资源、能源、环境、经济

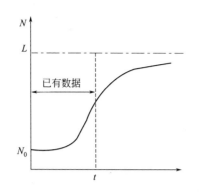

图 9.9 新产品销售量曲线

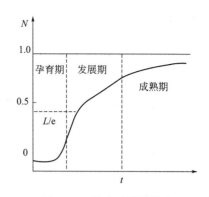

图 9.10 龚珀兹增长曲线

和质量（图 9.1）。当资源、能源、环境这三个限制条件符合时，社会总是选择性价比好的材料，即物美价廉的材料。现代的社会对人类生存所依赖的环境、能源和资源提出了更高的要求，很多情况下是使用和发展材料的主要因素。最明显的是许多严重污染环境、危害人类健康的材料和产品已逐渐被世界各国以法律的形式所取缔。

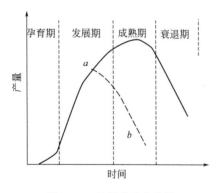

图 9.11 材料的生命曲线

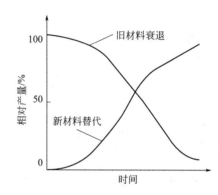

图 9.12 材料的替代及衰退曲线

材料之间的替代曲线类似于生长曲线（图 9.12），由于使用者的惯性，初始阶段是缓慢的，后来才快速地替换，与此相应的是旧材料的衰退规律。例如粉末锻造新材料或新工艺，从 20 世纪 60 年代开始研究开发，历经了 30 多年的不断完善和实践，才达到了当今的水平。1998 年粉末锻造连杆的市场占有率为 0，之后每年不断提高，一直到 2003 年，在北美才占有了 60% 的份额。

材料的竞争历来有之，只是在现代社会经济中表现得更为突出、更为激烈。材料的竞争有多种形式：各大材料类之间的竞争，材料种类之间的竞争，传统材料的改革，新材料、新工艺的开发等。

① 各大材料类之间的竞争　材料有金属材料、无机非金属材料、高分子材料和复合材料四大类。在产品或零件的使用上，各大类材料的竞争是非常激烈的。为了使产品的性能更佳或更能满足社会（能源、环境、资源等）的需求，许多零部件都采用了其他材料代替原来的金属材料来制造。各材料之间的竞争在汽车、航空领域中表现得最典型、最为淋漓尽致。

汽车工业的发展，产生了油耗、安全和环保三大问题。解决或减轻这三大问题极为有效的办法是采用高强度轻量化材料和相关的应用技术。大量研究表明，汽车质量下降 10%，油耗降低 8%，排放下降 4%。经过不断地改进，各类车辆的自身质量逐年在减少，这与轻量化材料用量不断增加有直接的关系。在整个过程中都表现出各大类材料之间的竞争、各材料种类之间的竞争。汽车材料的构成发生了明显的变化，轻质金属、塑料、陶瓷及各种复合材料越来越广泛地用在汽车各零部件上。

一是普通钢板、管棒材用量明显减少，高强度钢和先进高强度钢的用量增加了，这是汽车结构性能和安全性能的保证。如美国，1976 年高强度钢用量为 6%，1988 年为 18%，目前已达到 45%。尽管有来自其他材料的竞争，钢仍将是汽车工业中最主要的材料。而且钢是回收率最高的材料，这对报废汽车的回收再利用很有意义。

二是铝合金用量增加很快，它是汽车轻量化的重要材料。铝合金在车身结构、空间框架、外覆盖件和车轮等有大量的应用。现在铝合金复合材料的应用也在不断地扩大，颗粒增强铝基复合材料应用于发动机与刹车系统零部件，如缸套、活塞、刹车盘、轮毂等。

三是塑料及纤维复合材料的应用也日益增加，它是汽车轻量化的有效材料。汽车上应用塑料的零部件已达数百个。这里可以举一些典型的例子来说明新型高分子材料在汽车动力系统中的应用。美国最近成功开发了用于制造汽车发动机活塞、缸体及阀件的新型复合材料，以开孔的铝海绵为骨架，将液晶聚酯或聚酰亚胺注塑在铝海绵中，形成了树脂/金属复合体，质量减轻了40%～50%；研制出了聚苯硫醚/钢复合材料凸轮轴；美国通用公司采用玻璃纤维增强的不饱和聚酯代替铸铝等材料制造发动机罩子；用玻璃纤维增强尼龙 66 制造燃料油管。而尼龙材料是制造塑料进气歧管的首选材料，欧洲和北美生产的汽车已全部使用尼龙进气歧管；带尼龙端盖的铝散热器已经代替了几乎所有的铜散热器；最近杜邦公司开发了改性尼龙制造的全塑料散热器，以期代替铜或铝制的散热器。

四是镁合金用量在逐年增加，而锌铸件不断地在减少。镁合金压铸件主要制造仪表盘、变速箱壳体、汽缸盖等。实现汽车轻量化是利用多种材料和相关技术的集成结果。

20 世纪 90 年代国际上最先进的战斗机以美国的 F22 为代表，最先进的民用飞机是以波音 B777 为代表。飞机性能的不断提高，在很大程度上取决于材料的发展，或者说三分之二靠材料。以 B777 为例，树脂基复合材料占整机结构重量的 11%，钛合金的用量占整机结构重量的 7%，铝合金占了 70%。表9.2 列出了国外军用飞机机体结构用材料的演变情况。

表 9.2　国外军用飞机机体结构材料的用量变化

单位：结构质量分数/%

| 飞机型号 | 设计年代 | 钛合金 | 复合材料 | 铝合金 | 结构钢 |
|---|---|---|---|---|---|
| F14 | 1969 | 24 | 1 | 39 | 17 |
| 幻影 2000 | 1969 | 23 | 12 | — | — |
| 苏-27 | 1969 | 18 | 1 | 60 | 8 |
| F15 | 1972 | 27 | 2 | 36 | 6 |
| F18 | 1978 | 13 | 12 | 49 | 17 |
| AV8B | 1982 | 9 | 26 | 44 | 8 |
| F117 | 1983 | 25 | 10 | 20 | 5 |
| B2 | 1988 | 26 | 50 | 19 | 6 |
| A12 | 1989 | 20 | — | 20 | 15 |
| YF22 | 1989 | 24 | 23 | 35 | 5 |
| F22 | 1989 | 41 | 24 | 11 | 5 |

② 材料种类之间的竞争　金属材料大类中钢铁材料与非铁金属材料之间的竞争，高速钢类中各钢种之间的竞争，高分子有机材料的不断更新与替换，绿色有机材料的崛起，有色金属材料中的铜、铝、锌等之间也都有竞争与替代。

塑料成型模具材料的选择，除了要考虑使用性能和工艺性能外，还应考虑其他的因素：塑料的品种、生产批量、制品的形状和尺寸大小及表面质量、成型方法等。在同样符合各种条件外，也有许多材料可供选择，表9.3是按塑料制品品种选用模具材料，表9.4是按生产批量来选用材料。同样的模具，不同的企业可能选择不同的材料。

表9.3　按塑料制品品种选用模具材料

| 用途 | | 代表性塑料及制品 | | 性能要求 | 适用材料 |
|---|---|---|---|---|---|
| 通用型热塑性热固性塑料 | 普通塑料制品 | ABS 聚丙烯 | 电视壳、音响设备等、电扇扇叶、容器 | 高强度耐腐蚀 | SM55,40CrMo 3Cr2Mo 3Cr2Ni1Mo 5CrNiMnMoVS SM2Cr2Ni3MoAl1S 8Cr2MnWMoVS |
| | 表面有花纹 | ABS | 汽车仪表盘化妆品容器 | 高强度耐磨损蚀刻性 | PMS SM2Cr2Ni3MoAl1S (SM2) |
| | 透明体 | 有机玻璃 AS | 唱片机罩、仪表罩、汽车灯罩等 | 高强度耐腐蚀抛光性(镜面性) | 5CrNiMnMoVS 3Cr2Mo |
| 增强塑料(热塑性) | | POM PC | 工程塑料制件电动工具外壳汽车仪表盘 | 高耐磨性 | 8CrMn PMS,SM2 6Cr4W3Mo2VNb |
| 增强塑料(热固性) | | 酚醛环氧树脂 | 齿轮、零件等 | | 06NiCrMoVTiAl |
| 阻燃型塑料 | | ABS加阻燃剂 | 显像管罩等 | 耐蚀性 | PCR |
| 聚氯乙烯 | | PVC | 电话机、阀门管件、门把手等 | 高强度耐腐蚀 | 38CrMoAlA PCR |
| 光学透镜 | | 有机玻璃聚苯乙烯 | 照相机镜头放大镜 | 热光性耐蚀性 | PMS,8CrMn PCR |

表9.4　按生产批量来选用材料

| 生产批量/件 | 选用材料 |
|---|---|
| 20万以下 | SM45,SM55 |
| 20万~30万 | 2Cr2Mo,P20,5CrNiMnMoVSCa,8Cr2MnWMoVS |
| 30万~60万 | 3Cr2Mo,P20(ASTM),5CrNiMnMoVSCa,SM2Cr2Ni1Mo |
| 60万~80万 | 8Cr2MnWMoVS,SM2Cr2Ni1Mo |
| 80万~120万 | SM2CrNi3MoAl1S,1Ni3Mn2MoCuAl |
| 120万~150万 | 0Cr16Ni4Cu3Nb,6Cr4W3Mo2VNb,7Cr7Mo3V2Si |
| 150万以上 | 6Cr4W3Mo2VNb,06Ni6CrMoVTiAl,SM2CrNi3MoAl1S渗氮 |

③ 传统材料的改革　一般称已长期使用的材料为传统材料。由于人们对材料性能的要求在不断提高，或要求降低材料的成本，或希望改善材料的能源、环境等指标，所以传统材料也要不断地改进和发展以满足各类新要求。这是材料工作者一直在从事的主要工作内容之一。改进的措施主要有优化材料成

分、革新或创新制备工艺。从传统材料的改进角度考虑，国家的材料标准和有关工艺标准要按照实际情况不断地更新，特别是有害元素要严格地控制。在中国加入 WTO 后，国家制定的标准更应向国际化靠拢或采用和国际标准同步的标准要求。例如，我国在 2005 年规定将禁止生产和使用包括低档建筑涂料在内的 6 大类 10 种建材产品。改进材料制备工艺目的较多，有的可提高材料的性能，有的可提高生产效率，降低生产成本，更重要的是有些工艺改进后可大为改善能源、环境和资源等指标，朝着绿色加工技术的方向发展。

2005 年在美国底特律举办的美国汽车工程师学会 100 周年世界大会上，关于粉末锻造与 C-70 钢锻造连杆谁更优发生了激烈的论战，引起了大家关于汽车连杆选材和新技术如何发展的深思。粉末锻造是由粉末冶金和锻造相结合形成的一种崭新的金属成形工艺或新材料技术。因为粉末锻造零件的力学性能好，形状与尺寸精度好，生产工艺可靠性高，价格可行，所以受到了广泛的肯定。其中，最重要的标志性产品是汽车发动机的连杆。粉末锻造既是新工艺，也可以是新材料。粉末锻造连杆与传统的钢锻造连杆相比具有很好的优势：使精切削加工工序显著减少，切削加工费用大为减少；相对密度已高达 99.6%，显微组织清洁、细小、均匀，动态力学性能等同或高于钢锻造；断裂剖分的可靠性高和大头内孔的变形量最小。目前，在北美市场已经占有 60% 以上的份额。

我国在 973 计划的研究基础上，500MPa 碳素钢先进工业化制造技术突破了钢铁材料强韧化等关键工程化技术。通过合金成分的优化设计和组织超细化工艺的有机结合，将 235MPa 碳-锰普通钢提高到 500MPa 碳-锰超级钢，并且实现了规模化生产，在许多汽车制造企业得到了应用。这是传统材料改进的典型范例。

④ 新材料、新工艺的开发　因为材料在整个社会经济发展过程中起着基础的作用，特别是高新技术的实现，相应的材料也必须跟上发展。世界各国都把材料的发展作为国力竞争的关键，所以各国都投入了大量的人力、物力和财力来开发新材料。新材料开发可以说是目前研究的重点，如能源材料、生态环境材料、电子信息材料、各种功能材料、生物医用材料、航空航天及军用材料等都是世界上研究开发的热点。即使是传统使用的材料，也进行了巨大的革命，不仅是在传统理论上有了很大的突破，而且在实际应用方面也取得了杰出的成就。开发的新材料许多是应用在高新技术上，也有很多是替代了传统材料。航空发动机是飞机的心脏，主要的性能指标为推重比（推力和重量比）。对材料来说，要求耐高温、高比强度和比刚度，力求减轻发动机重量。在发动机零部件使用材料上，材料的竞争和新材料的开发一直没有间断过，为人类的航空航天事业作出了贡献，图 9.13 是发动机中叶片材料的发展历程。

开发新材料，世界各国也都处于互相竞争的状态。必须根据社会的需求和目前存在的问题或了解研究重点，才能有的放矢地开展工作，以最大可能取得成功。这里以无机非金属材料为例，来说明开发新材料的关键问题。从 2000 年开始，美国实施为期 20 年的美国先进陶瓷发展计划，目的是将基础研

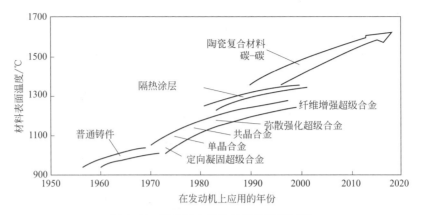

**图 9.13    发动机中叶片材料的发展历程**

究、应用开发和产品使用有机地结合起来，加快先进结构陶瓷材料的应用发展。期望短期内，能以其优越的高温性能、可靠性以及其他独特的性能，成为一种经济适用的首选材料。表 9.5、表 9.6、表 9.7 表明了该计划开发新材料中研究的重点和发展方向。

**表 9.5    先进陶瓷材料有能力解决工业中的关键问题**

| 工业制造领域 | 能源、航天及交通领域 | 军事领域 |
| --- | --- | --- |
| 延长设备使用寿命 | 延长设备使用寿命 | 扩展武器和侦查系统的性能 |
| 减少工业废料排放 | 减少工业废料排放 | 减少缺陷 |
| 减少维护成本 | 减少能耗及燃料使用 | 增加可靠性 |
| 减少生产能耗 | 减少成本 | 减少设备、系统的成本 |
| 有利于化学品和水的再循环 | 减轻质量 | |

**表 9.6    陶瓷材料面临的共同问题和研究重点**

| 各类先进陶瓷材料面临的共同问题 | 主要的研究重点 | 单片陶瓷材料面临的问题 | 主要的研究重点 |
| --- | --- | --- | --- |
| 材料设计和寿命预测方法和工具 | 完善的标准和数据库；材料设计和数据手册；应用需求相关的数据；模拟计算结果的验证；材料设计和制造的互动 | 改善材料的脆性 | 增加材料韧性；增加材料强度；更好的设计方法；低应力设计 |
| 改善材料结合强度 | 低应力结合技术 | 改善材料的稳定性 | 增加化学稳定性；功能梯度结构；提高接触抗力 |
| 修复 | 修补或修复技术 | 改善可靠性 | 改进工艺；减少材料可变性 |
| 实际条件下试验 | 实验室模拟测试；实际条件下的长期监测 | 降低制造成本 | 低成本原料；质量保证体系；批量生产；减少精加工 |

**表 9.7    陶瓷基复合材料和陶瓷涂层研发所面临的问题和研究重点**

| 陶瓷基复合材料面临的问题 | 主要的研究重点 | 陶瓷涂层面临的问题 | 主要的研究重点 |
| --- | --- | --- | --- |
| 降低原材料成本 | 降低纤维制造成本；低成本界面材料和沉积工艺 | 探索失效机理 | 基础研究；微观和宏观机理的研究 |
| 探索失效机理 | 复合材料新问题的基础研究；实用条件下材料相互作用的微观和宏观机理 | 增强涂层和基体的结合强度 | 改善涂层前基体表面处理工艺；改善过渡层性能；改善功能梯度 |

续表

| 陶瓷基复合材料<br>面临的问题 | 主要的研究重点 | 陶瓷涂层<br>面临的问题 | 主要的研究重点 |
|---|---|---|---|
| 降低制造成本 | 设计建造更大的烧结炉；<br>预制造流程的自动化；<br>低成本的材料加工；<br>近成型制造；<br>低成本在线及质量检测 | 提高涂层及材料<br>体系的性能 | 与铬相比，耐磨性超过其10倍，成本减少一半；<br>开发只需最少液体润滑的耐磨涂层；开发低<br>热传导率的温度隔离涂层 |
| 改善高温稳定性<br>（1200~1500℃） | 高温纤维、基体和涂层材料；<br>环境隔离涂层；<br>有效的冷却结构设计 | | |

### 9.3.3 材料竞争的国际化

世界上许多发达国家都意识到，高新技术是现代社会经济发展的核心，甚至也是国家安全的基本保障之一，而新材料发展的技术水平是高新技术的关键，在某种意义上新材料的竞争代表了一个国家实力的竞争。

日本把发展新材料作为技术立国的基础，把新材料发展与微电子技术放在同等重要地位，把新材料看作是走向未来的关键技术。美国则把新材料研究重点放在军事高技术领域，政府部门纷纷制定发展规划和研究课题。为了在军事工业中占优势，并保持领先地位，新型材料的研究与开发已进入白热化程度。欧洲部分发达国家也意识到新材料开发的重要性，在尤里卡计划中，包括了新材料，德、法等国都有政府部门制订的新材料开发计划等，耗资巨大。

许多国际性企业在新的竞争形势下，采取了新的战略变革。如菲利普公司在2006年之后采用新的投资战略，以实现公司的战略转型，确保其可持续发展的稳定性。在新的战略方针下，不仅要保持其核心技术与许多产品的世界领先地位，同时还将通过专利核心技术等措施实现其利益的最大化目标。图9.14为菲利普公司制定的技术与产品生命周期预测。

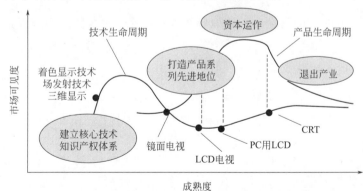

**图9.14 菲利普公司的技术与产品生命周期预测**

随着我国加入WTO，国内市场与国际市场日趋融合接轨，市场竞争也日益激烈。目前，我国材料工业的国际竞争力已经从高能耗、低品质逐渐上升为低能耗、高品质。如在钢铁材料方面，目前仅有少量超纯、特殊性能的钢铁产品需要进口；在建材产品与装备方面，如我国自主发明的浮法玻璃法已经成为世界第一供应国；在有色金属材料方面，从 1995 年起，我国已成为世界有色金属材料生产大国，产品质量不断提升。但是从可持续发展战略和国际竞争市场经济的观点来看，还存在许多的问题和差距。资源面临不可持续发展的严重问题，如高附加值、特殊性能的材料产品研发能力不足、创新成果少、高技术成果应用率低等。

目前，我国制造的产品因知识产权问题频频受阻，就是传统产业的技术更新升级也面临知识产权的竞争。国外公司一方面在传统行业的高端产品领域抢注专利，另一方面对我国一些在国内销售的产品提出侵权的调查和申诉。我国企业对专利问题认识不够，每年造成的经济损失达数百亿元。

由于我国高新技术产业在国际经济竞争中还处于弱势地位，所以总的来说，我国加入 WTO 后，对高新技术产业的影响基本上是负面的。但我国高新技术产业的发展一定要走国际化的道路，这也是材料产业可持续发展的必由之路。

# 9.4　材料的经济分析

材料的经济分析一般有材料商品和零部件选材的经济分析。材料作为商品很多，传统的各种型材或不同形式的金属材料、无机非金属材料及高分子有机材料等，都是作为商品在市场上向使用者销售。材料商品的经济分析符合一般商品的市场流通规则，遵循一般商品的价格经济效益规律，即收益递减律和商品价格规律。可以说，有形的产品都是由各种不同的材料制造的。零部件或产品选择材料的经济分析是指企业使用材料制造零部件或产品过程的经济分析，零部件材料的选择涉及因素较多，分析也比较复杂。

## 9.4.1　材料经济分析方法

### （1）收益递减律

劳动（$x$）、资本（$y$）、资源（$z$）、管理（$\alpha$）、技术（$\beta$）、信息（$\gamma$）等因素都是材料或产品生产的投入，产出量（$g$）应是众多投入因素的函数：

$$g = f(x, y, z, \alpha, \beta, \gamma, \cdots) \tag{9.3}$$

当其他因素不变时，某因素对产出量 $g$ 的贡献可以其偏导数表示，这一偏导数称为该因素（如 $x$）对 $g$ 的边际产出。因此，

$$g(x) = \int_0^x \frac{\partial f}{\partial x} \mathrm{d}x \tag{9.4}$$

函数 $g(x)$ 是其他投入量不变时产出量 $g$ 与 $x$ 的关系，叫作产出函数或收益函数。典型的投入-产出关系如图 9.15 所示，图中 $g$ 和 $x$ 都用货币来表示。当 $x$ 较小时，$\mathrm{d}^2 g / \mathrm{d}x^2 > 0$，即 $OA$ 段情况；当 $x > A$ 点后，$g$ 与 $x$ 呈线性比例关系，这时 $\mathrm{d}^2 g / \mathrm{d}x^2 = 0$；当 $x$ 达到一定程度后，$\mathrm{d}^2 g / \mathrm{d}x^2 < 0$，图中为 $BCD$，这就是经济学中有名的收益递减律。图中 $OAD$ 直线的斜率为 1。说明当 $x > A$ 点后，才有 $g > x$，可以获利 $g - x$。求获利最大时的投入量 $x$：

$$\frac{\mathrm{d}}{\mathrm{d}x}(g - x) = 0 \tag{9.5}$$

所以，$\mathrm{d}g / \mathrm{d}x = 1$，即曲线的切线斜率为 1 时的 $x$。如取平均每投入单位 $x$ 获利最大为判据，则：

$$\frac{\mathrm{d}}{\mathrm{d}x}\left(\frac{g - x}{x}\right) = 0, \quad \text{所以} \frac{\mathrm{d}g}{\mathrm{d}x} = \frac{g}{x} \tag{9.6}$$

显然，从图 9.15 中可知，切点 $B$ 满足这个条件，当然 $B$ 也是 $g/x$ 最大的点。由于收益递减律所决定的曲线具有下凹的特性，所以 $B$ 点必然在 $C$ 点的左侧。因此用投入的平均产出（$g/x$）及边际产出（$\mathrm{d}g/\mathrm{d}x$）作判据，两者所获最大利润所对应的 $x$ 值是不同的。

如果图中的纵坐标为产出的质量参数，横坐标为投入的费用，它们的关系也符合收益递减律。因此，对于技术指标我们也应该有一个正确的认识，并不是技术指标等参量越高越好，都有一个经济合理的限度。

**（2）商品价格**

商品价格是由买卖双方共同确定的。如图 9.16 所示，由买方的需求曲线（$DD$）和卖方的供给曲线（$SS$）的交点 $A$ 来确定价格。图中 $P$ 为商品价格，$Q$ 为商品量，$P_e$ 是成交的价格，$Q_e$ 为成交的商品量。

设消费者要消耗商品 $1$，$2$，$3$，$\cdots$，$n$，消费量分别为 $x_1$，$x_2$，$x_3$，$\cdots$，$x_n$，则效用 $u$ 是它们的函数，即：

$$u = f(x_1, x_2, x_3, \cdots, x_n) \tag{9.7}$$

类似于前面的投入与产出关系一样，可定义 $i$ 商品的边际效用为 $\partial u/\partial x$，获得 $i$ 商品的效用为：

$$u(x_i) = \int_0^{x_i} \frac{\partial f}{\partial x_i} \mathrm{d}x_i \tag{9.8}$$

同样，类似于收益递减律，也有效用递减。由于有多多益善的心理，$\mathrm{d}u/\mathrm{d}x_i \geqslant 0$；因为效用递减，所以 $\mathrm{d}^2 u/\mathrm{d}x_i^2 < 0$。当某商品的价格上涨时，对这种商品的需求量下降。图 9.16 中的 $DD$ 曲线也说明了这一点。

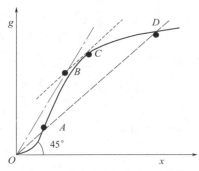

图 9.15　投入 $(x)$ 与产出 $(g)$ 曲线

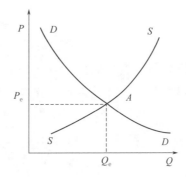

图 9.16　供需平衡决定价格

需求曲线也可用需求函数来表示，对于 $i$ 商品的需求量 $Q_i$ 取决于消费者的收入 $M$ 以及商品的价格 $P_1$，$P_2$，$P_3$，$\cdots$，$P_n$，即

$$Q_i = f_i(P_1, P_2, P_3, \cdots, P_n, M) \tag{9.9}$$

图 9.16 中的需求曲线 $DD$ 是其他量不变的情况下，$Q_i$ 与 $P_i$ 之间的关系。如果其他量变化了，那么 $DD$ 曲线也会上下移动变化。企业根据市场价格 $P$ 来调整产量 $Q$，而 $Q$ 是 $P$ 的函数。需求曲线和供给曲线是动态变化的，相互协调而又相互制约。我们知道，市场上各种商品材料的价格都是在动态变化的。商品紧缺时价格上涨，刺激生产限制消费；商品供大于求，价格下降，刺激消费，但限制了生产。

### （3）材料的成本效益分析

产品或零件的总成本包括固定成本和变动成本。固定成本是指不生产也要支出的费用，包括固定设备的投资利息、折旧、与产量无关的人员工资、办公费用等；变动成本是指随产量的增加而增加的原料、工资、能耗等。仅仅根据材料的价格来衡量材料的价值，往往是不全面的。从总成本分析看，降低物主成本与购入成本同样重要。能源成本和备件费用往往构成了物主成本的主体，所以减轻自重、降低运行费用是选择材料时应考虑的经济性原则之一。有时，降低物主成本会增加基本材料成本。因此在设计时要根据市场需求情况寻求合理的平衡点。

① 材料单位成本分析    大批量生产时采用先进工艺，可降低单位成本，但要支付工艺装备、检测技术和质量控制等投入成本。为了获得最好的综合效益，必须使由此而增加的成本低于大批量生产带来的效益。设总生产成本为 $P$，工具和设备费用为 $T$，$N$ 为生产件数量，与单件有关的成本为 $X$，则最简单的分析为：

$$P = T + XN = T + N \left( M + F + \frac{L}{R} \right) \tag{9.10}$$

式中，$M$ 为材料的单位成本；$F$ 为后道精加工及装配调整的单位成本；$L$ 为每一件产品对劳务及固定成本所承担的份额（可用单位时间的成本表示），$R$ 为这一批量的生产效率。比较两种不同的工艺，可得到图 9.17 所示的两条曲线。从式（9.10）可得到一临界值 $N_C$：

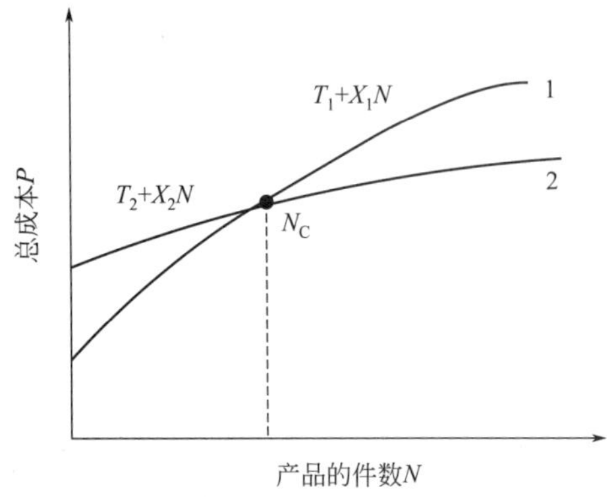

$$N_C = \frac{T_2 - T_1}{(F_1 - F_2) + L \left( \dfrac{1}{R_1} - \dfrac{1}{R_2} \right)} \tag{9.11}$$

所以，只有产量达到 $N_C$ 值时，采用先进生产工艺才有经济效益。将式（9.10）改写成：

$$\frac{P}{N} = \frac{T}{N} + \left( M + F + \frac{L}{R} \right) \tag{9.12}$$

**图 9.17    制造成本与产量的关系**

当批量 $N$ 很小时，以降低 $T$ 为选材依据，即以不需要专门工具和设备而有容易加工的材料为宜；当 $N$ 足够大，有能力支出新增工具及设备的费用，以提高生产效率和合适的材料单位成本 $M$ 为选材依据。有特殊要求时例外。

② 材料的价值分析    如果设 $V$ 为价值，$F_u$ 代表功能，$C$ 为成本，则价值分析可表示为：

$$V = \frac{F_u}{C} \tag{9.13}$$

这也就是现在常说的性价比。这里的材料功能 $F_u$ 是指零件的主要性能技术要求，$C$ 是零件材料的成本。显然，不同的零件其要求的主要性能也是不同的。就机械产品而言，无论是提高产品功能 $F_u$，还是降低成本 $C$，都与材料的选用有直接关系，可根据不同材料的功能特性和单位成本价格来进行比较以决定如何选择。当然，具体的成本分析是会计人员的工作。材料技术人员应该根据分析结果，寻求降低成本的技术措施和管理办法。如材料生产的配料方案、工件的工艺路线、工件的技术指标、工件材料的选择、工艺方案、使用的设备及辅料等，针对这些环节进行科学合理的改革，都有可能降低材料或工件的制造成本。对详细的计算分析方法，这里不做介绍。

③ 材料的技术经济评价指标    材料的技术经济评价指标有：a. 对提高最终产品性能程度的评价 $a_1$；b. 材料的直接经济效益评价 $a_2$；c. 间接经济效益评价 $a_3$；d. 对降低制造成本的评价 $a_4$；e. 对节约能源程度的评价 $a_5$；f. 对提高产品生产竞争能力和引进技术的消化吸收能力的评价 $a_6$；g. 对促进并

提高技术水平的评价 $a_7$；h. 对提高资源利用程度的评价 $a_8$；i. 对环境影响程度的评价 $a_9$；j. 材料的再生利用循环程度的评价 $a_{10}$。

材料技术经济评价指标的计算公式为：

$$H = \sum_{i=1}^{n} a_i K_i \tag{9.14}$$

式中，$a_i$ 是第 $i$ 项的评价系数；$K_i$ 是第 $i$ 项的权重系数。评价系数 $a_i$ 和权重系数 $K_i$ 等评价方案可根据实际情况科学而合理地确定。评价方案确定后，就由专家组来打分评定。权重系数是经专家评分后取的平均值，$\sum_{1}^{10} K_i = 10$，而评价系数 $a_i$ 采用相对百分比作为定量化的依据，所以最高评分为 $H_{\max} = \sum_{1}^{10} a_i K_i = 100$。材料技术评价体系指标适合于任何两种或两种以上材料的对比。如果对比材料对某项内容均不影响或无贡献，则该项目可以省略或为零，并不影响评价的相对结果。

材料技术经济评价体系对预选几种材料的半定量分析，将更能帮助正确地评价和选择材料，也可用于对某种有发展前途的材料进行预测评价。

材料技术人员要充分意识到材料并不是原料-产品转化过程中不变的一个因素。每个特定的工作性能都决定着成本-效益的关系，不能只考虑材料的某种性能而忽视与生产活动有关的因素对企业经济效益的影响，特别是在现代可持续发展的经济社会中，还应考虑相应的能源、资源、污染等环境协调性问题。

## 9.4.2 材料经济的能源与环境因素

现代材料从设计、制造、使用到废弃的全过程都要考虑与环境的协调性问题。实际上，所有实际使用的材料都尽可能地向生态方向靠拢，即材料的生态环境化。材料的环境协调性，首先要符合节约能源、资源的原则，其次是减少对环境的负荷，最后是容易回收和循环再生利用。这是符合人与自然和谐发展的基本要求的，是材料产业可持续发展的必由之路。

发展生态材料或材料的生态环境化，主要的方向是无害化、减量化和再资源化。无害化是指材料的整个生命周期中都不能对人体及环境造成危害。减量化是在保证使用性能和使用寿命的基础上，尽可能地减少材料的用量，减少不可再生资源的使用量，开发轻量化、薄壁化的高性能材料。再资源化有两层含义：要尽可能地根据我国的资源情况，使用储藏量相对丰富、且可再生利用的资源来设计和生产材料；材料要容易回收、容易再生。

最典型的是无铅焊料的研究开发，国际竞争非常激烈。铅是有毒金属，人体过量吸收会引起中毒。但是铅在电子、机械、交通、化工、能源、军事、原子能等工业领域有较多的应用，特别在机电和电子产品的组装焊接中还广泛使用含铅的焊料，存在严重的污染问题。如电子线路板组装中使用的 Sn-Pb 焊料含铅 37% 以上，灯具照明行业也常使用含铅 50% 以上的高铅焊料。这些产品产量很大，用户分散，回收困难，处理技术难度大。欧盟发布的《关于在电子电器设备中禁止使用某些有害物质指令》中要求 2006 年 7 月 1 日后，投放欧盟市场的电器和电子产品不得含有铅、汞、镉、六价铬、聚溴二苯和聚溴联苯 6 种有害物质，禁止使用的 6 种有毒有害物质中，铅是毒害之首。

多年来，世界上许多国家都积极参与无铅焊料及其焊接技术的开发和产业化。其中，日本的无铅化进程最快，日立、松下等几大公司都建立了各自的无铅化进程表。目前，在世界上申请了无铅焊料的专利已有几十个。尽管很多，但这些专利范围的成分还没有达到最佳性能，许多还不能满足所有的应用要求。例如 Sn-Ag-Cu 系焊接产品用户反应良好，当然熔点还是高出 Sn-Pb 焊料 33℃ 以上。但如果使用量很大，则 Ag 的储量将远远不能满足庞大的市场需求。所以，即使 Sn-Ag-Cu 系性能可以，但单一的 Sn-Ag-Cu 系替代品是不切实际的。

未来材料的制备、加工技术的发展方向是可靠、绿色和低成本，因此无铅材料及焊接技术的开发是必须的。无铅焊料及其应用技术方面还有很多的研究空间，不仅是无铅焊料的深入研究开发，而且围绕着整个软钎焊行业焊接技术，从无铅化组装标准化、结构可靠性保证到废弃物回收再利用等都有很多问题要解决。

许多材料及其制品在生产过程中肯定会有能源和环境的问题，现在的问题是必须要有强烈的意识，尽可能地保护环境和节约资源与能源。

### 9.4.3  材料经济的潜在效益

材料经济的潜在效益有经济效益和社会效益。社会效益也就是能源、资源和环境保护的体现。对材料的发展，特别是新材料的研究开发，也要有高瞻远瞩的目光。对于有很好发展应用潜力的材料或技术，作为研究者来说，要持之以恒，不怕失败，最后取得成功。如粉末锻造汽车连杆经过 30 多年的研究-实践-改进，取得了成功，现在已经在国际上有了一定的市场。我国在 20 世纪 70 年代初，许多科研单位、企业也开始立项进行研究开发，但都不了了之。韩凤麟指出，这是一个带普遍性的问题，值得深思。究其根源，无非"功利"二字，当前尤甚。另外，要充分认识到材料的开发到应用，是有一个过程的。有的新材料、新技术的孕育期还是比较长的，如超导技术和超导材料的研究和开发过程。

超导现象自从在 20 世纪初被发现以来，吸引了广大科学家的关注。超导技术是 21 世纪具有战略意义的高新技术，具有不可估量的应用前景，能给人类带来巨大的经济效益与社会效益，促使世界各国给予了高度重视和大力支持。

从 1913 年昂内斯发现超导现象获得诺贝尔奖以来，到 2003 年，世界上已经有 19 人在超导技术领域取得了杰出的成绩而获得了诺贝尔奖。这么多年来的研究，虽然暂时还不能马上进入产业化，但仍然不断地在努力，并加快发展，就是因为大家都意识到超导技术在能源、信息、医疗、交通、国防、军事等领域有着不可估量的作用。美国能源部认为高温超导技术是 21 世纪电力工业唯一的高技术储备，是检验美国将科学发现转化为应用技术能力的重大实践。

在理论研究的基础上，超导技术的应用突破主要是高温超导材料的研究开发及相应的技术装备。我国在超导方面也取得了瞩目的成就，如铋系高温超导带材已达到国际先进水平，产品也进入了国际市场。在超导应用行业中，一些具有长远眼光的企业开始积极支持超导实验性工程项目。如 2001 年云南电力集团公司注册，与北京英纳超导技术有限公司共同成立了北京云电英纳超导电缆有限公司，启动了我国第一组实用型高温超导电缆项目，于 2004 年并网运行。

# 结束语：材料科学与工程的发展趋势

如果我们把材料科学与工程比作一棵大树，那么这本书的内容可以比作这棵树的根和主干，而其众多的产品类型、工艺技术、科学发现、产业等等，就像这棵树的枝叶。

当今世界，材料科学与工程学科和产业的重要性不断提升，发展速度不断加快，科学发现不断涌现，新工艺技术与设备不断开发，市场规模不断扩大。也就是说，材料科学与工程这棵大树生长之快、枝繁叶茂之盛，是文字描绘所不及的。

但是，我们依然可以依循 MSE 四要素来做出一些粗略的归纳和总结，来说明材料科学与工程的发展与趋势。

**（1）新工艺不断开发**

传统高能耗、污染大、控制精度差、自动化程度低的一些材料制备和加工的技术将会被淘汰，低（无）能耗工艺、绿色制造技术、高精密控制工艺、全自动工艺等将会全面得到开发和应用，各种激发材料潜能的工艺技术将会得到优化，相应的各种高端制造设备、先进研发设备将会得到普及，新型的材料循环利用技术和设备将会大规模进入市场。

**（2）材料微观结构理论与技术大发展**

随着计算和微观表征能力的突破，材料的微观结构的研究将会更上一层楼；人类将会从微观结构的角度，更深刻地理解材料性能以及失效机理等，这些结果也同时丰富和更新了人类对于材料的认知，新材料开发的速度将会更快；结合先进制造技术，原子级、分子级精密制造将会成为可能。

**（3）材料成分不断优化**

以可循环利用、无毒害、可再生资源为主要标志，用于制造材料的原材料将会不断得到优化，新型材料来源将会被开发出来；低成本、绿色材料制造将会成为现实；新型复合材料、室温超导材料以及类似于高熵合金这样的新型成分组合的新材料将不断涌现。

**（4）材料性能不断突破**

在许多尚未满足的服役条件驱动下，以低维材料、新能源材料、低成本半导体光电材料、近室温超导材料、自适应和自响应智能材料、超高温材料等一大批冠以"超"字开头的新材料将会相继问世，并迅速进入到人类的生产和生活中；材料的各项性能指标将会被突破，材料的一些新型性能指标将会出现，以适应材料科学与工程的发展。

以上就是对材料科学与工程的发展与趋势的预测。在这些发展过程中，模拟与计算、大数据技术等将会促进实现"从底层算起""第一性原理计算"等材料开发技术，将会极大加快材料发展的速度、提高材料开发的精度、降低材料开发的成本；另外，材料的发展和进步，将会带动材料产业以及材料相关产业的腾飞，其规模将不断扩大、技术含量将不断提高、从业人数将不断增加。

总之，这些新材料将会极大提高人类的生产效率、拓展人类活动空间、促进科学技术的发展，进而推动人类文明的进步！

1. 材料主要有哪些共同效应？
2. 材料主要有哪些共性规律？
3. 现代材料科学与工程学科的特点有哪些？
4. 你是怎么理解材料学科内外的交叉融合是科学发展的趋势？
5. 简述材料性能的基本特性。
6. 材料学科的交叉与渗透主要体现在哪些方面？（简要叙述）
7. 什么叫类比法和移植法，试举材料科学中的例子以说明。
8. 试述归纳法概念及其在材料科学中的作用。
9. 科学研究主要有哪些类型？各有什么特点？
10. 科学研究选题的基本原则有哪些？
11. 科学研究课题的来源有哪些？试举一例说明。
12. 试从金属材料、无机非金属材料和高分子材料的晶体学结构的特点叙述这三大材料的异同点。
13. 材料结构与性能系统分析主要有哪几种方法？
14. 试述材料演化过程的基本原理。
15. 试举例说明材料演化过程的竞择性及其应用。
16. 材料演化过程常运用能量法进行研究。材料演化过程的方向、途径、结果的基本原理是什么？
17. 生物材料具有哪些优异的性能？
18. 什么叫材料环境协调性和材料环境适应性？
19. 什么叫简单合金和通用合金？
20. 谈谈你对绿色材料科学技术的认识和想法。
21. 在材料设计领域中常用哪些数学方法，各有什么特点和应用？
22. 试述材料计算设计的层次及其相互间的关系。
23. 材料计算设计主要有哪几个层次，其关键科学问题是什么？
24. 简单叙述材料计算设计的主要途径及方法。
25. 材料设计的主要任务是什么？
26. 什么叫物理模拟和数值模拟？在材料研究中的作用是什么？
27. 什么叫失效分析，失效分析有什么意义？
28. 材料的失效主要有哪些类型？
29. 什么叫材料失效的特性因素分析法？
30. 什么叫微观材料学和宏观材料学？
31. 材料选择的基本原则有哪些？如何进行材料的价值分析？
32. 材料的技术经济评价指标主要有哪些？
33. 材料的商品价格变化规律是什么？材料单位成本分析方法是什么？
34. 什么叫循环型材料产业？试举例说明。
35. 什么叫生态材料和再生材料？
36. 新材料发展趋势有哪些特点？
37. 请阐述材料科学与工程四要素及四面体。
38. 为什么材料的日新月异推动了人类文明的发展？
39. 试举出利用模拟计算开展材料研究的案例。
40. 列举一个与材料研究相关的诺贝尔奖，讲解一下为什么该类材料的研究能够获得大奖。

## 拓展题

1. 什么叫仿生学？你认为自然界中的什么现象或事物，人们可以进行仿生研究。举一例，并说明自己的设想和思路。

2. 你认为在我们的社会经济和日常生活中，有哪些与材料相关的产品或事物可值得研究开发或改进？并说出你的设想和思路。

3. 科学技术成果往往是一把双刃剑。试以某一材料或产品为例说明，并设想如何来改进其副作用。

4. 环境污染、能源消耗和资源利用是二十一世纪人类共同面对的问题。试就某一方面以材料为例提出你的设想和思路。

5. 根据你对材料产业可持续发展的理解，从下列材料中任选一种材料，考虑如何实现材料的可持续发展，并提出几项可具体实施的技术与管理措施。

（1）金属材料；（2）高分子材料；（3）无机非金属材料

6. 请根据第 3 章提出的材料科学与工程核心方法论，来尝试讲解一种新材料开发或一个失效分析或一个选材与工艺制订的案例。

7. 请下载一篇材料相关的研究论文，并根据其摘要的信息，明确写出该篇文章中的成分、制备/加工、结构和性能四要素的结果。

# 参考文献

[1] 陈宝国. 人与地球的对话. 广州：广东人民出版社，2000.

[2] 徐长山，王德胜，孙景涛. 科技发展简史. 北京：解放军出版社，2000.

[3] 赵修建，蔡克峰. 新材料与现代文明. 武汉：湖北教育出版社，2000.

[4] 周达飞. 材料概论. 3版. 北京：化学工业出版社，2015.

[5] 吴承建，陈国良，张文. 金属材料学. 北京：冶金工业出版社，2000.

[6] 邓海金，陈秀云. 重新构架一切——新材料. 北京：科学出版社，1998.

[7] 张德庆，张得兴，刘定柱. 高分子材料科学导论. 哈尔滨：哈尔滨工业大学出版社，1999.

[8] 谢长生. 人类文明的基石——材料科学技术. 武汉：华中理工大学出版社，2000.

[9] 国家自然科学基金委员会. 金属材料学. 北京：科学出版社，1995.

[10] 施惠生. 材料概论. 上海：同济大学出版社，2003.

[11] 张旭东，张玉军，刘曙光. 无机非金属材料学. 济南：山东大学出版社，2000.

[12] 熊家炯. 材料设计. 天津：天津大学出版社，2000.

[13] 吴人洁. 复合材料. 天津：天津大学出版社，2000.

[14] 肖纪美. 材料学的方法论. 北京：冶金工业出版社，1994.

[15] 肖纪美. 材料学方法论的应用. 北京：冶金工业出版社，2000.

[16] 涂铭旌. 材料创造发明学. 北京：化学工业出版社，2000.

[17] 王天民. 生态环境材料. 天津：天津大学出版社，2000.

[18] 王耀先. 复合材料结构设计. 北京：化学工业出版社，2001.

[19] 冯端，师昌绪，刘治国. 材料科学导论——融贯的论述. 北京：化学工业出版社，2002.

[20] 谢佑卿. 金属材料系统科学. 长沙：中南工业大学出版社，1998.

[21] ［德］罗伯D. 计算材料学. 项金钟，吴兴惠，译. 北京：化学工业出版社，2002.

[22] 徐祖耀. 马氏体相变与马氏体. 第二版. 北京：科学出版社，1999.

[23] 张志焜，崔作林. 纳米技术和纳米材料. 北京：国防工业出版社，2000.

[24] 杨大智. 智能材料与智能系统. 天津：天津大学出版社，2000.

[25] 雷永泉. 新能源材料. 天津：天津大学出版社，2000.

[26] 牛济泰. 材料和热加工领域的物理模拟技术. 北京：国防工业出版社，1999.

[27] 肖纪美，朱逢吾. 材料能量学. 上海：上海科学技术出版社，1999.

[28] ［美］查利R布鲁克斯，阿肖克·考霍莱. 工程材料的失效分析. 谢斐娟，孙家骧，译. 北京：机械工业出版社，2003.

[29] 《柳百成院士科研文选》编委会. 柳百成院士科研文选. 北京：清华大学出版社，2003.

[30] 吴兴惠，项金钟. 现代材料计算与设计教程. 北京：电子工业出版社，2002.

[31] ［荷］Frenkel. 分子模拟——从算法到应用. 汪文川，等译. 北京：化学工业出版社，2002.

[32] 贡长生，张克立. 新型功能材料. 北京：化学工业出版社，2001.

[33] 黄克智，肖纪美. 材料的损伤断裂机理和宏微观力学理论. 北京：清华大学出版社，1999.

[34] 国务院学位委员会办公室，教育部研究生工作办公室. 授予博士硕士学位和培养研究生的学科专业简介. 北京：高等教育出版社，2000.

[35] 赵振业. 合金钢设计. 北京：国防工业出版社，1999.

[36] 叶云岳. 科技发明与新产品开发. 北京：机械工业出版社，2000.

[37] 周道生，陶晓春. 实用创造学. 南京：南京师范大学出版社，2001.

[38] 赵长生，顾宜. 材料科学与工程基础. 2版. 北京：化学工业出版社，2020.

[39] ［俄］潘宁ＢＥ. 物理介观力学和材料的计算机辅助设计. 万群，马福康，郭青蔚，等译. 北京：冶金工业出版社，2002.

[40] 李义春. 中国新材料发展年鉴（2001—2002）. 北京：中国科学技术出版社，2003.

[41] 李恒德，师昌绪. 中国材料发展现状及迈入新世纪对策. 济南：山东科学技术出版社，2002.

[42] 左铁镛. 新型材料——人类文明进步的阶梯. 北京：化学工业出版社，2002.

[43] 陈海燕，王成国. 分形理论及其在摩擦学研究中的应用. 材料导报，2002，16（12）：6-8.

[44] 陈昭运，盖登宇，宋秀凤，等. 计算机模拟技术在生产中应用的两个实例. 金属热处理，2003，28（2）：56-58.

[45] 张士宏，Arentoft M，尚彦凌. 金属塑性加工的物理模拟. 塑性工程学报，2003，7（1）：45-49.

［46］　柳百成. 铸件充型凝固过程数值模拟国内外研究进展. 铸造，1999，8：40-45.

［47］　刘国华，包宏，李文超. 遗传算法及其在材料设计中的应用. 材料导报，2001，15（8）：10-12.

［48］　王卫东，赵国群，栾贻国. 材料加工数值模拟的新进展——无网格方法. 材料导报，2002，16（9）：13-14.

［49］　程晓农，戴起勋. 奥氏体钢设计与控制. 北京：国防工业出版社，2005.

［50］　赵玉涛，戴起勋，陈刚. 金属基复合材料. 北京：机械工业出版社，2007.

［51］　中国机械工程学会. 机械工业科学技术重大进展. 中国机械工程学会会讯，2003，1：9-16.

［52］　黄剑锋，曹丽云. 现代数学方法在材料科学中的应用进展. 材料导报，2002，16（2）：40-42.

［53］　夏阳华，熊惟浩. 环境材料的研究与进展. 材料导报，2002，16（8）：33-35.

［54］　李贵奇，聂柞仁，左铁镛. 环境协调性评价（LCA）方法研究进展. 材料导报，2002，16（1）：7-10.

［55］　魏勤学，刘旺玉. 复合材料计算机辅助定量化结构设计. 材料导报，2002，16（7）：51-54.

［56］　Arsenaul R J，Beeler J R，Esterling D M. Computer simulation in materials science. Ohio：ASM International Metals Park，1988.

［57］　李晓刚. 材料环境适应性评估技术及其进展. 世界科技研究与发展，2001，23（4）：11-16.

［58］　方芳，朱敏. 纳米材料和纳米技术发展的哲学思考. 世界科技研究与发展，2001，2（4）：51-54.

［59］　徐僖. 高分子材料科学研究动向及发展展望. 新材料产业，2003，3：12-17.

［60］　文玉华，周富信，刘日武. 纳米材料的研究进展. 力学进展，2001，31（1）：47-61.

［61］　Song H W，Guo S R，Hu Z Q. A coherent polycrystal model for the inverse Hall-Petch relation in nanocrystalline materials. Nanostructured Materials，1997，11（2）：203-210.

［62］　Valiev R Z. Superplasticity in nanocrystalline metallic materials. Materials Science Forum，1997，243-245：207-216.

［63］　潘坚，王史杰，王家胜. 2001 年材料基础研究领域综述. 新材料产业，2002，2：22-25.

［64］　金基明. 21 世纪的新材料——泡沫金属与泡沫陶瓷. 新材料产业，2002，10：90-92.

［65］　卢志超，李德仁，周少雄. 非晶、纳米晶的国内外发展概况及应用展望. 新材料产业，2002，3：20-23.

［66］　康平. 简述人工晶体材料在信息产业发展中的地位. 新材料产业，2002，3：19-20.

［67］　张青，戴起勋，程晓农，等. 仿生材料设计与制备研究进展. 江苏大学学报，2004，24（6）：55-60.

［68］　师昌绪. 二十一世纪的材料科学技术. 中国科学院院刊，2001，2：93-100.

［69］　王新林. 金属功能材料的几个最新发展动向. 金属功能材料，2001，8（2）：1-5.

［70］　吴长勤，孙鑫. 有机功能材料的进展. 知识和进展，2002，31（8）：496-503.

［71］　雷廷权. 2010 年中国的热处理. 金属热处理，1999，24（12）：1-3.

［72］　罗新民. 环境材料学对金属热处理发展的影响. 金属热处理，2003，28（4）：1-6.

［73］　郭东明，贾振元，王晓明，等. 理论材料零件的数字化设计制造方法与内涵. 中国机械工程学会会讯，2002，（7）：6-11.

［74］　姚书芳，王自东，吴春京，等. 新型金属材料及其加工技术的研究进展. 材料导报，2002，16（5）：5-7.

［75］　刘宗昌. 钢中相变的自组织. 金属热处理，2003，28（2）：13-17.

［76］　张春美，郝凤霞，闫宏秀. 学科交叉研究的神韵. 科学技术与辩证法，2001，18（6）：63-67.

［77］　益建民. "模型化"思维论析. 科学技术与辩证法，2001，18（1）：17-21.

［78］　高岸起. 论直觉在认识中的作用. 科学技术与辩证法，2001，18（4）：29-31.

［79］　徐滨士，马世宁，梁秀兵，等. 表面工程的进展. 金属热处理，2002，27（2）：1-3.

［80］　宋云京，李木森，温树林. 仿生法制备生物陶瓷涂层的最新研究进展. 材料导报，2002，16（5）：33-35.

［81］　谢佑卿，刘心笔. 金属材料信息科学. 材料导报，2003，17（1）：1-7.

［82］　李敬锋，江莞. 新型陶瓷材料在日本应用和研究开发动向. 新材料产业，2003，2：22-28.

［83］　Zhou Ming，Zhang Yongkang，Cai Lan. Measurement of film-substrate system interface strength by pulsed laser spallation technology. Progress in Natural Science，2001，11（5）：303-307.

［84］　Zhao Y T，Sun G X，et al. In-sttu synthesis of novel composites in the system Ai-Zr-O. J Mater Sci Lett，2001，20（20）：1859-1862.

［85］　陈国良. 新型金属材料（一）. 上海金属，2002，24（4）：1-9.

［86］　郭雅芳，王崇愚. 多尺度材料模型研究与应用. 材料导报，2001，15（7）：9-11.

［87］　宋海龙. 论科学家的哲学思想与理论创新. 科学技术与辩证法，2002，19（1）：10-12.

［88］　国家科技部. 我国重点高技术领域技术预测与关键技术选择. 中国材料研究学会会讯，2003，3：7-17.

［89］　Olson G B. Beyond discovery：design for a new materials world. Calphad，2001，25（2）：175-190.

［90］　Olson G B. Computational design of hierarchically structured materials. Science，1997，277：1237-1242.

［91］　Flemings M C，Chaudhary P. Materials science and engineering for the 1990s. Advanced Materials，1990，2（4）：165-166.

［92］　钟群鹏，田永江. 失效分析基础. 北京：机械工业出版社，1989.

[93] 杨道明，朱勋，李紫桐. 金属力学性能与失效分析. 北京：冶金工业出版社，1991.

[94] 胡世炎，等. 机械失效分析手册：修订版. 成都：四川科技出版社，1999.

[95] 崔约贤，王长利. 金属断口分析. 哈尔滨：哈尔滨工业大学出版社，1998.

[96] 张峥，钟群鹏，田永江. 产品质量循环过程及其相关环节. 机械工程材料，2002，26（1）：1-4.

[97] 刘英杰，成克强. 磨损失效分析. 北京：机械工业出版社，1991.

[98] 戴起勋，赵玉涛. 科技创新与论文写作. 北京：机械工业出版社，2004.

[99] 美国金属学会. 金属手册. 第八版：第十卷 失效分析与预防. 北京：机械工业出版社，1986.

[100] ［美］柯林斯 J A. 机械设计中的材料失效——分析、预测、预防. 谈嘉祯，关焯，廉以智，译. 北京：机械工业出版社，1987.

[101] 陈南平，顾守仁，沈万慈. 机械零件失效分析. 北京：清华大学出版社，1988.

[102] 邵立勤. 新材料领域未来发展方向. 新材料产业，2004，1：25-30.

[103] 马春，陈文龙. 2003 年世界新材料研究领域进展. 新材料产业，2004，2：25-31.

[104] 袁志钟，戴起勋. 金属材料学. 3 版. 北京：化学工业出版社，2019.

[105] 肖纪美. 材料的应用与发展. 北京：宇航出版社，1988.

[106] 林慧国，火树鹏，马绍弥. 模具材料应用手册. 2 版. 北京：机械工业出版社，2005.

[107] 李十中. 生物质材料产业发展及其策略. 新材料产业，2005，7：50-52.

[108] 温原，丁建生，李茂彦. 塑木复合材料和循环经济. 新材料产业，2005，7：60-63.

[109] 王德禄，王峰. 再生材料产业分析. 新材料产业，2005，11：33-37.

[110] 韩凤麟. 粉末锻造汽车连杆发展思考. 新材料产业，2005，11：55-59.

[111] 王少刚. 超导应用的经济前景. 新材料产业，2004，7：72-77.

[112] 马鸣图，柏建仁. 汽车轻量化材料及相关技术的研究进展. 新材料产业，2006，6：37-42.

[113] 兆文. 美国先进陶瓷材料发展蓝图. 新材料产业，2005，3：38-44.

[114] 夏志东，史耀武，雷永平，等. 焊料无铅化——不可回避的选择. 新材料产业，2005，10：28-32.

[115] 程晓春. 新型高分子材料在汽车动力系统中的应用进展. 新材料产业，2005，9：46-48.

[116] 曹勇家. 粉末冶金产业化的重要技术方向. 新材料产业，2004，11：29-37.

[117] 机械工程手册编辑委员会. 机械工程手册·工程材料卷. 2 版. 北京：机械工业出版社，1996.

[118] 程晓农，戴起勋，邵红红. 材料固态相变与扩散. 北京：化学工业出版社，2006.

[119] ［英］Robert W C. 走进材料科学. 杨柯，等译. 北京：化学工业出版社，2008.

[120] Meyer J C, Geim A K, Katsnelson M I, et al. The structure of suspended grapheme sheets. Nature, 2007, 446 (7131): 60.

[121] Zhang Y B, Tan Y W, Stormer H L, et al. Experimental observation of quantum hall effect and berry's phase in grphene. Nature, 2005, 438 (7065): 201.

[122] Lee C, Wei X D, Kysar J W, et al. Measurement of the elastic properties and intrinsic strength of monolayer grapheme. Science, 2008, 321 (5887): 385.

[123] 张文毓，全识俊. 石墨烯应用研究进展. 技术综述，2011 (5)：6-11.

[124] 梁爽，赵孝文，王刚毅. 石墨烯的制备及应用进展. 黑龙江科学，2013，4 (3)：58-61.

[125] 白瑞，赵九蓬. 氟化石墨烯的研究及其在表面处理方面的应用进展. 表面技术，2014，43 (1)：131-136.

[126] 童宋照. 三维石墨烯的结构调控及其在超级电容器中的应用. 南京：南京邮电大学，2015 (5)：12-15.

[127] 许坤. 石墨烯的化学气相沉积及其在光电器件中的应用. 北京：北京工业大学，2015 (3)：89-92.

[128] 石墨烯与辉钼结合可制成新型闪存. 功能材料信息，2013，10 (2)：51-52.

[129] 刘欣欣，王小平，王丽军. 石墨烯的研究进展. 材料导报 A：综述篇，2011，25 (12)：92-97.

[130] Speer J, Matlock D K, Cooman B C D, et al. Carbon partitioning into austenite after martensite transformation. Acta Materialia, 2003, 51 (9): 2611-2622.

[131] Matlock D K, Bräutigam V E, Speer J G. Application of the quenching and partitioning (Q&P) process to a medium-carbon, high-Si microalloyed bar steel. Materials Science Forum. 2003: 1089-1094.

[132] 徐祖耀. 钢热处理的新工艺. 热处理，2007，22 (1)：1-11.

[133] Zhong N, Wang X D, Wang L, et al. Enhancement of the mechanical properties of a Nb-microalloyed advanced high-strength steel treated by quenching-partitioning-tempering process. Materials Science & Engineering A, 2009, 506 (1-2): 111-116.

[134] Jonathan Wood. The top ten advances in materials science. Materials Today, 2008, 11: 40-45.

[135] 50 项最伟大的材料事件（The greatest moments in materials science and engineering）. http://www.materialmoments.org/vote.html.

[136] 中国单位 GDP 能耗达世界均值 2.5 倍. 山东经济战略研究，2013 (12)：5.

[137] 陈昭运，盖登宇，宋秀凤，薛伟. 计算机模拟技术在生产中应用的两个实例. 金属热处理. 2003, 28：56-58.